技术预见新方法与系统建设应用研究

Research and Application of Novel Methodology and System Construction of Technology Foresight

锁兴文　耿国桐　等著

国防工业出版社
·北京·

内 容 简 介

本书立足国防领域技术预见研究需求,总结国内外主要技术预见活动及平台系统建设应用的研究现状和问题,通过解构不同典型研究任务的一般性研究流程,揭示国防领域技术预见研究共性通用的任务主线,运用系统工程论和综合集成研讨厅思想,提出基于数智融合驱动的国防领域技术预见方法体系和系统架构,针对国防科技若干重点领域和方向开展综合性与专题性研究。

本书可为国防科技发展战略及规划研究管理部门提供理论和方法支撑,可供国防科技领域相关科研与教学人员以及对技术预见评估感兴趣的广大读者阅读和使用。

图书在版编目(CIP)数据

技术预见新方法与系统建设应用研究 / 锁兴文等著.
北京:国防工业出版社,2025.1. -- ISBN 978-7-118-13532-9

I. G303

中国国家版本馆 CIP 数据核字第 2024LE8671 号

※

国防工业出版社出版发行

(北京市海淀区紫竹院南路 23 号　邮政编码 100048)
廊坊一二〇六印刷厂印刷
新华书店经售

*

开本 889×1194　1/16　插页 9　印张 15¼　字数 453 千字
2025 年 1 月第 1 版第 1 次印刷　印数 1—1500 册　定价 138.00 元

(本书如有印装错误,我社负责调换)

国防书店:(010)88540777	书店传真:(010)88540776
发行业务:(010)88540717	发行传真:(010)88540762

《技术预见新方法与系统建设应用研究》研究组

组　　长　　锁兴文　耿国桐

主要成员　　荆象新　席　欢　杨　阳　李伟伟　刘宝林
　　　　　　谌　为　程　鲤　霍凝坤　耿义峰

前 言

近些年来，大国竞争态势日趋激烈，科技作为最活跃和极其重要的变量，成为博弈尤其是军事博弈的焦点。习近平总书记深刻指出，"科技从来没有像今天这样深刻影响国家安全和军事战略全局，从来没有像今天这样深刻影响我军建设发展。"当前，我国国防科技正处于高质量发展的关键时期，科技创新对战斗力增长的贡献率日益提升，设计未来装备和未来战争需要紧紧抓住技术创新发展和创新运用这一战略基点。在大数据和人工智能时代背景下，如何科学发现识别国防领域典型技术，做到先知先觉；如何准确预测评估国防领域典型技术，实现谋定后动，对于我国把脉世界科技态势、决策布局未来方向、掌握技术驱动下的战略主动具有重要研究意义。

面对科技发展带来的机遇与挑战，世界主要国家以技术预见为抓手，立足自身实际需求，面向世界科技前沿，确定技术优先发展方向，指导本国科技战略规划与政策制定。20世纪30年代以来，技术预见经过近百年的运用实践，不断吸纳新的理论思想和先进技术理念，逐步发展成为一项以未来需求为方向、以预见理论为根本、以科学方法为手段、以工具平台为载体、以专家智慧为核心的综合性科研活动。在国家和区域层面，技术预见活动互相借鉴，提出的研究体系各具特色，研制的系统平台层出不穷，在谋划国家和区域经济发展中发挥了重要作用。在国防层面，由于国防科技的敏感性和强对抗性，目前还主要依靠专家认知判断的方法开展国防领域技术预见，尚未形成完备的技术预见方法体系，技术扫描、技术发现、技术遴选、技术评估、技术预警、技术预测等事关技术预见的功能环节仍处于分散研究状态，科学定量的方法手段还没有很好地融入技术预见体系以发挥应有的研判支撑作用。

本书的特色是从国防领域技术预见典型研究任务出发，逆向设计国防领域技术预见方法体系，突出实用好用特点，在此基础上提出国防领域技术预见系统建设思路，并围绕国防科技若干领域和方向开展实践研究。本书凝聚了作者近5年的研究成果和实践经验，同时广泛搜集分析了国内外技术预见领域和相关技术领域的文献资料，所引用资料在参考文献列出，由于研究中参考的资料较多，可能有部分资料未被列入，在此一并表示感谢。

全书分为三篇，共十章。第一篇（第一章和第二章）：方法篇。该篇重点阐述国防领域技术预见方法论和系统实现。第一章概述了国防领域典型技术概念内涵，总结技术预见基本认识和国内外研究现状趋势，通过解构典型任务场景研究流程，提出国防领域技术预见方法体系。第二章简要分析国内外技术预见系统发展现状，论述国防领域技术预见系统建设思路，结合前章提出的方法体系，构建国防领域技术预见系统生态框架与设计架构。第二篇（第三章和第四章）：综合篇。该篇运用前篇方法论思想，围绕军事高新技术、先进能源材料和制造等综合领域，研究领域高新技术、前沿技术等典型技术的识别遴选与评估预测，确定各领域具有显著军事效益或军事潜力的技术清单。第三篇（第五章~第十章）：专题篇。该篇聚焦人工智能芯片、超级计算、脑机接口、芯片供应链等若干重点技术领域或方向，利用国防领域技术预见系统功能模块和算法模型，开展前沿与颠覆性技术主题识别、技术问题与解决方案挖掘、技术态势分析、领域顶尖机构与学者挖掘、供应链核心技术分析等多维度视角、主客观相结合的专题研究。

本书由锁兴文、耿国桐主持研究和撰写，主要撰稿成员有荆象新、席欢、杨阳、李伟伟、刘宝林、谌为、程鲤、霍凝坤、耿义峰等。王荦、张海峰、魏俊峰、李加祥、朱相丽、刘小平等领导和专家在书稿内容上提出了许多宝贵意见，何杰、明翠萍等同志在书稿校审上给予了大力支持，原永朋、董艳如、张春明、李敬雪、童天辉、付桂萍等工程师在系统架构搭建、算法设计与实现、数据处理及可视化等方面提供了很多帮助。

在本书即将付梓之际，作者谨向参与研究、撰写、咨询、编辑的所有人员和专家学者致以诚挚的谢意。希望本书的出版，能够为从事国防科技发展战略和技术咨询研究的科研人员提供方法指引，为关心国防科技发展的各界人士了解国防领域技术预见流程提供参考途径，对推动常态化开展国防领域技术预见、提高国防领域技术预见成效发挥积极作用。

由于国防领域技术预见研究是一项复杂的体系工程，涉及的科学研究问题众多，且限于作者认识水平，书中难免存在不妥之处，敬请广大读者和专家不吝指正。

作 者

2024年1月

目 录

方法篇

第一章 国防领域技术预见方法体系 ... 2

一、概述 ... 2
 (一) 国防领域典型技术的概念内涵 ... 2
 (二) 技术预见认识浅析 ... 3

二、国内外技术预见研究现状和趋势 ... 5
 (一) 主要国家技术预见研究与实践现状 ... 5
 (二) 技术预见发展趋势 ... 10

三、国防领域技术预见方法体系构建 ... 11
 (一) 基于任务场景的研究过程解构 ... 11
 (二) 国防领域技术预见方法体系设计 ... 12

第二章 国防领域技术预见系统建设探索 ... 23

一、国内外技术预见系统发展现状 ... 23
 (一) 地平线扫描和技术识别类系统 ... 23
 (二) 技术预测与评估类系统 ... 25
 (三) 综合类系统 ... 28
 (四) 现有系统存在的不足 ... 33

二、国防领域技术预见系统建设构想与实践 ... 33
 (一) 建设思路 ... 33
 (二) 系统设计与实现 ... 34

综合篇

第三章 军事高新技术选择与评估 ... 48

一、研究方法 ... 48
二、技术清单 ... 50
 (一) 微波光子技术 ... 50
 (二) 超宽禁带半导体技术 ... 52
 (三) 智能指挥控制技术 ... 53
 (四) 智能人机交互技术 ... 54

（五）类脑芯片技术	55
（六）量子计算技术	56
（七）太赫兹探测技术	58
（八）6G 通信技术	59
（九）未来士兵系统技术	60
（十）深远海水下预警探测技术	61
（十一）无人自主潜航器技术	62
（十二）水下预置技术	63
（十三）无人机集群技术	64
（十四）高超声速武器技术	65
（十五）天基态势感知技术	66
（十六）在轨操控技术	67
（十七）基因编辑技术	68
（十八）合成生物技术	69
（十九）固态高功率微波源技术	70
（二十）高效高能激光器技术	71
（二十一）能源互联网技术	73
（二十二）无线能量传输技术	74
（二十三）组合循环动力技术	75
（二十四）超材料	76
（二十五）极端环境材料	77
（二十六）原子级精密制造技术	78
（二十七）4D 打印技术	79
（二十八）新会聚技术	81

第四章 先进能源、材料和制造领域前沿技术识别与研判 …… 83

一、领域总体发展态势 …… 83
（一）以智能赋能的时代大势加快推进能源、材料和制造智能化发展 …… 83
（二）以超常极端的设计边界大幅拓展能源、材料和制造多元化应用 …… 83
（三）以融合交叉的汇聚思想创新变革能源、材料和制造研用化模式 …… 84
（四）以绿色节能的环保理念有效引领能源、材料和制造持续化发展 …… 85

二、领域前沿技术遴选方法与选取原则 …… 85
（一）遴选方法 …… 85
（二）选取原则 …… 87

三、重点前沿技术发展分析 …… 88
（一）太阳能燃料电池 …… 88
（二）液态金属 …… 98
（三）拓扑绝缘体 …… 105
（四）原子级精密制造 …… 114

附件 1　先进能源、材料和制造领域前沿技术梳理 …… 125
附件 2　先进能源、材料和制造领域候选前沿技术清单 …… 134
附件 3　先进能源（材料、制造）领域重点前沿技术方向调查问卷 …… 136
附件 4　先进能源（材料、制造）领域前沿技术评分统计结果 …… 137

附件5　前沿技术当前和未来发展判断统计结果 ·· 139

专题篇

第五章　基于定量模型的人工智能芯片技术专题研究 ·· 142
　　一、概念与内涵 ·· 142
　　　　（一）基本概念 ··· 142
　　　　（二）知识体系 ··· 142
　　二、现状与趋势 ·· 143
　　　　（一）发展现状 ··· 143
　　　　（二）发展趋势 ··· 144
　　三、问题与方案 ·· 145
　　　　（一）研究工具与方法 ·· 145
　　　　（二）模型结果分析 ·· 147
　　　　（三）典型技术问题及其解决方案 ··· 155
　　附件1　模型挖掘的颠覆性技术主题及相应论文 ··· 163

第六章　脑机接口技术专题研究 ··· 173
　　一、概念内涵 ··· 173
　　二、发展现状 ··· 173
　　　　（一）整体发展态势 ·· 174
　　　　（二）基于科学计量的技术多维度分析 ··· 175
　　三、发展趋势 ··· 179
　　四、军事价值 ··· 180

第七章　量子计算技术专题研究 ··· 182
　　一、概念内涵 ··· 182
　　二、发展现状 ··· 182
　　　　（一）整体发展态势 ·· 183
　　　　（二）技术实现路径 ·· 185
　　　　（三）基于科学计量的技术多维度分析 ··· 186
　　三、发展趋势 ··· 190
　　四、军事价值 ··· 191

第八章　高效高能激光器技术专题研究 ·· 192
　　一、概念内涵 ··· 192
　　二、发展现状 ··· 192
　　　　（一）整体发展态势 ·· 192
　　　　（二）基于科学计量的技术多维度分析 ··· 194
　　三、发展趋势 ··· 199
　　四、军事价值 ··· 199

第九章 超级计算领域顶尖机构与学者挖掘分析 ········· 201

 一、基于主题词的超级计算领域知识体系 ········· 201

 二、超级计算领域顶尖机构与学者 ········· 203

  （一）研究方法 ········· 203

  （二）结果分析 ········· 203

 附件1 体系结构方向顶尖机构与学者 ········· 205

 附件2 Top500榜单部分美国超算领域代表性机构与学者 ········· 211

第十章 基于专利视角的芯片供应链初步分析 ········· 216

 一、基于主题词的芯片产业领域知识体系 ········· 216

 二、芯片供应链重要专利与技术分析 ········· 218

  （一）研究方法 ········· 218

  （二）结果分析 ········· 219

 附件1 芯片设计方向重要专利与技术保护点 ········· 221

参考文献 ········· 231

方法篇

第一章　国防领域技术预见方法体系
第二章　国防领域技术预见系统建设探索

第一章　国防领域技术预见方法体系

习近平总书记多次强调，"推动科技发展，必须准确判断科技突破方向。"[①] "坚持抓创新就是抓发展、谋创新就是谋未来，明确我国科技创新主攻方向和突破口，努力实现优势领域、关键技术重大突破。"[②] 当前，以前沿技术、颠覆性技术为代表的国防领域典型技术发展迅速，对装备效能提升、作战能力生成、作战概念驱动发挥着重要作用，日益成为世界军事强国竞逐角力的高地。我国国家杰出贡献科学家钱学森曾指出，"我们对国防科技发展趋势要有预见。"实践证明，技术预见已成为各主要国家谋篇布局和竞争未来的有力抓手。新时期，重视科学有序开展国防领域技术预见，识别找准、研判预测战略重点技术领域和优先发展技术方向，对决策推进国防科技自主创新发展具有重要战略意义。

一、概述

（一）国防领域典型技术的概念内涵

国防领域典型技术是紧扭国防科技自主创新战略基点，落实"抓关键、补短板，抓前沿、布新局，抓基础、增后劲"总体要求的重要体现，也是本书国防领域技术预见的研究对象，主要包括前沿技术、新兴技术、高新技术、颠覆性技术等。

1. 前沿技术

根据《国家中长期科学和技术发展规划纲要（2006—2020年）》给出的定义，前沿技术是指高技术领域中具有前瞻性、先导性和探索性的重大技术，是未来高技术更新换代和新兴产业发展的重要基础，是国家高技术创新能力的综合体现。前沿技术既包括传统科技领域中的前沿研究问题，也包括随着学科交叉融合过程中不断涌现的新兴前沿研究领域和技术。在军事领域，先后涌现出国防前沿技术、战略前沿技术等概念。其中，国防前沿技术是国防领域中具有前瞻性、先导性和探索性的重大技术，是形成非对称优势或新质作战能力的重要源泉，是大国军事竞争博弈的重要领域，是国防科技创新能力的综合体现。战略前沿技术是技术方向趋势明确，战略意义重大，有望产生重大突破、形成非对称优势或新质作战能力的前沿性技术。两类技术概念意义相近，通常具有技术前沿性、军事导向性、科技引领性、效益综合性等基本特点。

2. 新兴技术

新兴技术首先由国外学者提出，目前尚没有形成统一的定义。美国宾夕法尼亚大学沃顿商学院于2000年出版的著作《论新兴技术治理》中，将新兴技术定义为"一种建立在科学基础上，可能创立一个新行业或改变某个旧行业的创新性技术。"全球基础设施和标准工作组认为，新兴技术是已经可以成功实现的，但是还没有被广泛运用或足够成熟的技术。从广义上讲，新兴技术是指新出现并兴起发展的技术，在发展过程中其原理机理和技术途径逐渐清晰；从狭义上讲，新兴技术是指正在兴起或发展的，具有根本创新性的技术，且可能对未来的经济结构或行业发展产生潜在的变革影响。从技术生长曲线来看，新兴技术往往处于萌芽阶段后期或成长阶段前期。在军事领域，新兴技术是孕育原始创新和孵化未来军事能力的重要源头。

[①] 引自2016年5月30日，习近平总书记在全国科技创新大会、中国科学院第十八次院士大会和中国工程院第十三次院士大会、中国科学技术协会第九次全国代表大会上的讲话。

[②] 引自2018年5月28日，习近平总书记在中国科学院第十九次院士大会、中国工程院第十四次院士大会上的讲话。

关于新兴技术的特征，目前较为权威的说法是由美英两国知名政策管理专家研究提出的根本创新性、相对较快的成长性、一致性（共识确定性）、显著影响性、不确定性和模糊性五大特征。其中，根本创新性是指新兴技术采用与以往不同的技术原理来实现已有的功能；相对较快的成长性是指相对于其他技术而言，新兴技术的成长速度较快；一致性是指与处于萌芽、尚未成形的技术相比，新兴技术已经具有一定的共识度和持续发展势头；显著影响性是指新兴技术能够通过改变人、机构、协作机制、知识生产等创新要素，对特定领域乃至整个社会经济体系产生显著影响；不确定性和模糊性是指新兴技术的发展路径和用途可能不确定，且不同社会团体对新兴技术的认识还比较模糊。

3. 高新技术

高新技术由始于国外提出的"高技术"（high technology）演变而来。高技术是指建立在当代科学技术成就基础上，处于科学技术前沿，对军事、经济和社会发展起巨大推动作用的技术群。高新技术引入了新技术的内涵，通常是指在一定时期内对整个科技领域起引领主导作用并能形成产业，深刻影响一个国家或地区的政治、经济和军事等各方面发展进步的先进技术群或新技术群，具有战略性、引领性、创新性、高效益等显著特征。在军事领域，军事高新技术是指建立在当代先进科学技术成就基础上，处于科学技术前沿，对国防科技、武器装备、军事理论和作战样式的高质量发展起到巨大推动作用的高新技术群的统称。

4. 颠覆性技术

颠覆性技术概念最早出现在商业领域，由美国哈佛大学商学院于20世纪90年代首先提出，被定义为"往往从低端或边缘市场切入，以简单、方便、低成本为初始阶段特征，随着性能与功能的不断改进与完善，最终取代已有技术，开辟出新市场，形成新价值体系的一类技术。"在军事领域，颠覆性技术被赋予了特殊含义。美国国防研究与工程署将颠覆性技术的本质特征概括为"从既定的系统和技术体系中，'衍生'或'进化'出新的主导性技术，取代现有技术，使军事力量结构、基础以及能力平衡发生根本性变革。"德国弗劳恩霍夫协会认为，颠覆性技术是指能够改变游戏规则的技术，即与现有技术相比，在性能或功能上有重大突破，且其未来发展将逐步取代已有技术，进而改变作战模式或作战规则的技术。

颠覆性技术是一类效应或影响导向的技术，从技术属性讲，可以是基于新概念、新原理的原始创新技术，也可以是现有技术在军事领域的创新性应用，还可以是现有技术之间交叉融合或组合运用产生的新技术或新能力；从潜在应用效果看，可能大幅提升现有武器装备作战效能，也可能催生新型武器装备，形成新的作战能力或对抗样式，甚至可能开辟一个全新军事应用领域。颠覆性技术主要具有前瞻性、取代性、突变性、风险性、时效性等特点。其中，取代性是颠覆性最为突出的特点，判断一项技术是否为颠覆性技术的主要依据通常为其是否具有明确的取代对象。

前沿技术、新兴技术、高新技术、颠覆性技术的概念内涵之间既有交叉关联，又有明显区别。例如，有些前沿技术是对现有技术的渐进性创新，但还不具备替代现有技术的能力，这些技术就不能划为颠覆性技术；有些新兴技术可能具有多条基本可行的技术发展途径，这些技术也可初步划为前沿技术。严格界定这些技术概念，需要把准其特点本质，建构特色鲜明、可考核验证的指标体系。

（二）技术预见认识浅析

1. 技术预见概念内涵与研究方法

技术预见是技术预测发展到一定阶段的历史产物，最早产生于20世纪30年代的美国。20世纪70年代，日本对技术预见进行了方法体系改进和功效影响拓展，探索将其应用于制定国家科技政策，指导科技牵引和推动经济社会发展，此后陆续开展了十余次技术预见活动，取得了显著成效。20世纪90年代以来，在美、日成功实践的引领下，技术预见逐步成为世界各国普遍采用的体制化、系统性研究模式。关于技术预见，目前还没有形成严格明确的共识，但学界普遍认可英国苏塞斯大学本·马丁（Ben R. Martin）教授于1995年给出的定义。马丁提出，技术预见是对未来较长时期内的科学、技术、经济和社会发展进行系统研究，其目标是确定具有战略性的研究领域，以及选择对经济和社会利益具有巨大贡献的通用技术。从该定义可以看出，技术预见具有过程系统性、研究时间跨度长、强调未来科技推动和需求牵引双向发力、注重综合效益与影响等鲜明特点。

当前主流的技术预见方法大致可分为以下四类：第一类是基于专家智慧，对不同专家意见进行综合评价，确定技术的未来发展趋势，主要包括德尔菲法、头脑风暴法等；第二类是利用数学模型，在掌握足够多历史数据的基础上，拟合出技术的发展曲线和未来走势，主要包括增长曲线法、趋势外推法、线性回归法等；第三类是对大量文献资料进行统计分析，确定技术的发展热点及发展方向，主要包括文献计量法、专利分析法、文本分析法、技术机会法等；第四类是综合分析和逻辑推理，重点综合影响事物发生、发展的多方面内外部因素，探寻各因素之间的逻辑关系，通过严密的分析、推理，判断事物的未来发展趋势，如SWOT分析法、情景分析法等。其中，第一类方法适用条件较为宽泛，但预测结果受专家的专业背景和判断能力影响较大；第二类方法能对特定技术的指标水平给出明确的定量预测，但对历史数据的数量和准确度要求较高；第三类方法对技术研究热点的判断较为准确，但处理文献所需的工作量很大；第四类方法需要深入了解技术的性能特征及用途，对研究人员的认知水平要求较高。总的来看，以上几类方法各有适用场合和优缺点，在实际应用中，通常需要综合采用多种预见方法，使预见方法的效能得到最大发挥。

2. 技术预见与技术预测、技术预警的差异和关联

技术预测、技术预见、技术预警三者内涵相互交叉，边界较为模糊，广义上讲，技术预见、技术预警都可归于技术预测，但又有一定区别。技术预测一般是指以高置信度模型对技术未来发展进行概率性评估，技术预见则是指系统研究STEEPX（社会、科技、经济、环境、政治等）诸要素以确定战略性研究领域和高增益高附加值通用技术，技术预警通常是指对刚出现或尚不明晰内涵实质的技术开展发展潜力、应用前景、威胁性、迷雾性等评估研究。本书尝试从对象、时间、路径、本质四个角度对比分析这三个概念，如图1.1所示。从对象来看，技术预测、技术预警侧重研究技术本身，技术预见则研究技术综合体，即不仅研究技术，还研究与技术相关的政治、经济、环境、社会、军事等多方面因素。从时间来看，技术预测通常为近中期，技术预见通常为中远期，技术预警则通常为近期。从路径来看，技术预测注重从技术自身历史推断未来，技术预见侧重从技术综合体预测未来，技术预警主要从技术影响角度逆向预测未来。从本质来看，技术预测属于探索性预测，技术预见属于战略性预测，技术预警属于即时性预测或安全性预测。

	技术预测	技术预见	技术预警
对象	技术	技术综合体	技术
时间	近中期	中远期	近期
路径	从技术自身历史推断未来	从技术综合体预测未来	从技术影响角度逆向预测未来
本质	探索性预测	战略性预测	即时性预测

图1.1 技术预测、技术预见与技术预警多维辨析

综上所述，技术预见是技术预测的一种高级形态，关键在于支撑决策，具有战略性特点，不仅要预测可确定的未来，也要预测不确定的机遇和挑战。因此，本书研究的技术预见范畴包含技术预测和技术预警。

二、国内外技术预见研究现状和趋势

(一) 主要国家技术预见研究与实践现状

1. 美国

美国在国家和军队层面定期开展技术预见由来已久,通常采用情景分析法等研究手段前瞻预测中远期技术发展趋势和远景。美国国家情报委员会(NIC)自 1997 年开始,跟随时任总统任期,每 4 年研究发布战略性预见报告,如 2017 年发布的《全球趋势 2035——进步的悖论》报告和 2021 年发布的《全球趋势 2040——更加激烈竞争的世界》报告等,为政府提供未来全球战略的评估框架,支撑其中远期战略规划决策制定。美国空军自成立之初,一直在思考未来需要具备怎样的能力以及未来空战该怎么打,曾委托以冯·卡门为首的航空航天领域科学家团体,帮助空军预测和描绘未来发展蓝图,并于 1945 年公布首份技术预见报告《迈向新边疆》,此后每隔 10 年左右发布一份技术预见报告,明确为满足未来 10 年空军的能力要求所必须发展或优先发展的科学技术。美国空军发布的《2010—2030 技术远景》技术预见报告采用的研究思路和方法如图 1.2 所示,此项研究首先立足于其当前所具备的能力,预测 2020 年前后科技发展趋势,再由此评估到 2030 年左右将具备的实际作战能力,然后将这一能力与假想敌届时可能具备的能力相对比,着重从美国空军负责的空中、太空以及赛博等三大领域及其交叉领域出发,分析制约假想敌所需要的反制能力,在此基础上进一步反推,得到为具备该反制能力需掌握的科学技术以及当前所需要推动的研发工作。该报告最终遴选出 12 个优先发展方向,涉及赛博领域 2 项,情报、监视与侦察及态势感知领域 5 项,人员感知和决策增强领域 2 项,无人飞行器领域 1 项,定向能武器领域 1 项,涡轮发动机领域 1 项。

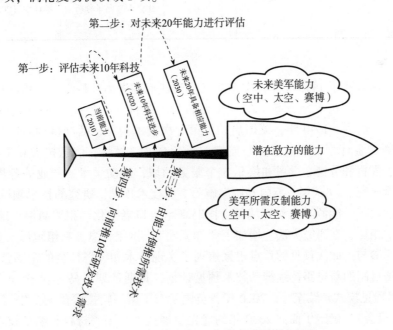

图 1.2 美国空军未来 10 年技术预见研究思路

2. 日本

日本是首个在国家层面开展技术预见的国家,第 1 次技术预见始于 1971 年,以 5 年为周期面向未来 30 年愿景目标滚动进行,至今已完成 11 次,目前正在开展第 12 次技术预见。值得一提的是,1971—1997 年的前 6 次活动为技术预测,从 2001 年启动的第 7 次活动开始更名为技术预见,研究内容也向描绘社会未来发展和寻求必要科学技术等方向转变,具体工作由日本科技政策研究所(NISTEP)

组织实施。表1.1列出了第8~11次技术预见的简要情况。2019—2020年，日本启动了第11次技术预见，首次运用了地平线扫描方法自动化开展科技与社会发展趋势分析，并将基于德尔菲调查进行的科技未来愿景分析和基于专家研讨进行的社会未来愿景分析相结合，深入开展社会未来图景研究，预见结果为制定《第六期科学与技术基本计划（2021—2025）》提供了重要支撑。

表1.1 日本开展的第8~11次国家技术预见概况

轮次	时间	预测周期	领域-子领域-技术主题/项	关键技术/项	研究方法	应用情况
第8次	2005年	2006—2036年	13-130-858	—	社会经济需求分析 德尔菲调查 文献计量 情景分析	支撑日本《第三期科学与技术基本计划（2006—2010）》和《创新25战略》制定
第9次	2010年	2011—2040年	12-94-832	119	重大挑战分析 德尔菲调查 情景分析 专家会议等	支撑日本《第四期科学与技术基本计划（2011—2015）》和《日本2020愿景》制定
第10次	2015年	2016—2045年	8-78-932		未来社会分析 德尔菲调查（在线） 情景分析 交叉分析等	支撑日本《第五期科学与技术基本计划（2016—2020）》制定
第11次	2020年	2021—2050年	7-59-702	—	地平线扫描 德尔菲调查（在线） 社会未来愿景分析 情景分析等	支撑日本《第六期科学与技术基本计划（2021—2025）》制定

3. 英国

英国的技术预见由政府于1993年4月发布的《实现我们的潜力：科学、工程和技术战略》白皮书牵引实施，具体工作由科学技术办公室（2009年更名为政府科学办公室，GO-Science）负责，迄今已开展了3次，如表1.2所列。1994年，英国启动了第1次技术预见，活动持续时间长达5年，期间政府以稳定投入的高额奖金计划，面向国防与航空航天、交通、材料、信息技术和电子等15个技术领域，以及金融服务、零售和分销、学习和娱乐3个服务领域，带动学术、产业等各界积极响应和开展各自特色的技术预见研究。1999年，英国开始实施第2次技术预见，研究的技术领域减少至10个，包括人造环境与交通、化工、能源与自然环境等，同时新增人口老龄化、犯罪防治、2020年制造业3个主题小组，与第1次相比，在研究方法上增加了"知识池"[①]网络信息，在组织形式上由基于专家研判拓展至社会公众广泛参与，此次预见的重点也聚焦到了实现技术和经济社会的全面整合。从2002年开始，英国采用滚动项目制的新思路持续推动技术预见计划，每期计划上马3~4个项目，研究时间约为2年，这种新的技术预见模式延续至今。2010年，英国发布了第一轮技术预见报告《技术与创新未来：英国2030年的增长机会》，确定了面向2030年的优先发展技术，涵盖材料和纳米技术、能源和低碳技术、生物和制药技术、数字和网络技术四大领域的53项关键技术，此后又陆续于2012年、2017年发布了第二、第三轮技术预见报告。

---

① 知识池是技术预见活动的重要信息门户，可提供研究计划的描述性信息、关于未来的设想和观点、预见研究小组的管理信息和工作记录等。

表1.2 英国开展的3次国家技术预见概况

轮次	时间	研究领域	研究方法
第1次	1994—1998年	15个技术领域： 国防与航空航天，交通，材料，健康，生命科学，能源，饮食，农业，自然资源与环境，化工，制造，生产与商务流程，建筑，通信，信息技术和电子 3个服务领域： 金融服务，零售和分销，学习和娱乐	德尔菲调查
第2次	1999—2001年	10个技术领域： 人造环境与交通，化工，国防、航空航天与系统学，能源与自然环境，金融服务，食物链和工业作物，医疗保健，信息、通信和媒体，海洋学，材料 3个主题小组： 新增人口老龄化，犯罪防治，2020年制造业	德尔菲调查 专家会议 情景分析 知识池
第3次	2002年至今	滚动项目制	地平线扫描 德尔菲调查 情景分析 专家座谈等

经过多年技术预见实践，英国政府科学办公室于2017年11月发布了《支撑英国政府未来思考和预见的工具》报告，总结了制定科技战略政策和推进未来预见研究的方法工具，主要分为4类：①科技态势情报分析方法，包括地平线扫描、德尔菲法、七问法、重要文本分析等，其中七问法是指政策或战略领域考虑的关键问题是什么、政策或战略执行后的优势是什么、劣势是什么、如何优化变革现有业务体系和组织结构才能实现这种优势、历史经验和教训是什么、哪些决策必须优先考虑、受访者在被赋予绝对权力的情况下会怎么做；②复杂因素变化综合分析方法，包括不确定因素轴心法、驱动因素映射法等；③技术未来分析方法，包括情景分析、愿景描绘、SWOT分析等；④战略政策制定与有效性测试方法，包括技术路线图、目标倒推法、政策压力测试法等。

4. 俄罗斯

俄罗斯在技术预见方面起步较晚，始于20世纪90年代，当时主要借鉴美国技术预见经验开展相关研究工作。俄罗斯在国家层面先后开展了国家关键技术选择、国家科技预见两类技术预见活动，其中国家科技预见最具代表性。国家科技预见由俄罗斯联邦教育与科学部牵头，俄罗斯国立高等经济学院（HSE）具体承担实施，第1次于1998年进行，第2次分为三轮，分别于2007年（面向2025年）、2008—2009年（面向2030年）、2011—2013年（面向2030年）开展。2011年启动的第2次第三轮国家科技预见重点面向2030年，识别遴选出信息与通信技术、生物技术、医药和健康、新材料和纳米技术、自然的合理利用、运输和空间系统、能源效率和能源节约7个最具发展前景的科技领域，研究形成《俄罗斯科技展望：2030》技术预见报告，为制定新一期面向2030年的《国家科学技术发展计划》提供了重要支撑。俄罗斯在多轮科技预见实践中，探索总结了一套有效的方法体系，开发了一套智能化预见分析平台（iFORA），实现对地平线扫描、科学计量、情景规划、德尔菲调查、技术路线图等定量与定性方法的融合运用。俄罗斯科技预见涉及关键技术选择、国家安全预见、社会经济发展预见等各个方面，研究成果除了用于支撑国家和地区科技规划拟制与项目论证，还用于指导市场企业或不同行业领域的良性发展。

5. 韩国

韩国于20世纪90年代初开始启动第1次技术预见，此后每5年左右开展一次，至今已进行了6次，如表1.3所列。第1次技术预见由韩国科技政策研究所（STEPI）负责组织实施，利用大规模德尔菲调查和头脑风暴方法征集了未来20年1174项技术，并从重要性、技术水平、预计实现时间等方面进行了研判。1998年，科技政策研究所启动了第2次技术预见，由于不久后该研究所涉及国家科技研发规划、评估与管理的职能并入韩国科技评估与规划研究所（KISTEP），从1999年2月起调整由后者负责本次及后续的技术预见工作，同时调整的还有预测时间跨度，由20年延长至25年。从第3次技术预见开始，韩国陆续引入情景分析、科学图谱分析、文献计量、大数据分析、技术引爆点分析等，不断丰富技术预见方法体系和实施流程。2020年，韩国按照未来社会展望、未来技术分析、德尔菲调查三个阶段实施了第6次技术预见，围绕数字化转型、制造与材料、人类与生命、城区与灾难、安全与利用、能源与环境6个领域，遴选出241项面向2045年的未来技术，为制定《第五期科学技术基本计划（2023—2027）》提供重要支撑。

表1.3　韩国开展的6次国家技术预见概况

轮次	时间	预测周期	未来技术/项	研究方法	应用情况
第1次	1993—1994年	1995—2015年	1174	头脑风暴 德尔菲调查（邮寄）	—
第2次	1998—1999年	2000—2025年	1155	头脑风暴 德尔菲调查（邮寄）	—
第3次	2003—2004年	2006—2030年	761	地平线扫描 德尔菲调查（在线） 情景分析	支撑韩国《第二期科学技术基本计划（2008—2012）》制定
第4次	2010—2011年	2011—2035年	652	地平线扫描 德尔菲调查（在线） 情景分析	支撑韩国《第三期科学技术基本计划（2013—2017）》制定
第5次	2015—2016年	2016—2040年	267	地平线扫描 大数据分析 科学图谱分析 德尔菲调查（在线） 技术引爆点分析	支撑韩国《第四期科学技术基本计划（2018—2022）》制定
第6次	2020—2021年	2021—2045年	241	地平线扫描 大数据时序分析 科学图谱分析 技术引爆点分析 文献计量等	支撑韩国《第五期科学技术基本计划（2023—2027）》制定

6. 欧盟

欧盟技术预见的实施机构主要有欧洲议会科学技术选择和评估委员会（STOA）、欧洲防务局（EDA）等。其中，欧洲议会科学技术选择和评估委员会自2014年起开始常态化开展技术预见，多年来固化形成了"选择主题—地平线扫描—社会影响的全景展示—探索性场景构建—立法回溯和推演可能的技术路线—预见结果输出"系统性研究流程，预见成果服务于欧洲议会决策。这里重点介绍欧洲防务局开展的国防领域技术预见。欧洲防务局主导的技术预见活动始于2015年，且该活动与技术监视一并进行，旨在识别监测新兴技术，评估其对未来国防能力的近中远期影响。技术预见活动采用自底而上的未来展望分析和自上而下的未来回溯分析（一种在未来不确定条件下通过分析来支撑决策的方法）两种方法，综合预测和评估技术未来的可能性和发展愿景，为欧盟制定面向未来20～30年的研究与技术发展规划提供支撑。2021年，欧洲防务局推出2021技术预见演习活动，目的是在充分考虑新兴与颠覆性技术的影响下，面向2040—2050年集智推演和构画高水平的远期国防愿景，为欧盟调整"总体战略研究议题"与"能力发展规划"，以及编制"战略指南"提供输入，有力支撑欧盟弹性建设与战略自主。

7. 中国

我国从国家层面开展技术预见研究的部门主要是中国科学技术发展战略研究院（科学技术部直属单位）和中国科学院科技战略咨询研究院（中国科学院直属单位）。其中，中国科学院科技战略咨询研究院的前身中国科学院科技政策与管理科学研究所曾于2003年主持了一次"中国未来20年技术预见研究"，主要采用情景分析、大规模德尔菲调查、技术监测等方法，围绕信息通信与电子技术、能源技术、材料科学与技术等8个技术领域的737项技术课题，分别开展了重要性、预计实现时间、发展制约因素等多维度评价分析，最终遴选出未来20年我国应优先发展的76项技术课题，为国家宏观管理决策提供了支撑。

表1.4 科学技术部开展的6次国家技术预测概况

轮次	时间	涉及领域或产业	备选技术/项	国家关键技术/项	参与专家/人	应用情况
第1次	20世纪80年代	9个产业：通信、生物、能源、机械、农业、交通运输、环保、城乡建设、消费品	—	—	—	由专门的预测局组织，支撑政府规划
第2次	1992—1995年	4个领域：信息、制造、材料、生物	61	24	1000	支撑"九五"国家科技发展规划与计划的制定
第3次	1997—1999年	3个领域：农业、信息、制造	308	128	1200	支撑"十五"国家科技发展规划制定
第4次	2003—2005年	9个领域：信息、生物、新材料、能源、资源环境、制造、农业、健康和公共安全	794	89	3000	支撑"十一五"国家科技发展规划制定
第5次	2013—2015年	14个领域：信息、生物、新材料、制造、空天、能源、资源、环境、农业、交通、海洋、公共安全、人口健康、城镇化与城市发展	2097	100	31000（累计人次）	支撑"十三五"国家科技创新规划制定
第6次	2019—2020年	16个领域：信息、生物、新材料、制造、空天、能源、资源、环境、农业农村、食品、海洋、交通、现代服务业、公共安全、人口健康、城镇化与城市发展	2262	—	4026（每名专家填写不少于5份问卷）	支撑新一轮国家中长期科技发展规划编制

科学技术部于20世纪80年代开始，每5年左右开展一次国家技术预测（属于本书约定的技术预见范畴），至今已进行了6次（表1.4），主体工作由中国科学技术发展战略研究院承担实施。2019年2月，科学技术部启动了第6次国家技术预测工作，聚焦信息、空天、人口健康、城镇化与城市发展等16个领域以及前沿交叉领域，综合运用专家调查、文献计量、专家会议、中外对比等研究方法，开展了技术竞争研究、重大技术需求分析、技术调查与预测、关键技术选择等研究，具体研究方法流程如图1.3所示。此轮国家技术预测共遴选出354项优先发展的技术项目建议，为编制新一轮国家中长期科技发展规划提供重要参考。

目前，世界主要国家经过多轮技术预见实践，不断优化调整形成了具有各自特色的技术预见方法体系，取得了明显实效。但总体而言，技术预见研究还主要是以定性为主，定量方法基本只参与了技术预见初期的技术扫描和调查，在技术预见中后期发挥作用较弱。此外，聚焦国防层面的技术预见工作公开信息不多，难以掌握其方法体系内容。

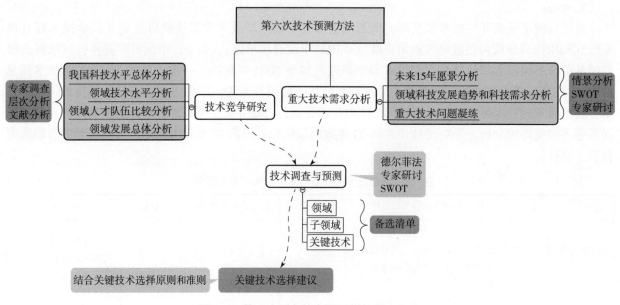

图 1.3　第 6 次国家技术预测研究方法流程

(二) 技术预见发展趋势

技术预见活动对把脉世界科技发展态势、支撑科技规划制定和科技创新、促进产业和生态形成、推动国家和国防建设发展具有重要意义。当前，信息主导智能赋能日益加深、学科领域交叉渗透持续加剧、前沿技术孕育发展逐步加快，科技创新的范式发生了重大改变，新时期技术预见的难度也随之大幅提升。一方面，技术发展的跨学科、跨地域、跨机构、跨团队等交叉特点日益突出，科研动向在互联网上的映射量日益增多，可为技术预见活动提供的信息线索纷繁复杂、规模海量，信息检索与挖掘的难度和复杂度大大增高，对技术预见的自动化水平提出更高要求。另一方面，随着大国博弈日趋激烈，信息封锁、技术限制、战略欺骗等科技竞争手段频繁运用，技术密集型国家在开展技术研发，特别是面向国防领域应用的典型技术研发方面，采取了更为隐蔽的方式，其成果通常不以论文、专著等公开或半公开文献的方式出现，而是大量信息碎片分散在互联网上，信息的真伪辨识极为困难，迫使技术预见对稀疏信息精准关联还原和专家研判的依赖程度更加深入。未来，技术预见的方法和手段将呈现如下发展趋势：

一是技术预见方法由定性为主向定性定量相结合为主转变。一般的定性预测已难以更加精准、系统地把握技术动态发展特点以及技术间的复杂联系。定性方法能够确保战略上的方向正确，定量方法则是战术上的精确计算。定性方法在技术预见中可以作为定量方法的优化互补方法，避免因定量方法不完善而可能产生的方向性失误；同时，定量方法也能够避免定性方法的主观随意性。在整个技术预见过程中，往往先以定量方法分析客观数据，然后以定量分析结果为依据，采用定性方法进行延伸分析和深入研判，支撑形成科学证据导向的预见结论。

二是技术预见工具向多元化方向发展。随着人工智能、大数据、云计算等技术的快速发展与广泛渗透，技术预见将持续引入自然语言处理、人工智能分析等技术手段，推动知识图谱、大规模数据可视化分析等工具和平台不断涌现，有效增强技术预见的全面性、精准性和时效性。例如，未来科学计量将从题录分析转为全文分析，可实现技术路线、指标参数、应用前景等诸要素的深入挖掘，更加精准呈现技术发展的全景信息；未来科学知识图谱和信息可视化领域融合创新发展，基于 VR/AR 的科学知识图谱呈现形式将从静态图谱拓展为动态视频，图表将更加"生动"，一图胜万言。

三是技术预见结果的回溯验证将日益受到重视。技术预见结果的可靠性与可用性直接决定谋划布局的科学性与准确性，因而技术预见方法体系和组织实施的有效性至关重要。然而，技术预见结果目前还无法进行实时验证，往往需要经过较长时期才能根据技术发展与应用的实际效果得以检验。因此，在开展下一次技术预见工作前，利用两次预见工作之间的窗口期，注重以人机结合方式跟踪、监测上一次技术预见结果的详细动向，对下一次技术预见形成良性反馈，如技术预见结果所确定的优先发展方向是否全都是重点、是否存在重大遗漏、预见的准确率如何等，根据追检到的问题，及时调整优化技术预见方法体系和组织模式，确保下一次技术预见结果的有效性进一步提升。

三、国防领域技术预见方法体系构建

本节遵循"方法论源于任务实践，指导任务实践"的原则，立足国防领域技术预见典型研究任务，剖解不同任务的一般性研究流程，凝练出共性通用的任务主线，利用逆向思维构建实用的国防领域技术预见方法体系。

（一）基于任务场景的研究过程解构

在国防领域，技术预见主要用于服务支撑科技发展战略研究和技术战略咨询研究两大类任务，其研究过程分解如下：

1. 科技发展战略研究任务分解

国防科技发展战略研究是指导国防科技发展规划计划拟制的重要工作，其论证规范和框架一般包括战略形势、战略需求、战略要求、战略目标（发展目标）、战略重点（方向重点）、战略举措（保障举措或思路举措）等。其中，"战略形势"部分深入研判世界科技和军事革命发展走向及影响，未来战争形态和作战样式演变趋势，目标国家面临的安全环境和发展态势，外部环境变化给国防科技发展带来的机遇和挑战。"战略需求"部分深入研判目标国家全面推进国防和军队发展对国防科技提出的能力要求，与主要国家在国防科技发展水平上的现实差距、潜在的抵消风险，国防科技发展存在的主要问题等。"战略要求"部分研究提出国防科技发展应把握和遵循的指导思想和基本原则。"战略目标"也称发展目标，该部分研究提出国防科技发展的总体目标和分阶段目标，既要契合顶层战略，也要凸显里程碑式目标节点。"战略重点"也称方向重点，该部分要求系统构思国防科技创新发展体系布局，分类别分领域遴选主攻方向、识别发展机遇，按照近期、中期、远期制定发展路线图。"战略举措"也称保障举措、思路举措，该部分从完善国防科技创新体系、强化国防科技管理、统筹国防科技资源、优化国防科技创新生态环境等方面，研究提出措施建议。

2. 技术战略咨询研究任务分解

国防领域技术战略咨询研究是回答领导关切、服务机关决策的重要任务，研究对象主要包括重要科技领域、典型科技方向等，按任务要求可分为综合研究和专题研究。综合研究任务的研究框架一般包括研究对象的整体发展态势、典型技术的选取思路方法、重点技术分析、技术发展建议等，专题研究任务通常针对已知典型技术，开展重点技术分析、技术发展建议等内容研究。其中，"整体发展态势"部分围绕所研究的科技对象，梳理世界主要国家战略机构、军地智库、创新主体等发布的规划计划、重点项目、研究报告，以及近几年重要技术进展等，系统分析发展现状和水平，归纳总结总体发展趋势。"选取思路方法"部分根据国防领域典型技术（如前沿技术、颠覆性技术等，由任务发布方指定）的内涵外延，制定合理可行的遴选基本原则和指标体系，结合定量定性研究方法，综合测度评价，遴选出若干建议优先发展的重点技术。"重点技术分析"部分针对选取的每项重点技术，对其概念内涵、发展现状、热点方向、发展趋势、军事影响等进行深入分析。"技术发展建议"部分根据技术分析结论，结合技术发展必要的配套条件等方面，研究提出对应的发展措施和策略。

3. 确定核心任务主线

从上述两类任务研究过程分解可以看出，科技发展战略研究的主要工作是明确能够服务备战打仗、构筑军事领先优势的优先发展技术领域和技术方向，问题转化为回答世界范围内有哪些技术、我们需要哪些技术、如何选择这些技术、如何评估这些技术。类似地，技术战略咨询研究的主要工作也是选取和评估国防领域典型技术。因此，国防领域技术预见的核心任务主线是技术选择和技术评估，旨在发现战略的技术、研判技术的战略，如图1.4所示。

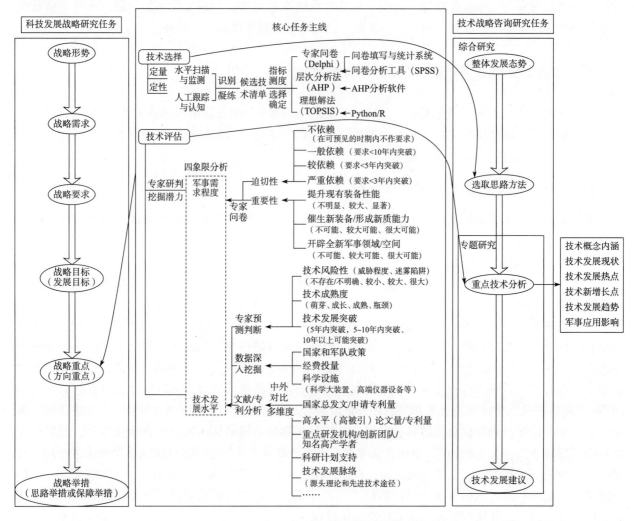

图1.4　国防领域技术预见典型任务解构

图中给出了技术选择和技术评估具体开展方式的示例性说明。针对技术选择，通常采用基于定量的水平扫描与监测、基于定性的人工跟踪与认知两类方法，识别和凝练候选技术清单，然后组合运用一些典型的技术预见方法对其进行指标测度，确定重点技术清单。针对技术评估，可考虑从军事需求程度和技术发展水平两个方面对每项重点技术进行定量与定性相结合的深入评估，评估内容包括技术重要性、技术需求迫切性、技术风险性、技术成熟度、技术发展脉络、科研计划支持情况、经费投量、重点研发机构、代表性研究学者等。

（二）国防领域技术预见方法体系设计

根据技术预见的概念认识和国内外技术预见活动实践，可以看出技术预见是一项以未来需求为方向、以预见理论为根本、以科学方法为手段、以工具平台为载体、以专家智慧为核心的综合性科研活动，也是一项复杂的体系工程。结合典型任务场景的解构分析，本书提出由技术发现（technology Discovery）、技术遴选（technology Selection）、技术评估（technology Evaluation）、综合研判（in-Depth research）四个环节构成的国防领域技术预见方法体系，即DSED方法体系，如图1.5所示。

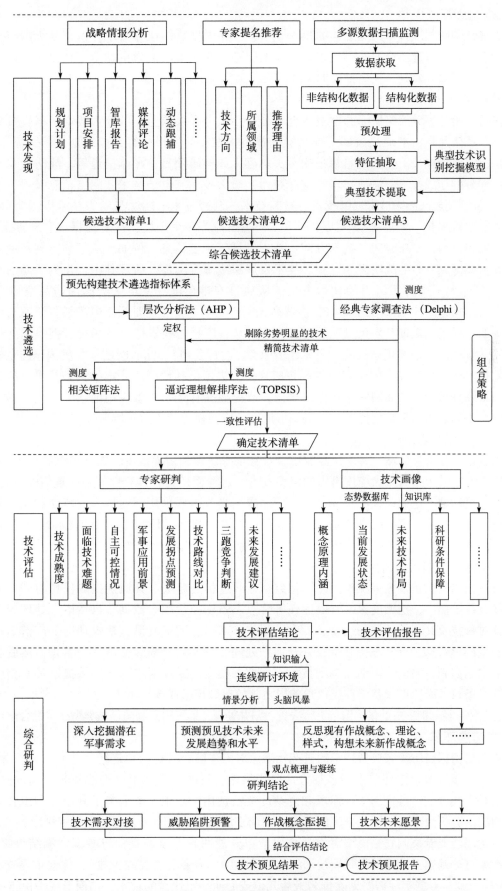

图 1.5 国防领域技术预见方法体系

1. 技术发现环节

技术发现是国防领域技术预见工作的第一环节，旨在根据具体任务需求，识别凝练国防领域典型技术候选清单。该环节遵循全面兼顾、主客结合的原则，既注重以机为主的全面情报信息挖掘，也考虑以人为主的专家深入研判，从多种不同途径汇集较为完备的候选清单。

（1）战略情报分析途径

战略情报分析是事关战略层面的情报研究与分析，从内容来源上，可分为战略情报直接载体和间接载体。直接载体是指由战略决策部门或智囊支撑机构发布的情报内容，如规划计划、智库报告等；间接载体是指需要挖掘加工获取战略情报的有关内容，如科研项目、媒体报道等。战略情报分析途径可按照通常划分的陆战技术、海战技术、空战技术、航天技术、电子技术、网络信息技术、生物交叉技术、军事智能科技、定向能及防御技术、材料技术、制造技术、能源与动力技术等国防科技领域，从规划计划、项目安排、智库报告、媒体评论、动态跟捕等多个角度，针对性提取和梳理来源名称、发布国家、发布机构、发布时间、技术方向、技术领域等维度信息。例如，从规划计划角度，全面跟踪搜集世界主要国家发布的战略规划计划、技术发展路线图等文件，梳理其中提出的要超前布局、重点发展的具有重大军事应用潜力的技术方向。从项目安排角度，重点从美国国防高级研究计划局（DARPA）、美国陆海空三军研究实验室、俄罗斯先期研究基金会等主要国家典型科技研发与管理机构近年来安排的项目中，梳理其聚焦发展的典型技术。从智库报告和媒体评论角度，搜集国外相关智库机构（如新美国安全中心、美国战略与预算评估中心、兰德公司）、知名网站（如美国国防杂志网、麻省理工学院技术评论）等发布的研究报告和权威评论，提炼出其预测或评选的典型技术。从动态跟捕角度，常态跟踪分析世界主要国家科技发展动向，研究捕捉有重大军事应用前景的典型技术方向。综上所述，融合不同载体的多维度信息，可凝练形成基于情报视角的国防领域典型技术候选清单1。

（2）专家提名推荐途径

专家提名推荐是由各领域、各层次专家结合自身学术认知和视界范围，按照典型技术的主要特点，提出当前重点发展及未来有重大应用潜力的典型技术。这种途径具有针对性较强、置信度较高等特点，可作为基于情报和数据挖掘途径的重要补充。专家提名推荐主要采用问卷调查、座谈访谈、集体会议等形式，重点面向技术专家、战略专家、情报专家等多类型专家，汇集其提出的技术方向、所属领域、推荐理由等预测性内容，在此基础上梳理形成基于专家视角的国防领域典型技术候选清单2。

（3）多源数据扫描监测途径

多源数据扫描监测是聚焦多源头、异构化数据，通过相关算法工具识别提取信息与知识的一种重要途径，具有覆盖面广、挖掘度深、时效性强等特点。该途径运用大数据、自然语言处理等自动化机器方法，针对科技及其相关领域的论文、专利、报告、项目、网络资讯、社媒动向等广谱信息载体的结构化和非结构化数据进行常态化获取，并开展预处理、特征抽取等数据治理与管理，然后利用新兴颠覆性技术主题识别、弱信号识别等典型技术识别挖掘模型，区分国防科技领域提取具有相应特征属性的典型技术条目，凝练形成基于数模视角的国防领域典型技术候选清单3。

对以上三种途径分别形成的候选清单进行去重、归并处理，即可得到国防领域典型技术综合候选清单。

2. 技术遴选环节

技术遴选是依据国防领域典型技术的遴选标准，对前述综合候选清单进行"去伪存真、测度排序、优中选优"的重要环节。该环节采用多种方法联用策略，目的是降低单一方法较易引起的主观偏差。遴选方法组合方式多变，可根据任务需求和复杂度灵活选用，图1.5中给出了其中一种组合策略，即用于定权的层次分析法和用于测度排序的经典专家调查法、相关矩阵法、逼近理想解排序法。

首先，运用经典专家调查法模型对候选技术清单开展两轮专家调查，将专家评测结果收敛固化，在第二轮专家打分基础上计算得出每项技术的重要性排序。为突出"关键少数"、优选重要技术，采取"末段淘汰"原则，根据实际需要剔除排名最后几位或后面一定比例的技术，精简形成一份排序清单1。其次，利用层次分析法模型对预先构建的技术遴选指标体系赋权，用于后续模型的测度计算。再次，分别运用相关矩阵法模型和逼近理想解排序法模型，以排序清单1和赋权后的指标体系为对象，构建"技术—指标"矩阵，计算得到排序清单2和排序清单3。本环节分别从不同方法角度对综合候选清单进行测度，得到了3份排序清单，这些清单的排序是不完全一致的。最后，根据研究实际，确定每份排序清单选取的比例，如选取前70%的技术条目，运用集合原理，对3份选取后的排序清单取交集处理，交集中的技术即为最终确定的国防领域典型技术清单。需要说明的是，出现在交集中的技术说明其很重要，"不管怎么排序都不会被淘汰"，体现了多种技术遴选方法的一致性与有效性。相关遴选方法的计算流程详细介绍如下：

（1）确定指标体系权重——层次分析法

本书中层次分析法主要用于确定指标体系的权重值。首先根据典型技术的特点和遴选原则，构建技术遴选多层指标体系，这里以表1.5为例介绍具体计算流程。

表1.5 典型技术遴选多层指标体系示例

目标层（O）	一级准则层（I_1）	二级准则层（I_2）
O	I_{11}	I_{21}
		I_{22}
		I_{23}
	I_{12}	I_{24}
		I_{25}
		I_{26}
	I_{13}	I_{27}
		I_{28}
		I_{29}

①创建"指标—指标"正互反矩阵 I，如表1.6所列。

表1.6 "指标—指标"正互反矩阵

指标	I_1	I_2	…	I_n
I_1	s_{11}	s_{12}	…	s_{1n}
I_2	s_{21}	s_{22}	…	s_{2n}
…	…	…	…	…
I_n	s_{n1}	s_{n2}	…	s_{nn}

表中矩阵元 s_{ij} 表示指标 I_i 对指标 I_j 的相对重要程度，采用1~9九级标度进行评分，各级标度含义描述如表1.7所列。

表1.7 正互反矩阵 I 矩阵元采用的九级标度

标度	s_{ij}
1	同等重要
3	稍微重要
5	明显重要
7	显著重要
9	极端重要
2，4，6，8	两相邻判断的中间值
以上数值的倒数	指标 I_j 对指标 I_i 的相对重要性为 $s_{ji}=1/s_{ij}$。特殊的，指标 I_i 对自身的重要程度 $s_{ii}=1$

②构造综合判断矩阵并计算各级指标的相对权重。

假设参与调查的有效专家数为 t，构造基于第 k 位专家的"目标层～一级准则层"判断矩阵（$O\text{-}I_1)_k$，如表1.8所列。

表1.8 "目标层～一级准则层"判断矩阵

O	I_{11}	I_{12}	I_{13}
I_{11}	1	$(a_1)_k$	$(a_2)_k$
I_{12}	$1/(a_1)_k$	1	$(a_3)_k$
I_{13}	$1/(a_2)_k$	$1/(a_3)_k$	1

在此基础上，构造基于所有专家的"目标层～一级准则层"综合判断矩阵 $O\text{-}I_1$，如表1.9所列。

表1.9 "目标层～一级准则层"综合判断矩阵

O	I_{11}	I_{12}	I_{13}
I_{11}	1	a_1	a_2
I_{12}	$1/a_1$	1	a_3
I_{13}	$1/a_2$	$1/a_3$	1

表1.9中每个矩阵元均为基于单个专家判断矩阵的相应位置矩阵元的几何平均值，如矩阵元 a_1 的计算式为

$$a_1 = \sqrt[t]{\prod_{k}^{t}(a_1)_k} \tag{1.1}$$

计算综合判断矩阵 $O\text{-}I_1$ 的最大特征值、最大特征向量、一致性指标、随机一致性指标、随机一致性比率等参数，如表1.10所列。表1.10中 ω_{11}、ω_{12}、ω_{13} 分别为指标 I_{11}、I_{12}、I_{13} 的相对权重。

表1.10 综合判断矩阵 $O\text{-}I_1$ 的参数计算

参数	计算方式
最大特征值	$(\lambda_{\max})_a$ 其中，脚标 a 指代矩阵 $O\text{-}I_1$
最大特征向量	$(\omega'_{11}, \omega'_{12}, \omega'_{13})$
最大特征向量归一化	$(\omega_{11}, \omega_{12}, \omega_{13})$ 其中，$\omega_{1i} = |\omega'_{1i}|/\sum|\omega'_{1i}|$，$i=1,2,3$
一致性指标	$(CI)_a = ((\lambda_{\max})_a - n_a)/(n_a - 1)$ 其中，n_a 为矩阵 $O\text{-}I_1$ 的阶数
随机一致性指标	$(RI)_a$ 从表1.11中取值
随机一致性比率	$(CR)_a = (CI)_a/(RI)_a$

表1.11 判断矩阵阶数与随机一致性指标对应表

n	1	2	3	4	5	6	7	8	9	10	11	12
RI	0	0	0.58	0.90	1.12	1.24	1.32	1.41	1.45	1.49	1.51	1.54

备注：当判断矩阵阶数 $n \leq 2$ 时，判断矩阵满足完全一致性；当 $n>2$ 时，随机一致性指标 RI 从此表对应取值

同理，构造"一级准则层~二级准则层"综合判断矩阵 $I_{11}\text{-}I_2$、$I_{12}\text{-}I_2$、$I_{13}\text{-}I_2$ 并计算其相关参数，如表 1.12、表 1.13 所列。表 1.13 中 ω_{21}、ω_{22}、ω_{23} 分别为指标 I_{21}、I_{22}、I_{23} 的相对权重，依此类推。

表 1.12 "一级准则层~二级准则层"综合判断矩阵

综合判断矩阵 $I_{11}\text{-}I_2$			
I_{11}	I_{21}	I_{22}	I_{23}
I_{21}	1	b_1	b_2
I_{22}	$1/b_1$	1	b_3
I_{23}	$1/b_2$	$1/b_3$	1
综合判断矩阵 $I_{12}\text{-}I_2$			
I_{12}	I_{24}	I_{25}	I_{26}
I_{24}	1	c_1	c_2
I_{25}	$1/c_1$	1	c_3
I_{26}	$1/c_2$	$1/c_3$	1
综合判断矩阵 $I_{13}\text{-}I_2$			
I_{13}	I_{27}	I_{28}	I_{29}
I_{27}	1	d_1	d_2
I_{28}	$1/d_1$	1	d_3
I_{29}	$1/d_2$	$1/d_3$	1

表 1.13 "一级准则层~二级准则层"综合判断矩阵的参数计算

参数	综合矩阵		
	$I_{11}\text{-}I_2$	$I_{12}\text{-}I_2$	$I_{13}\text{-}I_2$
最大特征值	$(\lambda_{\max})_b$ 其中，脚标 b 指代矩阵 $I_{11}\text{-}I_2$	$(\lambda_{\max})_c$ 其中，脚标 c 指代矩阵 $I_{12}\text{-}I_2$	$(\lambda_{\max})_d$ 其中，脚标 d 指代矩阵 $I_{13}\text{-}I_2$
最大特征向量	$(\omega'_{21}, \omega'_{22}, \omega'_{23})$	$(\omega'_{24}, \omega'_{25}, \omega'_{26})$	$(\omega'_{27}, \omega'_{28}, \omega'_{29})$
最大特征向量归一化	$(\omega_{21}, \omega_{22}, \omega_{23})$ 其中，$\omega_{2j} = \lvert \omega'_{2j} \rvert / \sum \lvert \omega'_{2j} \rvert$, $j=1,2,3$	$(\omega_{24}, \omega_{25}, \omega_{26})$ 其中，$\omega_{2k} = \lvert \omega'_{2k} \rvert / \sum \lvert \omega'_{2k} \rvert$, $k=4,5,6$	$(\omega_{27}, \omega_{28}, \omega_{29})$ 其中，$\omega_{2t} = \lvert \omega'_{2t} \rvert / \sum \lvert \omega'_{2t} \rvert$, $t=7,8,9$
一致性指标	$(CI)_b = ((\lambda_{\max})_b - n_b)/(n_b - 1)$ 其中，n_b 为矩阵 $I_{11}\text{-}I_2$ 的阶数	$(CI)_c = ((\lambda_{\max})_c - n_c)/(n_c - 1)$ 其中，n_c 为矩阵 $I_{12}\text{-}I_2$ 的阶数	$(CI)_d = ((\lambda_{\max})_d - n_d)/(n_d - 1)$ 其中，n_d 为矩阵 $I_{13}\text{-}I_2$ 的阶数
随机一致性指标	$(RI)_b$ 从表 1.11 中取值	$(RI)_c$ 从表 1.11 中取值	$(RI)_d$ 从表 1.11 中取值
随机一致性比率	$(CR)_b = (CI)_b/(RI)_b$	$(CR)_c = (CI)_c/(RI)_c$	$(CR)_d = (CI)_d/(RI)_d$

③层次单排序和总排序一致性检验。

层次分析法需同时通过层次单排序和总排序一致性检验，才能认定总体上通过一致性检验。

a. 层次单排序一致性检验。

如果上述四个综合判断矩阵的随机一致性比率 $(CR)_i (i=a,b,c,d) < 0.1$，则通过层次单排序一致性检验。否则，只要有一个矩阵的随机一致性比率大于或等于 0.1，则不通过一致性检验，需要重新调整"指标—指标"正互反矩阵。

b. 层次总排序一致性检验。

根据步骤②，计算层次总排序的一致性指标 $CI_{total} = \sum \omega_i (CI)_j$，其中，$\omega_i = (\omega_{11}, \omega_{12}, \omega_{13})$，$(CI)_j = \{(CI)_b, (CI)_c, (CI)_d\}$；随机一致性指标 $RI_{total} = \sum \omega_i (RI)_k$，其中，$\omega_i$ 同前，$(RI)_k = \{(RI)_b, (RI)_c, (RI)_d\}$；随机一致性比率 $CR_{total} = CI_{total}/RI_{total}$。当 $CR_{total} < 0.1$ 时，判定通过层次总排序一致性检验，否则需要重新调整"指标—指标"正互反矩阵。

④计算各项指标的绝对权重。

通过上述一致性检验后,可得到各项指标的绝对权重,即最终权重值,如表 1.14 所列。

表 1.14 典型技术遴选指标体系权重值

目标层	一级指标 (一级准则层)	权重	二级指标 (二级准则层)	相对权重	绝对权重
O	I_{11}	ω_{11}	I_{21}	ω_{21}	$\omega_{11} \cdot \omega_{21}$
			I_{22}	ω_{22}	$\omega_{11} \cdot \omega_{22}$
			I_{23}	ω_{23}	$\omega_{11} \cdot \omega_{23}$
	I_{12}	ω_{12}	I_{24}	ω_{24}	$\omega_{12} \cdot \omega_{24}$
			I_{25}	ω_{25}	$\omega_{12} \cdot \omega_{25}$
			I_{26}	ω_{26}	$\omega_{12} \cdot \omega_{26}$
	I_{13}	ω_{13}	I_{27}	ω_{27}	$\omega_{13} \cdot \omega_{27}$
			I_{28}	ω_{28}	$\omega_{13} \cdot \omega_{28}$
			I_{29}	ω_{29}	$\omega_{13} \cdot \omega_{29}$

(2)清单排序方案1——经典专家调查法

经典专家调查法重点考查专家对每项候选技术的熟悉程度以及重要程度判断,以技术重要程度指数来表征技术的重要性。

①创建调查问卷,如表 1.15 所列。

表 1.15 候选技术调查问卷

序号	候选技术	熟悉程度				重要程度			
		很熟悉	熟悉	较熟悉	不熟悉	很重要	重要	较重要	不重要
1	**								
2	**								
3	**								
…	…								

②构建"熟悉程度—重要程度"二维统计表,如表 1.16 所列。

表 1.16 "熟悉程度—重要程度"二维统计表

熟悉程度	重要程度				总计
	很重要	重要	较重要	不重要	
很熟悉	N_{11}	N_{12}	N_{13}	N_{14}	T_1
熟悉	N_{21}	N_{22}	N_{23}	N_{24}	T_2
较熟悉	N_{31}	N_{32}	N_{33}	N_{34}	T_3
不熟悉	N_{41}	N_{42}	N_{43}	N_{44}	T_4

表 1.16 中,N_{ij} 表示选择第 i 种熟悉程度的专家中,判断技术为第 j 种重要程度的作答人数,其中 i 取值:1—很熟悉、2—熟悉、3—较熟悉、4—不熟悉,j 取值:1—很重要、2—重要、3—较重要、4—不重要,如 N_{11} 表示对某项候选技术"很熟悉"且判断其"很重要"的专家人数。T_i 表示选择第 i 种熟悉程度的专家总人数,$T_i = N_{i1} + N_{i2} + N_{i3} + N_{i4}$,即表 1.16 中的行和。

③对熟悉程度和重要程度等级进行赋权。

由用户根据经验或咨询专家后进行定义,一般情况下 α_i、$\beta_j (i,j=1,2,3,4)$ 取值范围为 $[0,1]$,如

表 1.17 所列。

表 1.17 熟悉程度和重要程度等级赋权

熟悉程度	很熟悉	熟悉	较熟悉	不熟悉
权重	α_1	α_2	α_3	α_4
重要程度	很重要	重要	较重要	不重要
权重	β_1	β_2	β_3	β_4

④技术重要性排序计算。

技术重要性以"技术重要程度指数"I 来表征，其计算式为

$$I = \sum_i I_i \cdot T_i \cdot \alpha_i \bigg/ \sum_i I_i \cdot \alpha_i \tag{1.2}$$

式中：I_i 表示根据选择第 i 种熟悉程度的专家作答情况，计算得出的技术重要程度分项指数，其计算式为

$$I_i = \sum_j N_{ij} \cdot \beta_j \bigg/ \sum_j N_{ij} \tag{1.3}$$

（3）清单排序方案2——相关矩阵法

相关矩阵法是通过评价候选技术对遴选指标的相关性来选择重点技术的方法，以平均相关度来表征技术的重要性。

①构建"技术—指标"二维矩阵表，如表 1.18 所列。

表 1.18 "技术—指标"二维矩阵表（相关矩阵法）

候选技术	指标			
	I_1	I_2	…	I_n
T_1	X_{11}	X_{12}	…	X_{1n}
T_2	X_{21}	X_{22}	…	X_{2n}
…	…	…	…	…
T_m	X_{m1}	X_{m2}	…	X_{mn}

表中矩阵元 X_{ij} 表示候选技术 i 对指标 j 的相关度，评分制采用 1~9 九级标度，各级标度含义描述如表 1.19 所列。

表 1.19 相关矩阵法采用的九级标度

标度	X_{ij}
1	极微相关
3	稍微相关
5	明显相关
7	显著相关
9	完全相关
2, 4, 6, 8	两相邻判断的中间值

②计算基于单个专家的相关度 $(R_i)_k$，其计算式为

$$(R_i)_k = \sum_j X_{ij} \omega_j \tag{1.4}$$

式中：ω_j 为第 j 个指标的权重；i 为候选技术序号，取值 1~m，m 为候选技术项数；j 为指标序号，取值 1~n，n 为指标个数；k 为专家序号。

③计算平均相关度 $\bar{R}_i$,其计算式为

$$\bar{R}_i = \frac{1}{t}\sum_k (R_i)_k \tag{1.5}$$

式中:t 为参与调查的有效专家数;k 为专家序号,取值 $1\sim t$。

(4) 清单排序方案 3——逼近理想解排序法

逼近理想解排序法(简称理想解法)是通过评价候选技术对遴选指标的影响程度来选择重点技术的方法,以相对接近度来表征技术的重要性。

①构建基于单个专家的"技术—指标"二维矩阵表,如表 1.20 所列。

表 1.20 "技术—指标"二维矩阵表(逼近理想解排序法)

候选技术	指标			
	I_1	I_2	...	I_m
T_1	$(f_{11})_k$	$(f_{12})_k$	...	$(f_{1m})_k$
T_2	$(f_{21})_k$	$(f_{22})_k$	...	$(f_{2m})_k$
...	...	...	...	...
T_n	$(f_{n1})_k$	$(f_{n2})_k$	...	$(f_{nm})_k$

表中矩阵元 $(f_{ij})_k$ 表示第 k 位专家针对候选技术 i 对指标 j 影响程度的评分结果,n 为候选技术项数,m 为指标个数,t 为参与调查的有效专家数。评分制采用 $1\sim 5$ 五级标度,各级标度含义描述如表 1.21 所列。

表 1.21 逼近理想解排序法采用的五级标度

标度	$(f_{ij})_k$
1	弱
2	较弱
3	一般
4	较强
5	强

②构建"技术—指标"综合矩阵表,如表 1.22 所列。

表 1.22 "技术—指标"综合矩阵表

候选技术	指标			
	I_1	I_2	...	I_m
T_1	F_{11}	F_{12}	...	F_{1m}
T_2	F_{21}	F_{22}	...	F_{2m}
...	...	...	...	...
T_n	F_{n1}	F_{n2}	...	F_{nm}

设综合矩阵 $\boldsymbol{A}=(F_{ij})_{n\times m}$,其中 F_{ij} 表示候选技术 i 对指标 j 的综合影响程度,其计算式为

$$F_{ij} = \sqrt[t]{\prod_k (f_{ij})_k} \tag{1.6}$$

③将矩阵 $\boldsymbol{A}$ 规范化得到矩阵 $\boldsymbol{Z}'=(Z'_{ij})_{n\times m}$,其中 Z'_{ij} 表示候选技术 i 对指标 j 综合影响程度的正规化值,其计算式为

$$Z'_{ij} = F_{ij} \Big/ \sqrt{\sum_i F_{ij}^2} \tag{1.7}$$

式中：分母为矩阵 A 的列元平方和根。

④构建规范化加权综合矩阵 $Z=(Z_{ij})_{n\times m}$，其中 Z_{ij} 表示候选技术 i 对指标 j 综合影响程度的加权正规化值，其计算式为

$$Z_{ij}=\omega_j Z'_{ij} \tag{1.8}$$

式中：ω_j 为指标 j 的权重值。

⑤求（正）理想解 Z^+ 和负理想解 Z^-，其计算式为

$$Z^+=(Z_1^+,Z_2^+,\cdots,Z_m^+)=\{\max_{1\leq i\leq n} Z_{ij}\,|\,j=1,2,\cdots,m\} \tag{1.9}$$

$$Z^-=(Z_1^-,Z_2^-,\cdots,Z_m^-)=\{\min_{1\leq i\leq n} Z_{ij}\,|\,j=1,2,\cdots,m\} \tag{1.10}$$

式中：Z_j^+、Z_j^- 分别为矩阵 Z 第 j 列元素中的极大值和极小值。

⑥计算欧几里得距离 S_i^+、S_i^-，其中 S_i^+ 表示候选技术 i 到（正）理想解 Z^+ 间的距离，S_i^- 表示候选技术 i 到负理想解 Z^- 间的距离，其计算式为

$$S_i^+=\sqrt{\sum_j (Z_{ij}-Z_j^+)^2} \tag{1.11}$$

$$S_i^-=\sqrt{\sum_j (Z_{ij}-Z_j^-)^2} \tag{1.12}$$

⑦计算相对接近度 C_i，其中 C_i 表示候选技术 i 相对于理想解的技术评价分，其计算式为

$$C_i=S_i^-/(S_i^+ + S_i^-) \tag{1.13}$$

3. 技术评估环节

技术评估是针对技术遴选环节确定的国防领域典型技术清单每项技术，综合运用技术画像和专家研判两种方式，进行多角度、全方位评估的核心环节。

（1）技术画像

技术画像是描绘技术客观全貌的基础子环节，有赖于庞大的数据资源得以实施。首先，从预先建设的科技及其相关领域态势数据库和知识库，系统挖掘目标技术的战略规划计划、重要立项安排、主要研究机构、论文/专利/研究报告发布情况、技术重大进展、实际应用情况等翔实信息。其次，利用文本分析、知识图谱、科学计量等手段，针对这些信息萃取、关联与组织目标技术的多要素内容，包括概念原理内涵、当前发展状态（如技术进展、技术水平、技术途径、应用情况）、未来技术布局（如研究背景、目标重点、技术路线、发展拐点、潜在影响）、科研条件保障（如政策、经费、机构、人员、设施）等，并以图、表、文形式进行多样化呈现。

（2）专家研判

专家研判是深入预测技术当前和未来图景的关键子环节，体现技术综合评估的深度和高度，与技术画像子环节形成数据与专家结合、主观与客观互补的生动局面。专家研判子环节主要面向相关技术领域的高水平专家，围绕技术成熟度、面临技术难题、军事应用前景、自主可控情况、军事应用前景、发展拐点预测、技术路线对比、"三跑"（跟跑、并跑、领跑）竞争判断、未来发展建议等若干重要问题进行有价值、有启发的深入研判。

综合技术画像和专家研判的有关结论，即形成目标技术的综合评估结论，并可在此基础上定制生成技术评估报告。

4. 综合研判环节

综合研判环节旨在汇聚多类型、更高层次专家对技术进行更加深入的研判，得到富有力度的研判结论，实现为技术预见研究提质增效。

该环节通过构建专家连线研讨环境，为技术专家、军事专家、战略专家等多类型专家创建云上/云下智能圆桌会议。该研讨环境以技术评估环节生成的技术评估结论为知识输入，使专家进行研讨前"预热"，同时在研讨过程中为专家提供知识和模型支持。根据研究需要选用情景分析、头脑风暴、技术路线图等预见方法，引导专家充分发挥技术认知力与作战想象力，围绕深入挖掘技术的潜在军事需求、预测预见技术未来发展趋势和水平、反思现有作战概念理论及样式和构思未来新作战概念等重大

问题进行充分研讨、达成共识。在此基础上，凝练得出研判结论。例如，在技术需求对接方面，如现有技术能够满足需求，则建议重点发展并直接应用；如技术的需求尚不明确，则建议进一步挖潜军用价值，设计新型装备，甚至设计未来战争；如技术的发展现状远未达到需求所用的水平，则建议超前部署、培育发展，发挥重点技术方向的引领作用。在威胁陷阱预警方面，对于具有重大威胁的技术，则提示风险，提出应对措施，如采取防护或反制措施，发展削弱性或对抗性技术，避免敌对我实施技术突袭；对于有重大应用潜力的技术，敌我双方基本处于同一起跑线，则提示我抓住机遇、紧前部署，确保技术领先优势；对于识别出的技术迷雾、技术陷阱，则提示我不要盲从，保持战略定力，避免陷入技术性军备竞赛，被对手拖垮。在作战概念酝提方面，在反思当前作战概念、理论和样式不足的基础上，以对抗思维构想未来作战场景，研究提出新的作战概念、作战理论、作战样式，确保在未来战场上抢占先机、赢得主动。在技术未来愿景方面，面向未来 20~30 年，区分近期、中期、远期绘制技术路线图，其中近期侧重描绘各领域技术的发展目标、能力指标、实现途径等；中期侧重描绘各领域的能力需求、发展目标、重点技术方向等；远期侧重描绘各领域发展愿景和总体构想。

基于技术需求对接、威胁陷阱预警、作战概念酝提、技术未来愿景等凝练形成的高价值研判结论，结合技术评估环节生成的技术评估结论，可综合得到技术预见结果，并在此基础上编制发布技术预见报告。

本章以解构国防领域技术预见典型任务为出发点，运用理技融合、机器与专家结合的理念，精炼提出适用于国防领域的技术预见方法体系，其中"技术发现+技术遴选""技术评估+综合研判"两组环节彰显了战略研究的核心任务，即发现战略的技术、研判技术的战略。第二章，将以这套方法论为基础，讨论数智驱动下国防领域技术预见系统的建设构想。

第二章 国防领域技术预见系统建设探索

在第一章中,本书解构了国防领域典型任务研究过程,提出了基于"技术发现、技术遴选、技术评估、综合研判"全流程的国防领域技术预见方法体系。本章将依托此方法体系,由"法"入"器",探究国防领域技术预见系统建设思路和设计实现。

一、国内外技术预见系统发展现状

世界主要国家和组织机构在不断开展技术预见活动的探索实践中,设计研制了功能丰富、实用性较强的辅助研究系统,有效提升了技术预见的科学性、便捷性和有效性。目前,支撑技术预见的系统大致包括三类,即地平线扫描和技术识别类系统、技术预测与评估类系统,以及具有技术识别与分析评估功能的综合类系统。

(一)地平线扫描和技术识别类系统

1. 美国情报高级研究计划局:FUSE 系统

2011—2015 年,美国情报高级研究计划局(IARPA)实施完成了"基于文献挖掘的技术预见与理解"(FUSE)项目,该项目致力于全面持续自动化扫描海量的学术论文、专利和其他科技类文本载体,及时识别和评价具有潜在重要价值的新兴技术,目的是提升科技情报获取与分析效率,缩短"从数据到决策"链条。该项目研发的 FUSE 技术预见系统(图 2.1、图 2.2),综合运用了大数据、自然语言处

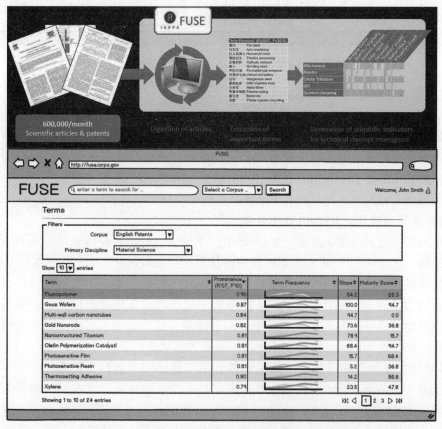

图 2.1　FUSE 系统文献扫描界面原型图(见彩图)

理、社会网络分析、文本分析等先进技术，实现对全球动态增长的海量多学科、多语种科技文本进行自动化实时处理，同时根据构建的技术涌现量化指标体系，自动提取按照涌现性指数排序的技术术语清单，并为之提供足够的支撑证据。

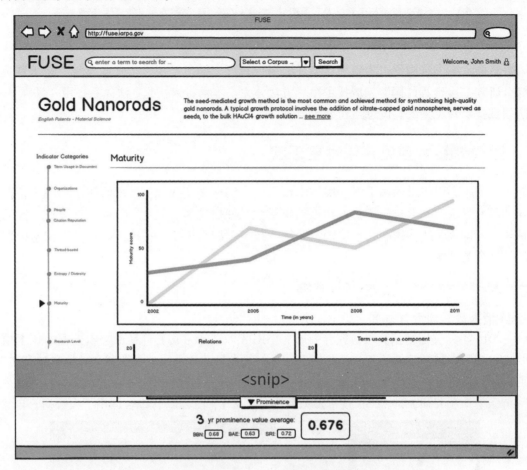

图 2.2　FUSE 系统技术主题评价界面原型图

2. 美国佐治亚理工学院：VantagePoint 系统

VantagePoint 系统是由美国佐治亚理工学院设计算法、搜索技术公司负责研发的一套专业文本挖掘分析平台，为研究人员提供面向科技、市场和专利信息的提炼、分析、报告生成等系列工具服务，如图 2.3 所示。该系统由技术主题抽取模型、计量分析组件、商业智能可视化套件、分析报告定制生成模块等构成，采用的 EScore 新兴度算法，可针对科技论文和专利的题目、摘要、关键词等基础大数据，定量识别出某领域或方向的新兴技术及其主要研究机构和科研团队。

3. 日本科技政策研究所：KIDSASHI 系统

科技创新信号扫描监测与知识集成（KIDSASHI）系统是由日本科技政策研究所科技预测中心研发的智能化分析系统（图 2.4），主要用于捕捉识别科技和社会的新兴发展苗头，支撑日本技术预见工作。该系统主要由地平线爬虫工具、科技创新信号监测与提取工具等组成，其中地平线爬虫工具重点面向以高校、研究机构为主的 300 多个信息源，平均每天一次自动化采集动向信息，以可视化形式展现科技发展趋势；科技创新信号监测与提取工具按照信号搜索、信号分析、审查、信号传送、评估反馈等步骤，从新颖性、创新性和影响力等角度识别出科技相关领域的重要弱信号。

4. 中国科学技术发展战略研究院：国际科技创新与经济动态监测预测系统

国际科技创新与经济动态监测预测系统是由科学技术部中国科学技术发展战略研究院研发的信息监测与科技预测大数据平台（图 2.5），旨在面向全球科技创新重点机构、重要技术、重点项目、重要人才、重大进展等多源信息进行实时监测与预测，为政府、企业、科研院所、高校等部门把握科技发展与社会经济动向提供支撑服务。该系统主要由社会动态、经济动态、创新特点、技术预测、人才预测、政策与规划、项目与经费、产业与产品、创新体系、论文专利等数据和分析模块构成，其中技术预测模块能够实现基于互联网信息计算生成热点技术和颠覆性技术榜单。

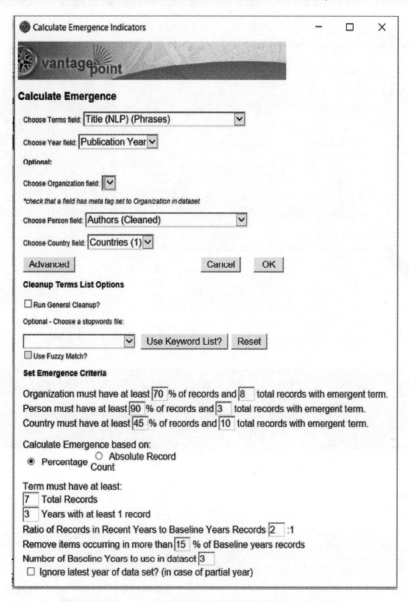

图 2.3　VantagePoint 系统新兴度计算控制面板（见彩图）

（二）技术预测与评估类系统

1. 北约科技组织：D3TX 平台

北约科技组织于 2021 年首次开展被视为完全虚拟游戏的颠覆性技术桌面演习（D3TX），旨在评估新兴与颠覆性技术的军事应用和潜在影响。D3TX 平台通过吸纳跨领域跨行业不同层次的专家组成若干由 8~14 人组成的研讨小组，面向集体防御、危机管理、合作安全三个核心任务场景，区分陆、海、空、天、网各域，从战略组织、动员准备、兵力投射、后勤保障、交战、防御、咨询指挥与控制、综合决策 8 个不同能力角度集智评估新兴与颠覆性技术对作战的影响，如图 2.6 所示。

图 2.4　科技创新信号扫描监测与知识集成系统界面（见彩图）

图 2.5　国际科技创新与经济动态监测预测系统功能面板（见彩图）

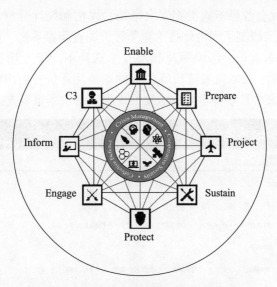

图 2.6　颠覆性技术桌面演习平台分析视角

2. 中国科学技术发展战略研究院：国家技术预测调查系统

为支撑第六次国家技术预测工作，科学技术部下属的中国科学技术发展战略研究院于 2018 年研制了国家技术预测调查系统（图 2.7），依托系统建立技术预见工作机制，通过技术评价、技术预测两个

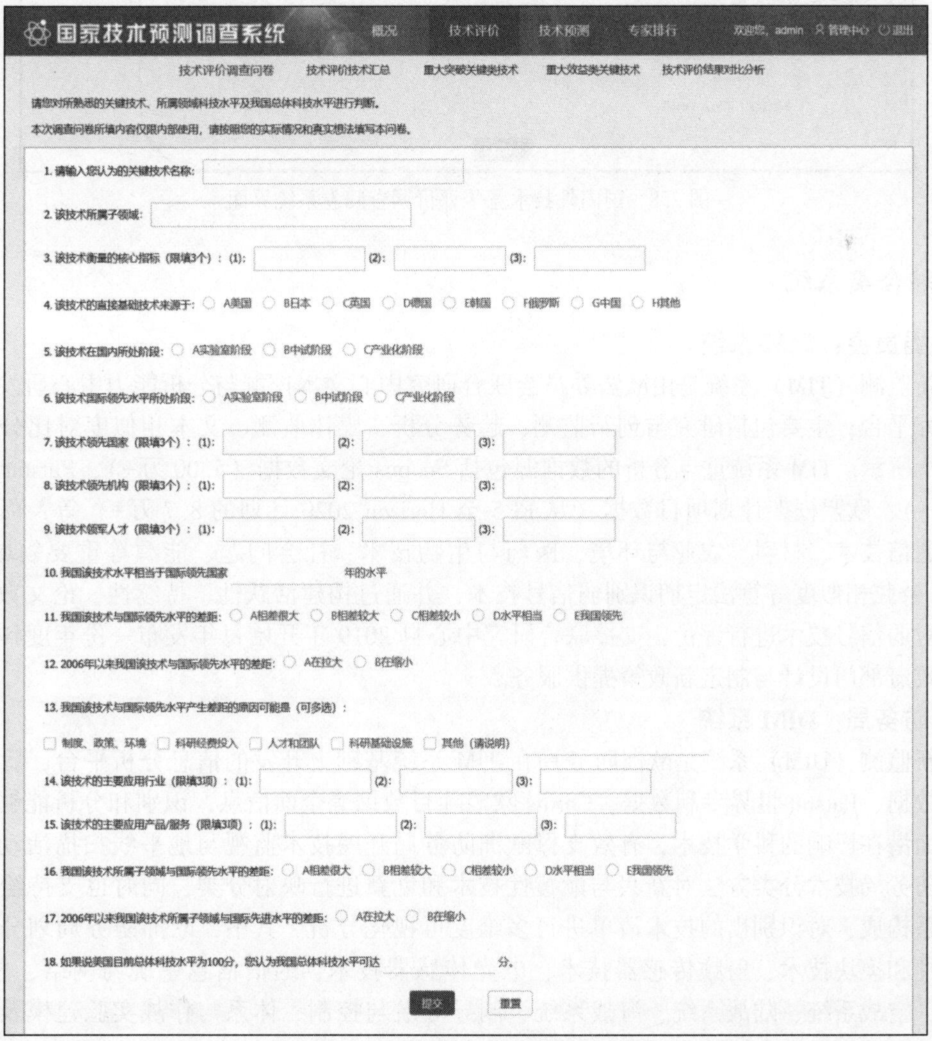

图 2.7　国家技术预测调查系统技术评价界面（见彩图）

步骤，以调查问卷方式面向社会各界不同类别专家征集、评估和统计分析各领域关键技术。为提高调查效率，该研究院于2019年又研制了国内外技术竞争评价调查问卷系统（图2.8），围绕国家技术预测调查系统筛选凝练的关键技术清单，组织每位参与专家选择不少于5项技术，重点开展"领跑—并跑—跟跑"状况、国内外差距、技术发展阶段等内容的竞争性评价。利用两套系统形成的技术预测结果，为编制《2021—2035国家中长期科学与技术发展规划》提供了重要支撑。

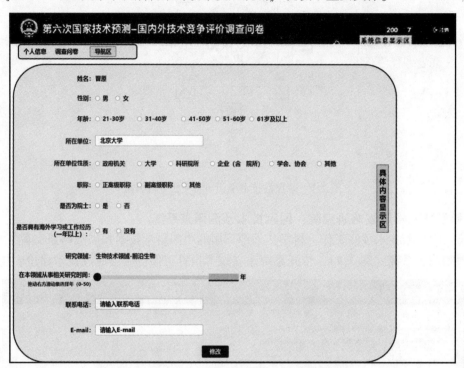

图2.8 国内外技术竞争评价调查问卷系统界面

（三）综合类系统

1. 欧盟委员会：TIM系统

技术创新监测（TIM）系统是由欧盟委员会联合研究中心文本挖掘与分析能力中心研发的数据驱动技术预见研究平台，主要包括研究与创新监测、趋势分析、媒体监测、文本相似度对比分析等工具组件，如图2.9所示。TIM系统重点分析的数据源包括Scopus论文数据（5300万+）、Patstat世界专利数据（2700万+）、欧盟框架计划项目数据（从FP5至Horizon 2020计划的8.7万+）等，面向工程与物理、信息与通信技术、材料、农业与环境、医药与生物技术、社会问题、能源等重要领域，运用TF-IDF、聚类、余弦相似度等算法定期识别弱信号技术，并通过构建活跃性、持续性、论文数、专利数四维雷达模型对弱信号技术进行评价，支撑联合研究中心自2019年开始每年发布一份年度科技弱信号研究报告，为政府部门设计与制定新政策提供服务。

2. 欧洲防务局：DIM系统

国防创新监测（DIM）系统是欧洲防务局在TIM系统基础上开发的信息分析平台，旨在扫描监测Scopus论文数据、Patstat世界专利数据、Cordis欧盟项目数据等全面信息，识别和分析能够为国防能力带来方方面面潜在影响的科学技术，有效支撑欧洲防务局开展技术监视与地平线扫描活动。DIM系统可按照欧洲防务局技术分类方法对新兴与颠覆性技术和创新进行映射分类，同时也支持绘制能力技术领域及其体系构成，对识别出的技术清单进行多维度可视化分析。其中，欧洲防务局划分的能力技术领域包括组件和模块技术、射频传感器技术、电光传感器技术、通信信息系统与网络、材料与结构、导弹与弹药、空战系统、陆战系统、海战系统、制导导航与控制、体系与作战实验建模及仿真、化生放核与人因工程、赛博研究与技术、能源与环境、太空等。

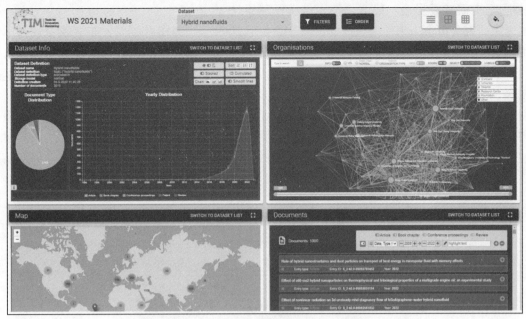

图 2.9　技术创新监测系统界面（见彩图）

3. 北约通信与信息局：STEAM 系统

2023 年 3 月，北约科技组织在其最新发布的《科技趋势 2023—2043》技术预见报告，首次运用科技生态系统分析模型（STEAM）系统开展了技术发展趋势、技术领先国家、主要研究机构、技术主题词云等初步分析。STEAM 系统由北约通信与信息局和首席科学家办公室联合研发，目的是监测全球科技愿景，预测评估新兴与颠覆性技术，为北约优化调整科技布局和深入理解国际研究与能力发展合作模式提供支撑。该系统利用人工智能和机器学习等技术，实现面向元研究①、重要研究项目、选定的研究报告等数据的新兴与颠覆性技术弱信号评估，以及基于论文和专利数据的定量分析，如图 2.10 所示。STEAM 系统目前还在建设中，当前可分析的数据源主要包括微软学术、arXiv、MedRxiv、bioRxiv，以及专利、报告等，下一步将继续扩增非英语科技文本数据，优化提升科技趋势智能分析能力。

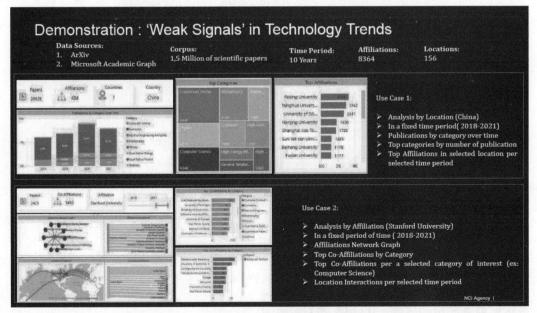

图 2.10　科技生态系统分析模型系统的用例演示（见彩图）

---

① 元研究是建立在前人已有研究基础上的研究，其形式是客观总结与评价已有成果，提出有预见性和高价值的研究设想与展望。

4. 美国国家研究委员会：颠覆性技术持续预测系统

美国国家研究委员会未来颠覆性技术预测分委会于2009年、2010年连续发布《颠覆性技术持续预测》研究报告，在报告中深入探讨了理想型颠覆性技术持续预测系统的设计思路和框架，该系统能够以人机协作模式实现持续可靠地开展颠覆性技术预测，其研究框架如图2.11所示。颠覆性技术持续预测系统按照"定义需求、收集数据、处理数据、分析评估、决策规划、跟踪反馈"严谨流程，汇聚开源大数据、先进技术工具、各层次专家等资源变量，建立切实可行的工作机制，支撑滚动闭环开展技术预测与规划制定。然而，这种示范性颠覆性技术预测系统框架正因为"理想完美"，所以其建设难度之大可想而知。截至目前，尚未看到美国公开报道的颠覆性技术预测系统及其支撑的咨询产品。虽然没有实体系统，但这种思路理念可为相关部门开展不同场景的颠覆性技术预测提供启发和借鉴。

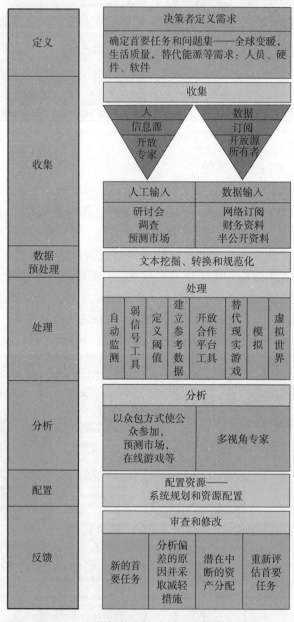

图2.11 颠覆性技术持续预测系统研究框架

5. 俄罗斯高等经济研究院：iFORA 系统

智能预见分析（iFORA）系统是由俄罗斯国立高等经济研究院统计研究与知识经济研究所研发的智能化技术预见分析系统，如图2.12所示。该系统建设的信息库涵盖了科技论文、专利、管理框架、市场分析报告、国际会议资料、社交网络信息等 5 亿多条文档数据，同时综合运用 Python、R、NoSQL 等框架和工具构建了规模化知识本体，实现了技术发展趋势分析、市场前景判断、标杆分析和风险评估、网络分析、政策评价等功能，为政府和企业相关部门提供知识管理和大数据增强决策等服务。

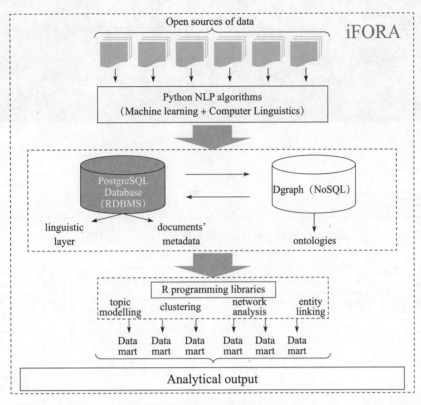

图 2.12　智能预见分析系统架构

6. 中国工程院战略咨询中心：ISS 系统

战略咨询智能支持系统（ISS）是由中国工程院战略咨询中心设计研制的技术预见系统，于 2017 年上线运行。该中心提出了由"需求分析、技术体系制定、技术态势分析、技术预见清单编制、技术路线图绘制"研究环节组成的技术预见流程，在此基础上构建了以专家为核心、数据为支撑、流程为规范、交互为手段的 ISS 系统（图 2.13），支撑服务中国工程院国家高端智库战略咨询。该系统综合采用了自然语言处理、主题建模、社会网络、知识图谱等技术手段和情景分析、德尔菲调查、技术路线图、文献计量等研究方法，建立了未来技术库、智库咨询报告库、科研项目库、技术路线图库等特色数据库，以及方法库、工具库、专家库等通用数据库，能够支持开展技术现状扫描、关键技术识别、技术多角度评估、路线图绘制等。目前，ISS 系统已在中国工程科技 2035 发展战略研究、面向 2035 的智能制造技术预见和路线图、高端制造装备重点领域技术路线图、全球工程前沿等战略咨询研究方面取得了良好示范应用。

7. 中国科学技术信息研究所：颠覆性技术感知响应平台

颠覆性技术感知响应平台是由科学技术部中国科学技术信息研究所研制的颠覆性技术识别与评价研究平台，其总体框架如图 2.14 所示。该平台由颠覆性技术识别理论方法与专家预判系统、地平线扫描系统、全球创新主体创新感知系统、感知响应平台开发与决策支撑应用四部分构成，形成了"理论研究—资源建设与共性关键技术—应用示范"链条式布局，可实现颠覆性技术早期弱信号识别、非常规评价、集专智与众智的综合研判，以及颠覆性技术创新主体、政策等感知响应等功能，提供颠覆性技术监测、识别、评估、决策支撑等服务。

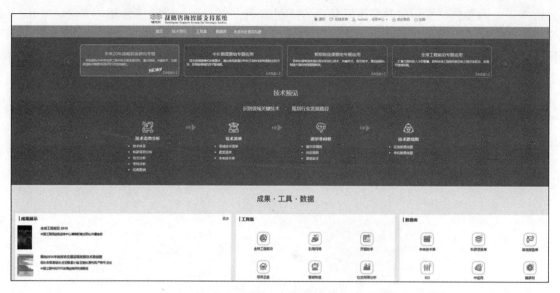

图 2.13　战略咨询智能支持系统应用界面（见彩图）

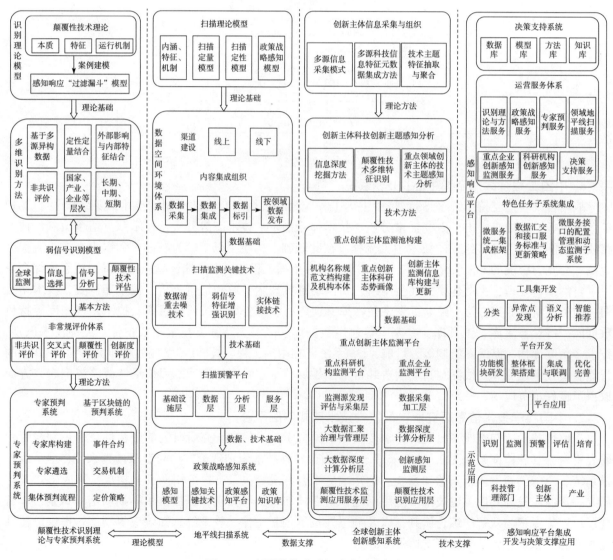

图 2.14　颠覆性技术感知响应平台框架

（四）现有系统存在的不足

技术预见是一项系统性工程，涉及全面性客观数据、科学性分析模型、前瞻性专家研判等多个方面的有机融合。然而，现有系统还存在一些不足之处，主要表现在：一是技术预见过程完备性欠缺。技术预见通常既要剖析现状，也要预测未来，既要研判威胁，也要统筹布局，现有系统目前还偏重技术预见的部分环节，全过程尚未打通。二是数据对象全面性欠缺。现有系统更倾向于容易开展科学计量的论文和专利数据，而研究非结构化数据和统计性数据还比较少，某种程度上讲，仅以论文和专利为基础进行的技术对比或差距分析还缺乏一定的说服力。三是功能有所弱化。针对项目、智库报告、网络动态等非结构化数据，还多数停留在聚类分析阶段，基于文本挖掘的主题分析等手段还比较薄弱。四是人机耦合参与度有待提升。有的系统侧重机器自动化分析，弱化了人的预测研判作用，有的系统则以几乎纯粹定性的方式开展研究，忽视了数据分析的客观支撑作用。总体而言，现有系统还不能较好实现"一站式"人机互动融合开展技术预见研究。

二、国防领域技术预见系统建设构想与实践

国防领域技术预见系统是开展国防领域技术预见相关工作的战略研究平台，具有重要战略性和时代紧迫性。建设国防领域技术预见系统，核心是要聚焦任务主线，建立配套的理技融合、人机协同生态。

（一）建设思路

目前多数技术预见系统往往以"计算机能为我们做什么"为基点，采用"正向设计+后验式"建设思路，强调从计算机的行为出发，侧重突出机器参研程度，依赖机器"主导"科研，容易弱化或忽视一些任务场景的具体分析需求与系统数据模型的映射适配关系，即符合需求的图表出不来或难出来、出来的图表又不能很好满足需求。以这种思路建设的系统，对技术预见仅能发挥散点支撑作用，还不能将其功能贯穿作用于整个技术预见过程，且系统应用效果的检验方式为后验式，也就是说系统建成后才进行有效性检验，一定程度影响了建设成效。

鉴于此，本书以"需要计算机配合我们做什么"为基点，采用"逆向设计+前验式"的建设思路，强调从人的行为出发，注重"以终为始"，即首先根据明确的任务需求，按照人的研究思路对不同任务的研究流程进行精细化切片，其次探索为每个切片设计合理的计算机手段（方法+模型+数据）进行辅助分析，在此基础上开发支撑不同切片的分布式工具，最后依据研究流程建立工具间的衔接逻辑，构建出组件式系统。以这种思路建设的系统，不仅能够实现技术预见全流程自动化，而且相关功能也可以独立出来使用，系统应用效果的检验方式为前验式，即系统在建设完成前就已经进行了有效性检验，相比"正向设计+后验式"思路建设的系统会更加好用实用。技术预见系统的两种建设思路如表2.1所列。

表2.1 现有技术预见系统和本书提出的技术预见系统建设思路对比

系统建设对比	现有技术预见系统	本书提出的技术预见系统构想
出发点	计算机能为我们做什么 （计算机的行为）	需要计算机配合我们做什么 （人的行为）
总体思路	正向设计+后验式	逆向设计+前验式
具体思路	针对任务场景局部特定环节设计计算机手段辅助	任务场景研究流程切片分解—切片与计算机手段适应性设计—分布式工具—组件式系统
预期成效	能够满足技术预见部分需求，发挥散点支撑作用	能够实现技术预见全流程自动化，全面支撑技术预见开展

（二）系统设计与实现

1. 生态框架

着眼实现"数智融合驱动、人机高效协同"，借鉴钱学森系统工程论和综合集成研讨厅思想，建立了"1+6"国防领域技术预见生态框架（图2.15）。其中，"1"是指模块化任务，实现将国防领域技术预见方法体系的4个环节流程自动化，为该生态框架的核心模块；"6"是指支撑模块化任务的6个模块，包括科技态势库、多元知识库、方法模型库、多维可视化、专家网络库、连线研讨环境。这6个模块按照知识、机器、专家三大视角进行布局，基于知识视角的科技态势库和多元知识库，重点支撑数据层面的扫描监测和知识层面的评估与研判；基于机器视角的方法模型库和多维可视化，重点支撑技术识别与分析预测；基于专家视角的专家网络库和连线研讨环境，重点支撑技术评估与综合研判。国防领域技术预见生态框架构建了知识—机器—专家三大体系，体现了理论与技术相结合、定性与定量相结合、数据与专家相结合的融合统一。上述7个模块的功能将在下一节详细介绍。

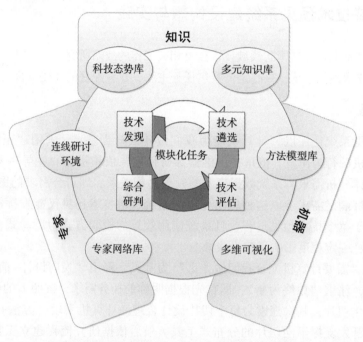

图2.15 国防领域技术预见生态框架（见彩图）

根据国防领域技术预见方法体系，建立科技态势库等六大支撑模块与技术发现、技术遴选、技术评估、综合研判4个环节的映射关系如图2.16所示。六大模块利用大数据治理、自然语言处理、知识图谱、语义挖掘、深度学习、语音识别等先进技术建设而成，为4个环节提供数据知识、方法模型、专家智慧支撑。其中，技术发现环节可调用科技态势库、方法模型库、多元知识库、专家网络库等模块，完成基于情报信息、专家推荐、模型挖掘等多途径生成候选技术清单。技术遴选环节可调用方法模型库、专家网络库、多元知识库等模块，完成技术遴选指标体系及其权重确定、候选技术清单测度排序、重要技术选择。技术评估环节可调用方法模型库、多元知识库、科技态势库、多维可视化、专家网络库等模块，完成多角度技术画像和深入评估。综合研判环节可调用连线研讨环境、专家网络库、方法模型库、多元知识库等模块，完成技术需求对接、技术威胁预警、技术未来愿景等综合分析。

2. 系统架构

根据国防领域技术预见方法体系和生态框架，本书设计了一套国防领域技术预见系统（Foresight and Evaluation System for defense Technology，FEST），其架构如图2.17所示。该架构由物理层、数据知识层、模型分析层、应用服务层构成，其中，物理层主要利用Web服务器、文件服务器、Nginx代理服务器、数据库服务器、交换机组等，在物理层和数据知识层之间搭建基于 Docker、Openstack 等架构的云平台，提供系统运行架构与环境、网络及数据传输安全管理、系统运行综合监控管理等支撑。下面重点介绍其他 3 个结构层和相关模块的实现情况。

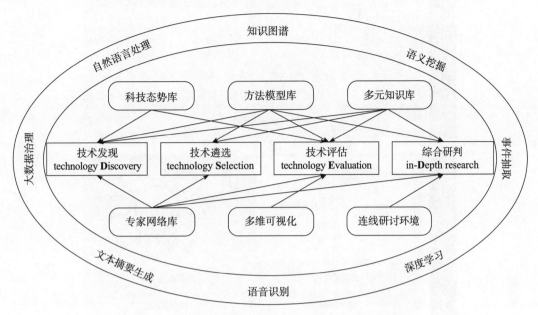

图 2.16　六大支撑模块与 4 个环节的映射关系（见彩图）

（1）数据知识层

数据知识层面向海量多源异构数据，灵活运用先进技术栈进行批采集与综合治理，重点建设科技态势库、多元知识库、专家网络库等模块。数据源主要包括网络数据，如典型机构（DARPA、NSF 等）、权威智库（RAND 等）、知名媒体（Twitter、LinkedIn 等）；论文，如 Web of Science、Scopus、EI、arXiv、CNKI 等；专利，如 Derwent、Incopat 等；流媒体①，如 YouTube、TED、微信视频号等，以及部门内部特色数据等。技术栈包括 ElasticSearch、Hadoop、Redis、Hive、Spark、Sqoop、TensorFlow 等。

①科技态势库。

科技态势库也称多源数据扫描（图 2.18），按照数据载体类别（如论文、专利、报告、项目、网络动态、事实等）、技术领域（如智能科技、网络信息、先进电子、新材料等）等不同维度对数据进行自动化标注，实现技术领域数据的高效精准检索与获取，同时该模块可内置技术热点分析、技术关联分析、机器翻译等特色功能与算法组件，为应用服务层中的模块化任务提供充分的数据支撑。

②多元知识库。

多元知识库运用知识挖掘和人工干预的方式构建多类别、多维度知识内容体系，汇聚整合大量权威性知识资源，不仅可为用户直接提供精准知识服务，也可为开展模块化任务提供多元化知识基础，如图 2.19 所示。针对国防领域技术预见方法体系 4 个环节研究需求，该模块可考虑建设官方精神知识库、国外规划知识库、重点项目知识库、名词释义知识库、未来装备知识库、历史成果知识库、指标测度知识库、机构人物知识库、权威观点知识库、需求—能力—技术关联知识库等多类知识库，建立知识浏览、知识导航、知识查询、知识管理、知识图谱分析等功能。其中，官方精神知识库内容包括国内国家和军队层面关于科技创新和科技发展等相关领域的顶层战略、规划计划、重要会议、领导人重要讲话等；国外规划知识库内容包括世界主要国家关于科技创新和科技发展等相关领域的综合性、专项性战略规划，以及权威智库报告等；重点项目知识库内容包括科技强国重要科技研发与管理机构

---

① 流媒体主要包括音频、视频等数据，未来有可能纳入技术预见研究范畴，现阶段技术预见工作仍以文本数据为主。本节重点讨论基于文本数据的国防领域技术预见系统及模块建设。

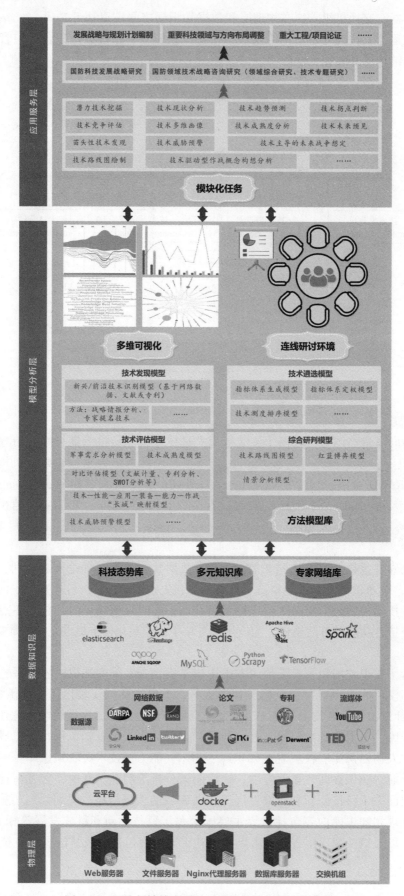

图2.17　国防领域技术预见系统架构设想图（见彩图）

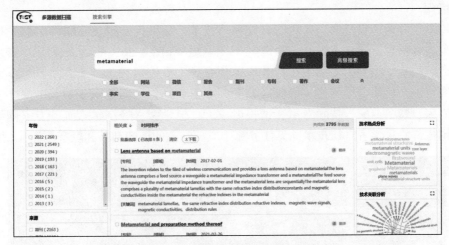

图 2.18 科技态势库（多源数据扫描）模块检索界面（见彩图）

规划布局的重点项目等；名词释义知识库内容包括权威性百科、辞典、手册、著作、研究报告等涉及的科技与军事相关领域术语的概念内涵；未来装备知识库内容包括军事强国面向未来作战需求研发或部署的效能增强型武器装备以及下一代、再下一代武器装备等；历史成果知识库内容包括基于科研项目、重要咨询任务等产出的各类研究成果，以及在重大科技规划拟制等背景下面向专家征集的项目和技术建议等；指标测度知识库内容包括国内外有影响力的机构和学者研究提出的典型技术发现识别、预测预警、评估评价等指标体系及其测度方法；机构人物知识库内容包括主要国家关于科技和军事战略咨询、科技研发管理等方面的重点机构和代表性人物；权威观点知识库内容包括国内外知名机构、权威专家、主要军政管理人员等对科技和军事相关领域的发展现状及未来前景作出的论断或预测言论；需求—能力—技术关联知识库内容包括从需求牵引和技术推动两个角度，定义军事需求、作战能力、典型技术关联规则，构建需求—能力—技术关联映射关系。

图 2.19 多元知识库模块界面（见彩图）

③专家网络库。

专家网络库基于开源情报挖掘、自然语言处理等技术,从科技文献及互联网数据中挖掘聚合专家基本信息和专家合作信息,建立多维度、网络化专家画像,如图2.20、图2.21所示。该模块重点建设区分领域、行业、层次、类别的多标签化精英专家信息库,专家信息包括所在机构、学术头衔、联系方式、历年研究兴趣、科研合作网络、科研成果等。专家类别包括但不限于政策专家、管理专家、战略专家、军事专家、装备专家、技术专家、情报专家、社会学家、经济学家等。专家网络库可支持精准检索适需的国内外专家学者,在技术预见任务流中发挥有效的认知判断和融智预测作用。

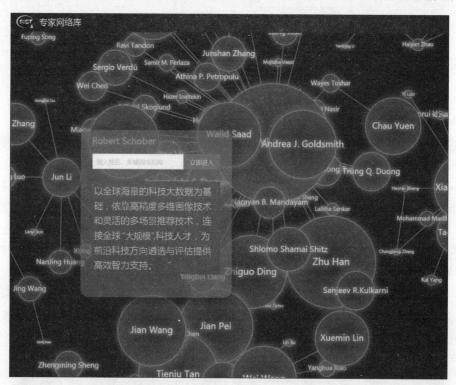

图2.20 专家网络库模块界面(见彩图)

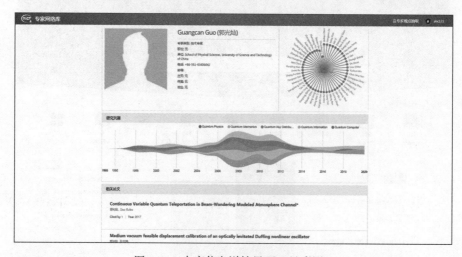

图2.21 专家信息详情界面(见彩图)

(2)模型分析层

模型分析层瞄准典型技术识别遴选、分析预测、评估研判需求,重点建设方法模型库、多维可视化、连线研讨环境等模块。

① 方法模型库。

方法模型库综合运用大数据、人工智能、科学计量等技术方法和手段，构建和管理用于典型技术发现识别、重点遴选、评估评价、综合研判的系列定量化、半定量化模型。该模块主要面向论文、专利、规划项目、智库报告、网络讯息等科技大数据，设计实现适用于国防领域技术预见方法体系各环节的模型工具，如图 2.22 所示。一是构建技术发现模型，识别发现新兴前沿技术、新兴热点技术、颠覆性技术、源头性技术等典型技术，主要包括基于文本属性特征的技术发现模型，如基于论文/专利数据的典型技术发现模型、基于项目/报告数据的技术主题挖掘模型、基于网络动态数据的技术热点发现模型等，以及基于信息挖掘和专家认知的技术发现工具，如战略情报分析、专家提名技术等。二是构建包括指标体系筛选确定、指标定权、测度排序的技术遴选模型，主要以"专家经验+数理统计"方式，针对候选典型技术清单，按照"先筛后评"的原则，甄别确定重点典型技术清单。例如，用于指标体系筛选确定的模糊德尔菲法，用于指标定权的层次分析法、熵权值法，用于测度排序的相关矩阵法、逼近理想解排序法等。三是构建技术评估模型，以"数据推演+专家认知"方式，针对具体的技术方向或技术点开展多视角、多维度、定量化/半定量化的评估评价和预测预警，主要有军事需求分析模型、技术成熟度模型、技术融合度模型、对比评估模型、技术威胁预警模型、技术—性能—应用—装备—能力—作战"长城"映射模型等，如图 2.23 所示。四是构建综合研判模型，最大限度发掘专家认知智慧，围绕若干重大问题的预测推演达成共识，确保技术预见分析更加深入有力。典型的综合研判模型主要有情景分析模型、红蓝博弈模型、技术路线图模型等。这里简要介绍方法模型库中的 EScore 模型、预测卡模型、星罗图模型、二维象限图模型。

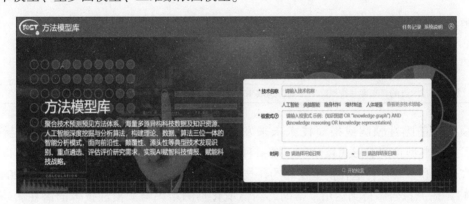

图 2.22 方法模型库模块界面（见彩图）

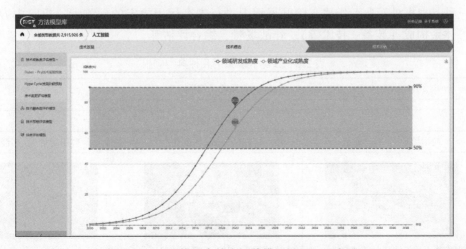

图 2.23 方法模型库技术评估模型界面（见彩图）

EScore 模型是美国佐治亚理工学院艾伦·波特（Alan L. Porter）教授提出的新兴技术定量识别模型，我们对该模型进行了适当改进，具体计算流程如表 2.2 所列。新兴技术以其创新性、持续性、群体性、增长性等特点为选择原则,通过表中所述步骤计算得到候选新兴技术点的新兴度,并按照降序排列,根据研究实际选取 Top $N\%$ 的技术,即为模型识别出的新兴技术。

表2.2 EScore 模型识别新兴技术点的计算流程

模型输入	某领域或方向的近 10 年论文集,以及利用主题抽取算法生成的技术主题(技术点)清单。将 10 年文献数据划分两部分:前 3 年为基期数据(用于验证),后 7 年为活跃期数据(用于计算)
模型假设	①技术点出现在至少 3 年文献中 ②技术点出现在至少 7 篇文献中 ③技术点出现在活跃期的文献数量与基期文献数量的比例至少为 2∶1 ④该技术点不能出现在 15% 或更多的基期文献中 ⑤技术点要求在同一文献中存在至少 1 位作者
定义参数	$EScore_i$:技术点 i 的新兴度 APT_i:活跃期趋势(活跃期的前 3 年和后 3 年趋势对比) RT_i:近期趋势(活跃期的后 2 年及其紧邻的前 2 年趋势对比) MLS_i:倾斜度(活跃期中间年至最后一年的倾斜度) T_{ij}:技术点 i 在第 j 年的相关文献量,$j=1,2,\cdots,7$ A_j:第 j 年所有技术点的文献总量,$j=1,2,\cdots,7$
计算过程	$EScore_i = 2APT_i + (RT_i + MLS_i)$ 式中:$APT_i = \dfrac{T_{i5}+T_{i6}+T_{i7}}{\sqrt{A_5}+\sqrt{A_6}+\sqrt{A_7}} - \dfrac{T_{i1}+T_{i2}+T_{i3}}{\sqrt{A_1}+\sqrt{A_2}+\sqrt{A_3}}$ $RT_i = 10\left(\dfrac{T_{i6}+T_{i7}}{\sqrt{A_6}+\sqrt{A_7}} - \dfrac{T_{i4}+T_{i5}}{\sqrt{A_4}+\sqrt{A_5}}\right)$ $MLS_i = 10\left(\dfrac{T_{i7}}{\sqrt{A_7}} - \dfrac{T_{i4}}{3\sqrt{A_4}}\right)$
结果输出	计算每项技术点的新兴度并按照降序排列,选取 Top $N\%$ 的技术,即为模型识别出的新兴技术

预测卡模型是前瞻性预测或推演技术未来发展轨迹、应用场景、正负面影响的定性评估模型。表 2.3 展示了几种典型预测卡形式及示例,第一种是设想技术多种应用场景的猜想卡,以简短地描述预测技术潜在应用和重要性,这种模型在北约科技组织近几年发布的《科技趋势 2020—2040》《科技趋势 2023—2043》研究报告中得到运用,帮助北约情境化预测新兴与颠覆性技术的潜在影响;第二种是从技术发展水平、发展拐点预测、面临技术难题、军事应用前景、未来发展建议等多维度评估的技术预测卡;第三种是根据外军典型作战实验开展情况进行未来运用想定的预测卡,想定内容包括但不限于作战背景、体系构成(装备、技术等)、作战场景、综合评估等。

表2.3 预测卡模型的几种典型应用

类型	形式(例举)		
技术猜想卡	人工智能技术		
	应用场景1:自动通信	应用场景2:深度伪造	应用场景3:神经融合
	确保作战人员能够随时随地自动、即时、准确地翻译口述语言,辨识肢体语言和人类情感	针对对手的实时音视频通信等通信活动进行修改和模仿,达到破坏对手内部信任链的目的	通过人脑与 AI 设备直接集成链接,实现自然人与人工智能互动、协作与共生

续表

类型	形式（例举）		
技术预测卡	技术		面临技术难题
	脑机接口技术		高分辨率的脑电信号提取及处理仍是技术难点；国产脑机接口核心元器件研制等亟待加强
	当前目标国家与国际领先水平相比		发展拐点预测
	比肩跟跑（落后5年及以内）		20xx年前并跑，20yy年前领跑
	军事应用前景		未来发展建议
	可应用于大规模图像（如卫星图像等）人工判读、无人机飞行员操作扩展等领域；提升作战人员对武器装备的操控维度		加紧在具体场景下的技术应用探索；加强柔性电极、无线信号传输、高时空脑信号分辨等技术研究
作战实验预测卡	实验名称	A军分布式空战体系对抗演示	基本情况	2020年2月，A军在年度舰队演习中利用有人驾驶型EA-18G电子战飞机控制了两架无人驾驶的"EA-18G"飞机，进一步推动F/A-18E/F战斗机与"EA-18G"电子战飞机控制无人机等无人平台执行作战任务的进程
	实验内容	验证分布式空战体系对抗的有效性以及体系架构的稳定性	预期能力	2027年，未来空战形成灵活高效的作战目标体系架构和作战体系适应能力；2035年，未来空战实现武器装备体系化作战、多平台作战效能提升、全新技术快速集成
	未来运用设想			
	● 作战背景：2035年前后，A军与强敌在争夺海上某重要军事基地爆发冲突，强敌抢先在该海上基地经营部署，通过××等先进武器系统巩固防御，A军部署军力于敌防区外，凭借强大的互联互操作分布式平台网络优势，对敌海陆防御威胁进行精确锁定和电子干扰，实施定点清除和自杀式密集打击，敌方在加强防御的同时也伺机破坏A军的分布式指挥通信网络 ● 体系构成：分布式航空作战体系架构、稳定可靠的赛博防御攻击技术等 ● 作战场景：A军根据实际作战需求，通过开放式系统架构为发展可互换的组件和平台提供了统一的标准和工具，分析体系中各作战单元间的静态和动态关系，分散电子战、传感器、武器、战争管理、定位导航和授时以及数据/通信数据链等关键任务功能 ● 综合评估：A军"体系架构集成"新型作战样式，其核心制胜机理是"开放架构、体系对抗、分散功能、全新防御"，技术优势主要体现在分布优势、体系优势、集成优势三方面。然而该体系架构的实施管理过程复杂，无法在实际战场环境中可靠工作，同时过分依赖脆弱的通信链路，一旦分布式开放系统受到网络攻击，这种空战优势将不攻自破			

星罗图模型是预测技术潜在军事应用价值的定性评估模型。首先根据目标技术的特点性能，构想可能的技术应用集｛应用1，应用2，应用3，…｝，包括技术可能物化的器组件、系统、装备，以及跨领域应用等，并设想目标技术可能的军事场景集｛场景1，场景2，场景3，…｝，包括物理域、信息域、认知域等传统和新兴领域未来装备运用和军事能力等，然后将技术应用集和军事场景集纵横排列，在专家辅助下建立技术应用与军事场景对应关系，形成"应用—场景"对，借此分析目标技术的军事应用前景。这种模型类似于摆棋对弈，因此也称为棋盘图模型，如图2.24所示。

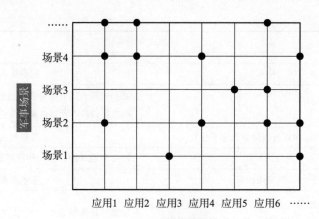

图 2.24 星罗图模型示意图

二维象限图模型是综合评价目标技术发展水平和军用潜力以确定技术优先性布局的定性评估模型。该模型以技术发展水平、军事应用潜力为横纵坐标轴构建直角坐标系,如图 2.25 所示。首先构建技术发展水平评价指标(如技术先进性、技术可行性、技术成熟度等)和军事应用潜力评价指标(如提升现有装备性能、物化新装备、培育新质作战能力、形成新作战样式等),采用专家调查、层次分析等研究方法,确定目标技术清单量化评分(发展水平评分和军用潜力评分)并进行归一化处理,然后以(0.5,0.5)为原点建立坐标系,将目标技术按照评分值置入对应坐标点,最后根据技术所处象限制定不同的发展策略。例如,处于第一象限的技术,其技术发展水平和军事应用潜力均较高,应给予持续支持和引导,加快推进成果向军事方向转化应用。处于第二象限的技术,其技术发展水平较低,而军事应用潜力较高,应加大基础研究和应用探索研究投入力度,兼顾发展相关支撑性技术,瞄准产出具有重大突破性或颠覆性的军事成果。处于第三象限的技术,其技术发展水平和军事应用潜力均较低,采取保持观察策略,暂不作为优先事项。处于第四象限的技术,其技术发展水平较高,而军事应用潜力较低,应持续深挖可能的军事应用前景,优化采办机制和流程,有效缩短技术引入到能力生成的周期。

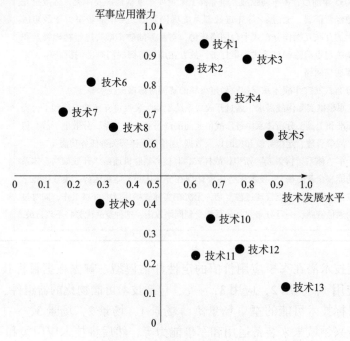

图 2.25 二维象限图模型示意图

此外,综合运用大模型的语义内容生成、小模型的精准定量测度等各自优势,设计研制系列更加实用和智能的大小模型融合赋能战略研究工具，可有效满足重点科技领域前沿方向识别、技术路线挖掘、技术体系生成、创新链人才链构建等多元化需求。

②多维可视化。

多维可视化利用数据挖掘、文本分析、自然语言处理、大数据可视化等技术建立智能化分析模型，可针对特定技术领域或方向开展技术发展态势、技术热点、新兴技术点、机构及学者影响力等不同维度的可视化分析，如图2.26、图2.27所示，例如，基于技术发展脉络预测技术发展趋势，综合技术的项目支持、经费投入和科研团队等资源配置情况对比评估技术发展水平等，支撑构建技术深度画像和进一步分析研判。同时，该模块也支持选择组合不同分析维度，定制生成研究报告。

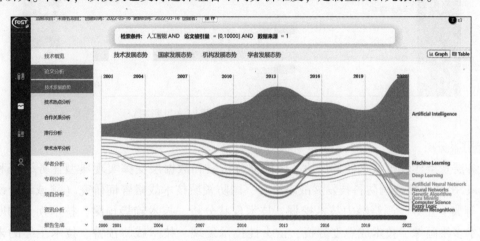

图2.26　多维可视化模块界面（见彩图）

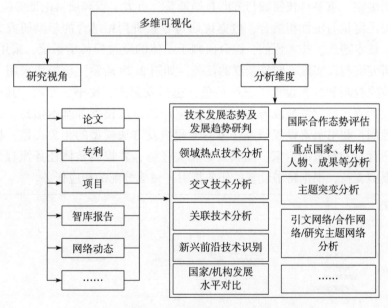

图2.27　多维可视化模块研究视角和分析维度

③连线研讨环境。

连线研讨环境是支撑模块化任务中综合研判的模块，通常由专家连线研讨平台、实时语音记录与转换组件、研讨观点自动抽取组件等构成，如图2.28所示。其中，专家连线研讨平台支持专家自由研判和评议、调用多元知识库等相关支撑模块查阅专题知识、调用方法模型库相关模型开展定量与定性相结合的分析、加载多格式的研讨会议文件、记录保存研讨内容等；实时语音记录与转换组件支持专家声纹采集与适配、专家发言音频数据保存、音频—文本转换等；研讨观点自动抽取组件采用基于语义理解的自动摘要算法从转换后的专家发言文本中提取主要观点。

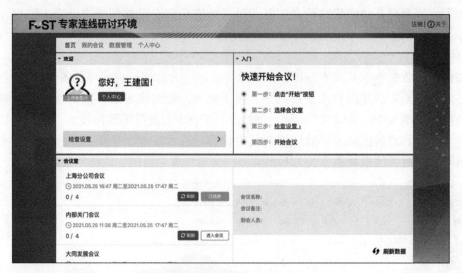

图 2.28　连线研讨环境模块界面（见彩图）

(3) 应用服务层

应用服务层重点建设模块化任务模块，由模型分析层和数据层支撑实现典型任务研究和服务重要应用场景。FEST 系统面向国防科技发展战略研究、国防领域技术战略咨询研究（领域综合研究或技术专题研究）等典型任务，围绕潜力技术挖掘、技术现状分析、技术趋势预测、技术拐点判断、技术竞争评估、技术多维画像、技术成熟度分析、苗头性技术发现、技术威胁预警、技术主导的未来战争想定、技术驱动型作战概念构想分析等方面开展基于数据、模型和专家融合的深入研究，支撑服务顶层发展战略与规划计划编制、重要科技领域与方向布局调整、重大工程和项目论证等应用场景。

模块化任务是提供定量与定性相结合、数据说话与专家研判相结合的新型研究方法手段的核心模块，是集技术发现、技术遴选、技术评估、综合研判于一体的全过程科学系统，采用组件式架构理念，实现按需灵活构建研究流程以实施不同复杂度的任务，如图 2.29 所示。该模块采用"角色"概念来组织和执行任务流，按照权限和分工设置了三种角色，包括发起人、秘书、专家。其中，发起人负责创建具体研究任务，包括确定研究领域或方向、选定拟采用的方法模型等基本信息，指定秘书并分配其执行任务的发布及控制；秘书负责设置研究任务的流程线及方法模型的相关参数，根据任务性质从专家网络库中遴选合适背景和数量的专家，向其发布相关任务，并控制整体任务流程的推进；专家依托支撑模块的知识和模型支持，根据秘书设置的任务指引，完成分配的相应任务。

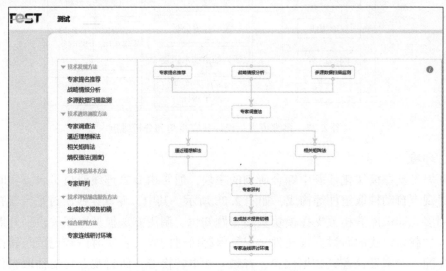

图 2.29　模块化任务研究流程拖拽式创建界面（见彩图）

至此,本书探讨建立了国防领域技术预见方法体系和国防领域技术预见系统,在此基础上搭建了系统各模块对典型任务研究过程的支撑关系,如图2.30所示。可以看出,科技态势库、多元知识库、方法模型库、专家网络库在典型任务中发挥着重要作用,由数据、知识、模型、专家联合驱动的技术预见研究已经成为主流研究模式。在国防领域,对标主要国家技术预见活动,探索建立由国防或军队决策机关部门抓总实施的"国防技术预见"常态化工作机制,聚合国防领域技术预见系统、领域专家组织、国防科管群体等资源优势,科学预测和深入研判国防科技领域未来优先布局的方向重点,定期发布国防技术预见报告,对于制定国防中远期科技规划、引领国防科研人员"以研促战"、推动作战理论丰富发展、加快新质军事能力生成等具有重要意义。

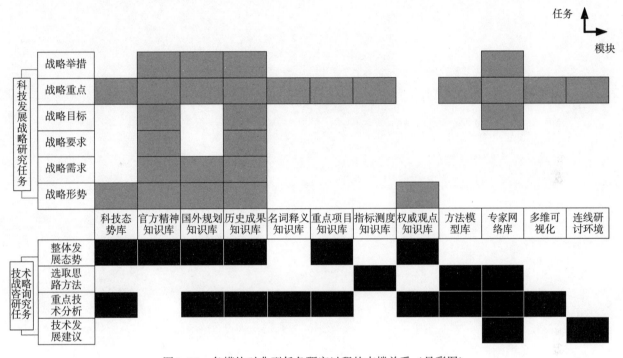

图2.30　各模块对典型任务研究过程的支撑关系(见彩图)

从下一章开始,将运用本篇国防领域技术预见方法体系及系统的构建思路、环节流程、功能模块,聚焦国防科技若干重点领域和方向,开展典型技术识别、多维度技术评估、人才链供应链分析等实践研究。

综合篇

第三章　军事高新技术选择与评估
第四章　先进能源、材料和制造领域前沿技术
　　　　识别与研判

第三章 军事高新技术选择与评估

军事高新技术是建立在当代先进科学技术成就基础上，处于科学技术前沿，对国防科技、武器装备、军事理论和作战样式的高质量发展起到巨大推动作用的高新技术群的统称，是研制先进武器装备的技术基础和构成军队战斗力的重要因素。科学编制军事高新技术清单，对制定国防科技和武器装备发展规划、明确国防建设主攻方向和突破口具有重要意义。

一、研究方法

根据前述方法体系和系统建设思路，本章采用的军事高新技术选择与评估方法如图3.1所示，该方法整体分为三个步骤。

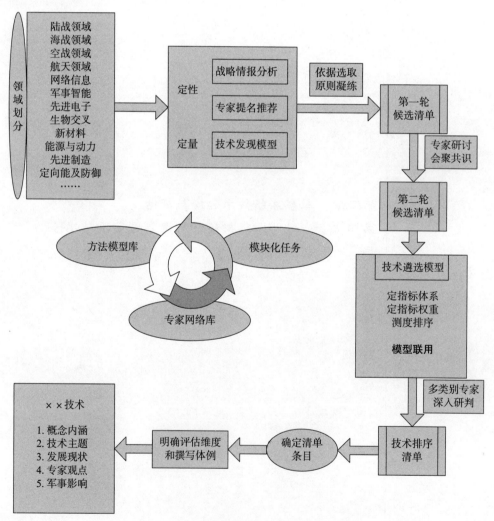

图3.1 军事高新技术选择与评估方法流程

第一步，界定技术领域，汇集候选清单。为确保研究范围覆盖全面，将军事高新技术领域细分为陆战、海战、空战、航天、网络信息、军事智能、先进电子、生物交叉、新材料、能源与动力、先进制造、定向能及防御等子领域。运用FEST系统的模块化任务功能模块，建立和并行开展各子领域技术清单遴选任务。通过调用专家网络库中有关领域专家和方法模型库中的技术发现模型，从战略情报分析、专家提名推荐、多源数据扫描等角度汇集形成初始技术清单。依据"突出战略地位、突出军事导向、突出综合平衡"等主要原则，对初始技术清单进行剔除整合，凝练得到第一轮候选清单。以问卷或会议等方式，围绕第一轮候选清单分领域开展调查或研讨，收敛专家意见，精炼处理得到第二轮候选清单，作为后续遴选评价的研究对象。

第二步，量性模型联用，确定清单条目。从军事、技术、社会、经济等角度预先建立军事高新技术遴选评价指标，利用方法模型库中的"指标体系筛选确定"模型（如模糊德尔菲法）筛选出能够较好刻画军事高新技术特征的系列指标，最终形成以军事需求、技术发展、社会影响为一级指标，以装备效能贡献度、新军事能力生成率、军事竞争力、技术先进性、技术可行性、技术成熟度、技术发展紧迫性、经济可承受性、社会可接受度、辐射带动作用为二级指标的军事高新技术遴选评价指标体系，如表3.1所列。指标体系中的指标基本为定性指标，可采用分级量表的方法进行量化，并调用"指标定权"模型对该指标体系进行赋权。然后，从"测度排序"模型中选用两种或三种模型，分别构建技术清单—指标体系关联矩阵并计算重要性排序，通过一致性评估确定重要性技术清单条目，如表3.2所列。整体遴选过程需要借助专家网络库中领域专家、战略专家、军事专家、管理专家等多类别专家的集体智慧，从不同视角开展深入研判。

表3.1 军事高新技术遴选评价指标体系

一级指标	二级指标	指标说明
军事需求	装备效能贡献度	技术投入使用后，将有效提升现有武器装备作战效能性能，或在未来武器装备设计、研制、生产、运用等生命周期内发挥重要作用
军事需求	新军事能力生成率	技术投入使用后，可能催生新质作战能力或新型作战样式，甚至开辟一个新的军事应用领域
军事需求	军事竞争力	由于采用该技术，装备生产成本降低，改进原有性能或赋予新功能，完善现有武器装备体系，显著提升整体军事竞争力
技术发展	技术先进性	衡量技术水平的重要指标，先进性技术表现为创新性强、科技含量高、尖端前沿等特点
技术发展	技术可行性	衡量技术的科学性、可操作性、可靠性等，候选技术有望成功获得研发、持续改进、落地应用
技术发展	技术成熟度	评估技术当前所处的发展阶段，其高低水平是决定高新技术产业化的关键因素
技术发展	技术发展紧迫性	从需求和时间角度综合判断技术发展对军事领域的重要性和迫切性
社会影响	经济可承受性	评估国家和军队能否承受从技术开发到生产所需要的全部资金投入
社会影响	社会可接受度	从国家产业与科技政策、社会发展规划、人文、环境保护、资源节约、伦理等方面衡量技术发展的顺畅程度
社会影响	辐射带动作用	促进相关产业结构优化调整，并将其产业优势辐射到其他区域，带动引领其他产业群体发展

表3.2 军事高新技术清单

序号	技术领域	技术条目
1	陆战领域	未来士兵系统技术
2	海战领域	深远海水下预警探测技术
3	海战领域	无人自主潜航器技术
4	海战领域	水下预置技术

续表

序号	技术领域	技术条目
5	空战领域	无人机集群技术
6		高超声速武器技术
7	航天领域	天基态势感知技术
8		在轨操控技术
9	网络信息领域	量子计算技术
10		太赫兹探测技术
11		6G通信技术
12	军事智能领域	智能指挥控制技术
13		智能人机交互技术
14		类脑芯片技术
15	先进电子领域	微波光子技术
16		超宽禁带半导体技术
17	生物交叉领域	基因编辑技术
18		合成生物技术
19	新材料领域	超材料
20		极端环境材料
21	能源与动力领域	无线能量传输技术
22		能源互联网技术
23		组合循环动力技术
24	先进制造领域	原子级精密制造技术
25		4D打印技术
26	定向能及防御领域	固态高功率微波源技术
27		高效高能激光器技术
28	综合领域	新会聚技术

第三步，明确评估维度，撰写研究内容。技术评估包括基于定量分析模型的定量评估，如技术成熟度、技术发展趋势、技术水平差距、技术预警等，以及基于定性分析方法的定性评估，如发展现状、当前技术难题、未来应用场景预测等。本章主要采用涵盖概念内涵、技术主题、发展现状、专家观点、军事影响等一般性分析维度的定性评估。针对清单中的每项技术，重点分析和评估技术知识体系、技术布局与突破、技术未来发展、技术军事应用等内容，支撑决策部门把握当前军事高新技术发展态势，谋划未来军事高新技术发展蓝图。

二、技术清单

（一）微波光子技术

1. 概念内涵

微波光子技术是研究微波与光波的相互作用，在光域产生、处理、转换、传输微波信号的交叉学科技术，具有宽带大、损耗低、重量轻、可快速重构及抗电磁干扰能力强等优点。微波光子技术有效突破了传统微波电子技术在大瞬时带宽、低相位噪声、高有效转换位数和低传输损耗等方面的技术瓶颈。

2. 技术主题

光子技术，光电探测器，电光调制器，激光器，光电振荡器，光子滤波器，大动态光传输技术，Ⅲ-V族化合物半导体材料，铌酸锂电光晶体，低损耗材料，光电多芯片工艺，高频高可靠封装，光波束形成网络，光采样，微波光处理芯片，微波光子片上系统，单片/混合集成光子芯片，异质异构微波光子集成技术，微波光子相控阵雷达，微波光子混频技术，光A/D采样，光混频芯片，微波光子一体化集成。

3. 发展现状

1991年，微波光子器件概念首次提出，标志着微波光子学诞生。经过30年的发展，微波光子元器件、微波光子系统技术等已取得显著进展。一是微波光子核心器件与基础技术攻关得到重点发展。2017—2020年，俄罗斯圣彼得堡电工大学与工业部门合作开发了可调谐的射频和微波光子发生器，以创建集成光学陀螺仪和频谱分析仪。DARPA先后设立"高线性光子射频前端技术""适于射频收发的光子技术""超宽带多功能光子收发组件""光任意波形生产"等十多个项目，支持微波光子雷达关键芯片、光电振荡器、光任意波形产生、光模数转换、模拟光子信号处理、模拟光子前端、光电集成等基础技术研究。2020年8月，美国罗切斯特大学在DARPA等资助下，研制出了当时最小的电光调制器，为实现大规模光子集成电路奠定了关键基础。2020年，欧洲空中客车公司在光域实现了微波光子调制、相干波束形成和相干接收，有助于实现星载多波束和大容量交换转发，对推动下一代高通量卫星通信发展具有重要作用。二是高带宽、高分辨率、轻量化、多功能一体的微波光子雷达成为发展热点。2020年1月，欧盟资助研发基于微波光子的雷达接收机，以加强星载合成孔径雷达高分辨率遥感技术。2020年5月，奥地利科学家利用纠缠微波光子创造了首个微波量子照射雷达实验装置，其信噪比高、隐蔽性强、发射功耗低，在微弱信号目标探测、超低功耗生物医学成像等方面具有潜在应用前景。2020年8月，俄罗斯"射频光子相控阵"项目研制的射频光子相控阵样机完成测试，其带宽高、重量轻、分辨率高，可对几百千米外的物体实现3D成像。我国南京航空航天大学采用硅光技术在尺寸仅为1.45mm×2.5mm芯片上实现了微波光子雷达芯片，成数量级缩小了微波光子雷达的体积和重量。中国电子科技集团公司第十四研究所研制出毫米波大动态宽带微波光子雷达，并对民航客机完成高分辨率成像，相比于国际已报道微波光子雷达，该样机接收动态、分辨率得到明显提升。

4. 专家观点

微波光子已全面迈进集成化，出现一大批高性能功能器件或芯片，如超10GHz调节范围的可调微波光子滤波器、超低相噪可调集成光电振荡器、10ns级可调集成延迟器、125GHz集成脉冲整形器、多种可编程微波光子信号处理器等。但这些芯片要走向应用仍面临较多的工程问题，如热光效应功耗太大、响应速度过慢、电光调制器插损过大等，且对新材料、新物理、新理论等方面的基础研究仍需加强。

——第二届光电子集成芯片立强论坛暨硅光技术与应用研讨会

随着人们对装置物理理解的加深和集成光子学的飞速发展，微波光子学的发展已经进入超出通信领域应用的新阶段。

——荷兰特文特大学、加拿大渥太华大学和西班牙巴伦西亚理工大学《自然·光子学》文章

5. 军事影响

微波光子技术和集成芯片的发展，有助于构建宽带化、综合化、一体化的先进电子信息系统，满足智能化战争对态势感知精细程度与信息处理决策速度的迫切需求，推动电子战、雷达、通信等系统的技术演进，向更强功能、更高性能发展，并广泛应用于陆、海、空、天、弹等各种作战平台中。一是微波光子雷达将极大提升战场目标探测能力。微波光子雷达克服了传统微波电子元器件在高频带宽方面的瓶颈，能够更好、更快地产生和处理雷达宽带信号，具有快速成像和清晰辨识目标的能力，可大幅提升对威胁目标的态势感知与快速反应能力。二是微波光子无线电技术将推动通信技术变革。微波具有精细、泛在可移动的特点，光波具有宽带、低损广覆盖的优势，微波光子无线电技术将实现优

势互补。基于光子无线电技术的一体化射频光前端将推动实现动态宽带传输，光无线异构融合与协同组网将助力实现异构融合组网。三是提升电子战装备新型威胁应对能力。新体制雷达"时、空、频、能"手段同时运用，使得传统时空频扫描体制的电子战系统对其"难发现、难识别、难干扰"。微波光子技术的应用将提高电子战装备的截获概率和处理灵活性，实现从"时空频扫描"走向"时空频同时宽开+高灵敏度"的体制变革，显著增强对高频段、大带宽、低副瓣机动信号的侦察能力。

（二）超宽禁带半导体技术

1. 概念内涵

超宽禁带半导体通常指禁带宽度大于 GaN（3.4eV）的半导体材料，主要包括氮化铝（AlN）、金刚石、氧化镓（Ga_2O_3）、氮化硼（BN）等。超宽禁带半导体具有带隙宽、热导率高、击穿电场强度高、饱和电子漂移速度高、抗辐射能力强以及化学稳定性好等特点，适合制作抗辐射、高频、大功率和高密度集成的电子器件。

2. 技术主题

超宽禁带半导体，禁带宽度，临界击穿场强，电子迁移率，大尺寸单晶衬底生长，半导体外延材料，高效掺杂，缺陷控制，分子束外延（MBE），化学气相沉积（CVD），离子束溅射沉积（IBSD），场效应晶体管（FET），金属氧化物半导体场效应晶体管（MOSFET），鳍式场效应晶体管（FinFET），完全耗尽型绝缘体上硅（FD-SOI），异质集成，功率电子器件，光电器件。

3. 发展现状

对于 AlN、金刚石、$β-Ga_2O_3$ 等超宽禁带半导体的生长研究可以追溯到 20 世纪五六十年代。20 世纪 80 年代开始，几种材料的单晶生长相继获得突破。目前，超宽禁带半导体材料与器件仍处于科学研发阶段，研究重点主要包括：高品质单晶衬底制备，薄膜外延材料生长、掺杂等，以及半导体器件制备的关键工艺突破。一是当前材料生长技术仍然是 AlN 应用较大的限制因素。对于 AlN 单晶衬底制备，美国、日本发展水平最高，由于 AlN 单晶生长技术难度大，目前单晶最大直径为 2 英寸，ALN 薄膜外延生长通常采取异质外延生长技术，还无法得到厚度适宜且高质量的 AlN 薄膜。二是金刚石材料及其电子器件领域取得多项重要进展。衬底方面，采用高温高压法制备单晶金刚石直径已达 20mm，且缺陷密度较低；采用 CVD 法同质外延生长单晶薄片最大尺寸可达 1 英寸，且缺陷密度低；采用"平铺克隆"晶片的马赛克拼接技术生长的金刚石晶圆可达 2 英寸；采用金刚石异质外延技术的晶圆可达 4 英寸；采用低成本异质外延 CVD 法生长的晶圆已达 8 英寸，可作为导热衬底用于新一代 GaN 功率电子器件。掺杂方面，n 型掺杂金刚石材料取得突破性进展，掺杂浓度达 $10^{20}cm^{-3}$。器件方面，2018 年，日本国内会议报道其金刚石氢终端 FET 器件输出功率密度达到 3.8W/mm@1GHz；2019 年 9 月，美国麻省理工学院率先制备出基于金刚石氮空位中心的量子传感器，有望为量子计算、感知、通信应用提供微型化硬件；2022 年 4 月，日本国立材料科学研究所在高温高压合成单晶金刚石上制造了高迁移率 P 沟道宽带隙异质结 FET，解决了高导通电阻和高导通损耗问题，为制造基于金刚石的 P 沟道 FET 铺平了道路。我国在金刚石方面与先进国家相比还有巨大差距，主要表现在：关键工艺设备依赖进口，没有自主知识产权，容易遭到国外封锁；单晶金刚石衬底无法在国内稳定获取；没有先进的大尺寸单晶金刚石薄膜的生长工艺等。三是 $β-Ga_2O_3$ 材料与器件的研究基本处于体块单晶及材料外延攻关阶段。目前 $β-Ga_2O_3$ 基础研究相对薄弱，对于材料本身的缺陷类型、电输运机制、掺杂机理等问题仍未得出清晰解释。$β-Ga_2O_3$ 是唯一可用熔体法进行单晶生长的材料，低成本是其最核心的竞争优势，$β-Ga_2O_3$ 器件有望应用于 IGBT 主导的高压、特高压领域。日本田村公司已通过导模法获得 4~6 英寸 $β-Ga_2O_3$ 晶体。2019 年 8 月，德国费迪南德·布劳恩研究所制备出高性能 $β-Ga_2O_3$ 场效应管，其击穿电场强度明显高于现有碳化硅或氮化镓等宽禁带半导体晶体管，品质因数达到 $155MW/cm^2$，接近氧化镓的理论极限。2019 年，国内中国电子科技集团公司第四十六研究所、山东大学等实现了 4 英寸氧化镓单晶衬底制备。2020 年 6 月，复旦大学采用固—固相变原位掺杂技术，实现了 $β-Ga_2O_3$ 薄膜中的 N 元素掺杂，部分解决了氧化镓 p 型掺杂难题。2022 年，西安电子科技大学研制了 p-NiO/n-Ga$_2$O$_3$ 异质结型势垒肖特基二极管，实现了有效 p 型掺杂、降低导通电阻，为国际同期氧化镓二极管功率性能的最高水平。

4. 专家观点

金刚石需克服晶体质量/尺寸、n 型掺杂等问题，Ga$_2$O$_3$ 需克服晶体质量、p 型掺杂、高接触电阻等问题，二者未来均有望应用于雷达、通信设备等领域。

——美国航空航天局戈达德航天中心研究员让·马里·劳恩斯坦

从研发趋势上看，未来的金刚石异质结很可能打破人们的惯性思维，掺杂可能仅仅是名词上的沿用，真正的内涵将完全颠覆人们现阶段的认知。尽管取得许多进展，金刚石目前仍处于基础研究尚待突破阶段，材料高成本和小尺寸是制约金刚石功率电子学发展的主要障碍，实现商业应用尚有较大距离，不宜过热跟进炒作。

——北京科技大学新材料技术研究院教授李成明

针对未来金刚石材料和功率器件的发展，重点应集中在几个方向：开发满足功率半导体器件制造要求的 2~4 英寸金刚石单晶衬底制备技术；研发高质量金刚石 n 型掺杂技术，提高电子和空穴迁移率，为研制金刚石功率器件奠定基础；掌握金刚石器件研制的核心关键工艺，研制高性能金刚石功率器件；开展金刚石材料和器件关键设备的研发，获得自主知识产权，并实现商业化。

——《超宽禁带半导体：金刚石要揽"瓷器活"?!》（中国电子报）

5. 军事影响

超宽禁带半导体技术发展将推动新一代高性能电子元器件研制，有望促进军用电子信息装备性能的跨代跃升。一是用于研制射频发射器、深紫外光电探测器、日盲紫外探测器等器件。由于超宽禁带半导体材料具有极高的紫外透光率，可增强器件对紫外光的利用，显著提升导弹预警跟踪、紫外通信等能力，改善未来电子信息装备的作战实用性。二是开发应用于高温、强磁场、强辐照等极端条件下的电子器件。超宽禁带半导体的耐高压、耐高温、抗辐射能力优于宽禁带半导体材料，用于研制抗辐射、耐高压电子器件，可显著提升电子信息装备在极端环境和强电磁对抗环境下的生存能力。三是用于研制大功率器件，大幅提升定向能武器性能。利用超宽禁带半导体制备大功率器件，可大幅提升微波和激光器件的输出功率、频率和工作温度，满足未来 GW 级定向能武器研发需要。

（三）智能指挥控制技术

1. 概念内涵

智能指挥控制是将人工智能技术深度应用于态势感知、方案生成、效果评估等作战指挥环节，使指挥系统可以自主地从海量异构作战数据及交战经验中快速学习并感知认知战场，实现对作战过程的智能博弈推演仿真，提供高效率决策建议以及高精准方案生成与评估。智能指挥控制技术是支撑实现指挥控制过程智能化的技术群。

2. 技术主题

指挥控制，智能化，决策支持，态势感知，效果评估，辅助决策，任务规划，通用作战图，作战行动方案生成，作战方案计划评估，脑机工程，神经网络，图形识别，自然语言处理，数据深度挖掘，自学习。

3. 发展现状

近年来，军事强国加大智能指挥控制技术研究力度，积极推进其在指控全流程的应用。一是以情报感知为起点开展指控全流程技术研发。2016 年，美国陆军启动"指挥官虚拟参谋"项目，研究利用认知计算等技术应对海量数据及复杂的战场态势，实现主动建议、高级分析及针对个人需求和偏好量身剪裁的自然人机交互，为陆军指挥官及其参谋制定战术决策提供从规划、准备、执行到行动回顾全过程的决策支持。2018 年，DARPA 启动"指南针"项目，综合运用博弈论、人工智能技术以及建模仿真技术评估对手的反应，分析对手真实作战意图，为战区级作战和规划人员提供强大的分析和决策支持工具。二是以智能博弈为核心推进技术发展。2016年6月，美国Alpha智能空战系统在空战模拟仿真器上击败了人类飞行员，其采用模糊树算法，通过学习对手经验演化出新对抗样式，标志着智能指挥控制取得里程碑式进展。2021年，美国陆军研究实验室使用星际争霸Ⅱ学习环境生成"虎爪行动"作战场景，开展10场人机模拟战斗，结果显示人工智能指挥官在整体上与人类玩家相当，在具体任务执行方面要优于人类玩家。三是大力探索人机融合的指挥控制模式。2019年12月，美军印太司令部夏威夷总部情报与作战部试用了"指南针"项目研发的辅助决策工具。目前DARPA正在与印太司令部开展进一步合作，希望司令部用真实数据对原型辅助决策工具进行测试。2021年8月，美国海军演示"周边环境智能谈话接口"项目，通过人工智能和机器学习，理解谈话对象、谈话内容，为指挥控制过程引入数字助手。

4. 专家观点

信息技术特别是人工智能技术的发展，致使军事指挥控制、应急指挥控制趋向常规管理，企业中常规的生产管理趋向应急指挥控制，经过融合发展，最终走向指挥控制管理一体化。

——中国科学院自动化研究所复杂系统管理与控制国家重点实验室主任、
中国指挥控制学会常务理事王飞跃

美国为保持全球领导力，应重点发展人工智能（机器学习，深度学习，强化学习，感官感知和识别，下一代人工智能，规划、推理和决策、安全人工智能等）、定向能、高超声速、网络传感器等技术。

——美国国家科学技术委员会《关键和新兴技术国家战略》（2022年2月）

5. 军事影响

未来，智能指挥控制技术的应用将对战场指挥决策产生重大影响。一是颠覆提升战场态势认知水平。利用智能指挥控制技术，可快速处理从战场传感器中获取的声音、视频和文本等数据，从中抽取隐藏信息，进行特征分类和可视化呈现，生成综合战场态势图，为指挥员全面精准掌握战场态势提供有力支撑。二是提升辅助决策分析能力。智能指挥控制技术可快速构建策略网络和价值网络，输出后续行动方案的概率分布和价值估值，实现作战计划优选和迭代优化，辅助指挥员确定重要作战方向、任务编组分配、战斗发起时机等。在指控系统智能化程度达到一定水平后，可催生人机协同的智控模式。三是提升武器平台自主控制水平。在整个战场信息网络和武器系统自身传感器与计算资源支持下，基于智能指挥控制技术，可提升武器系统对自身机动、感知、打击等能力的自主控制能力，提升武器系统在人不介入情况下独立执行作战任务的能力，压缩作战流程。

（四）智能人机交互技术

1. 概念内涵

智能人机交互技术是指通过语音、表情、肢体动作、意识等多元自然媒介交互方式，构建人机自然、直观、简单的互动框架，从而将人的感觉、行动和存在实时精确传达给机器，提高人机融合"感知、认知、决策、行动"能力的技术。现阶段智能人机交互技术的研究热点主要集中在基于语音的人机交互技术、基于传感器的人机交互技术、增强现实和虚拟现实技术、脑机接口技术等方面。

2. 技术主题

人机交互，人机融合，触控交互，声控交互，动作交互，眼动交互，多模态交互，虚拟现实，增强现实，脑机接口，脑机交互，人机混合智能，语音识别，自然语言理解，智能问答，情感智能，认知智能，环境智能，多模界面，感性界面。

3. 发展现状

人机交互的术语最早由斯图尔特·卡德、艾伦·尼维尔、托马斯·莫兰在1983年出版的《人机交互的哲学探讨》一书中提出。随着人工智能、脑科学、心理学、生物交叉等科学技术的发展进步，人机交互技术已进入智能化发展时代。当前，智能人机交互技术呈现多样化快速发展态势，自然、高效是发展的主要目标。一是基于语音的人机交互技术在语音识别方面已达到较高准确率。2017年12月，谷歌公司联合团队发布最新端到端自动语音识别系统，将词错率降至5.6%，逼近人类水平。2020年7月，美国陆军研究实验室与南加州大学联合开发了"联合理解和对话界面"技术，士兵可通过语音控制机器人执行任务，机器人完成任务后可进行语音汇报和状态更新。二是基于传感器的人机交互技术初步展现实用化潜力。2017年8月，美国斯坦福大学在世界机器人大会上展示了一个触觉反馈设备，机器人会跟着控制人员控制的操控杆而移动，体现了人机交互技术在工程感知上的应用。三是增强现实和虚拟现实技术已进行部分军事场景应用验证。2017年4月，俄罗斯首个航天飞船与模块舱虚拟设计中心正式启动运行，支持使设计人员通过佩戴虚拟现实设备"进入"数字虚拟的飞船或模块舱内部，开展复杂机载设备集成等复杂结构设计工作，从而提升航天装备的研制效率。2020年8月，美国空军虚拟测试与训练中心建成，可针对F-15E、F-16、F-22、F-35等战机，为飞行员提供沉浸式战术训练。2021年12月，DARPA"进攻性蜂群使能战术"项目验证了"蜂群"沉浸式指控能力，采用虚拟现实、增强现实等技术构建沉浸式"蜂群"界面，指挥控制300多架固定翼无人机联合行动。四是脑机接口技术成为世界强国发展的重点。DARPA近年来相继开展了"神经工程系统设计""下一代非侵入性神经技术""智能神经接口"等项目，面向作战人员通过意识控制无人机群等装备需求，围绕可植入人体脑机接口、高分辨率低延迟非侵入性脑机接口、基于下一代人工智能技术的脑机接口维护应用方法等技术思路开展研究。2021年，"损伤后听视觉功能恢复"（原"神经工程系统设计"）项目研发团队在《自然·电子学》发表最新进展，称已研制出一种0.1mm^{2}的可植入"神经颗粒"传感器，通过向大脑目标皮层植入约10万个微米级传感器即可实现与外部设备进行无线双向通信。

4. 专家观点

智能人机交互趋势包括：语音交互技术进步，更趋向于人类自然对话体验；人脸、手势等通道更多出现在产品中，多通道融合交互成为主流交互形式；智能体开始拥有明确的人设；人机走向深度协同，信任构建成为首要突破点。

——百度人工智能交互设计研究院

和传统假设不同，对计算机而言，实现逻辑推理等人类高等智慧只需要相对很少的计算能力，而实现感知、运动等低等智慧却需要巨大的计算资源。

——莫拉维克悖论

5. 军事影响

智能人机交互技术在军事领域具有广阔应用前景，并将产生重大影响。一是大幅提升指挥控制效率。不同于速度慢、效率低、采取键盘输入信息方式的传统军事指令下达，智能人机交互技术可基于语音、肢体动作实现对武器系统的快速指令操作，减少人工操作时间，从而提高指挥控制速度。二是大幅提升军事训练效能。利用虚拟现实技术可将复杂的战场情报数据合成逼真的三维战场态势场景，使受训人员更加形象、直观地感受整个战场环境，从而逼真地开展军事训练。三是推动人机混合智能发展。脑机交互技术将可实现人与机器之间的深度信息互动与交互控制，使人和机器有机结合并充分发挥各自的优势，实现生物智能和机器智能的高度融合，达到人机混合智能这一智能的最高形态，颠覆性提升军事力量体系的作战效能。

（五）类脑芯片技术

1. 概念内涵

类脑芯片是一种新型信息处理芯片，其借鉴了人脑处理信息的基本原理，从而颠覆了传统的冯·诺依曼芯片架构。当前类脑芯片研究以类脑计算芯片为主，该芯片借鉴了大脑在行使记忆、学习和认知决策功能时的多模态信息编码、传输、处理原理，旨在像大脑一样以低功耗和高效率，通用地、智能地解决各种复杂非结构化信息处理问题。同时，类脑计算芯片具备学习能力，可自主寻找相关性和建立假设，识别复杂时空，在海量数据处理方面具有巨大优势。

2. 技术主题

类脑芯片，神经形态芯片，类脑计算，类脑感知，神经形态计算，神经拟态计算，神经元，神经突触，类脑智能，超低功耗，强鲁棒，大规模并行计算，实时信息处理，脉冲神经网络，超低延时动态视觉识别，智能博弈对抗与决策。

3. 发展现状

近年来，类脑芯片已成为主要国家在人工智能领域博弈竞争的核心之一。一是美欧持续投资类脑芯片技术发展。DARPA 于 2008 年启动"自适应可塑可伸缩电子神经系统"项目，部署研发新型神经形态自适应可塑电子器件和芯片，截至目前已累计投入研究经费超过 1 亿美元。欧盟于 2013 年启动了金额约为 11.9 亿欧元的"人类大脑工程"旗舰项目，其中"多层次大脑"神经形态计算子项目将从神经元到大脑整体等不同尺度、不同层次加深对大脑信息处理过程的理解，打造由新型电子器件组成的高性能类脑芯片计算平台。二是类脑芯片技术不断取得突破。2014 年 8 月，美国 IBM 公司研制出第二代类脑芯片——"真北"芯片，芯片包含的神经元和突触数量分别达到 100 万个和 2.56 亿个。2017 年，在美国空军研究实验室资助下，IBM 公司又推出了由 64 个"真北"类脑芯片组成的全新类脑超级计算机系统。在欧盟"人类大脑工程"支持下，2018 年全球最大的"脉冲神经网络体系结构"神经形态超级计算机首次启用，该计算机具有 100 万个处理器内核，每秒可执行 200 万亿次操作指令，达到人脑百分之一的计算能力。德国海德堡大学在 8 英寸晶片上构建了 384 块紧密互联的神经形态管芯，包括 20 万个神经元和 5000 万个突触，以此为基础研制的计算机已成功运行，相比"真北"芯片更接近生物神经元。2021 年 9 月，美国英特尔公司发布"Loihi 2"类脑芯片，每个芯片上最多有 100 万个神经元，擅长处理听觉、视觉、嗅觉等感官任务。

4. 专家观点

全球神经形态芯片市场在 2020 年的估值为 2250 万美元，预计 2026 年将达到 3.34 亿美元，年复合增长率为 44.7%。

——终端用户工业与地理组织报告《全球神经形态芯片市场：
增长、趋势、新冠疫情影响及预测》(2021)

将类脑技术应用于视觉应用，在许多不同的领域代表了巨大的市场机会，据 Yole 最近的一份《2021 年类脑计算和传感市场与技术报告》预测，到 2035 年，神经拟态计算和传感市场将占人工智能市场份额的 15%~20%，这将是一个约 200 亿美元的庞大市场。

——SynSense 时识科技联合创始人兼 CEO 乔宁

5. 军事影响

类脑芯片的高智能、低功耗、低延时、尺寸小、鲁棒性高等优势，可有效满足大数据时代海量数据的处理需求和应对日益严重的能耗问题，在军事领域具有巨大的应用潜力。一是将极大提升装备端智能处理数据能力。基于类脑芯片的智能系统可以通过不断学习和"思考"，实现复杂环境自动信息处理，可为智能感知、情报分析、大数据计算、辅助决策、高度自主武器研发等提供强大的智能计算能力。类脑芯片技术成熟后，将极大提升装备端进行数据分析和决策的速度，提升作战效率。二是将极大地提升无人作战平台的自主行动能力。类脑芯片更低的功耗和更高的运行速度，更加适用于受自身负载和能源获取限制的各类无人自主平台，将显著提升无人自主平台智能水平和续航能力。

（六）量子计算技术

1. 概念内涵

量子计算技术是利用量子并行、纠缠等相干特性进行数据编码、存储和运算的技术。其核心是利用量子态的叠加特性，使得以量子态形式存在的信息可以并行制备、传输、存储和处理，从而指数倍地提升计算速度，也就是所谓的全并行计算。例如，N 个量子比特的叠加态能够同时编码 2^N 个数的信息，并且通过一次操作能够实现所编码 2^N 个数的并行运算。量子计算可分为通用量子计算和模拟量子计算，分别用于完成通用计算任务和特定计算任务。

2. 技术主题

量子计算，量子计算机，通用量子计算，量子模拟，量子算法，量子芯片，量子处理器，并行计算，离子阱量子计算，超导量子计算，光学量子计算，半导体量子点量子计算，拓扑量子计算，核磁共振量子计算，超冷原子量子计算，量子纠缠，量子相干，量子退相干，量子门，量子位，量子比特，量子逻辑电路，量子态，量子云计算，量子软件，量子编码，量子摩尔定律，量子人工智能，量子霸权，中等规模带噪声量子计算（NISQ）。

3. 发展现状

量子计算和量子计算机的概念最早由美国物理学家费曼于1982年提出。1985年，英国牛津大学的多伊奇（Deutsch）教授初步阐述了量子图灵机的概念。当前，世界主要国家已将量子计算技术作为抢占经济、军事、安全、科研等领域全方位优势的战略制高点，积极谋局布势，推动量子计算技术不断取得新进展。一是量子计算技术获得快速发展并逐步验证量子计算可行性。2017年11月，IBM公司宣布研制出20量子比特通用量子计算机，同时还宣布研制出50量子比特处理器原型。2018年3月，谷歌宣布推出一款72量子比特的通用量子计算机Bristlecone，实现了1%的低错误率。二是量子计算最新技术已经展示超越传统计算机的巨大优越性。2019年10月，谷歌公司宣布使用53个量子位处理器Sycamore在200s内完成规定操作，而相同的运算量在当时最大的超级计算机Summit上则需要10000年才能完成。2021年10月，我国研究团队构建了113个光子144模式的量子计算原型机"九章二号"，处理高斯玻色取样的速度比当时最快的超级计算机"富岳"快10^{24}倍。2021年11月，IBM发布127位超导量子处理器"鹰"（Eagle）。三是量子计算技术受到军方重视。2019年，美国空军研究实验室宣布加入IBM量子计算网络社区，成为国防部首个IBM量子计算网络中心，研究重点之一是开发最新的通用性超导量子计算机，推动量子计算软硬件发展。2021年10月，DARPA启动"量子启发的经典计算"项目，为复杂的国防部优化问题开发量子启发的解决方法，并证明比现有技术至少减少两个数量级的所需计算能量的可行性。2022年2月，DARPA又安排"实现'实用水平'量子计算的潜在系统"（US2QC）项目，寻求可容错并能达到实用水平的量子计算机。四是进一步强化量子计算安全风险认识。2022年5月，美国拜登政府连续签署《关于加强国家量子倡议咨询委员会的行政命令》《国家安全备忘录》两项指令，前者旨在成立专门智囊机构，辅助白宫研判量子信息科学与技术的发展态势和决策制定；后者则强调认清量子计算机对美国网络安全可能造成的巨大风险，并指明易受攻击的政要计算机系统应提前做好抗量子解密和后量子密码防御的行动预案。

4. 专家观点

人类社会从经典信息技术时代跨越到量子信息技术时代，标志就是量子计算机。

——中国科学院院士郭光灿

希望能够通过10~15年的努力，让量子计算能够解决若干超级计算机无法胜任的，但又具有重大应用价值的问题。

——中国科学院院士潘建伟

量子计算有能力改变几乎所有领域，并帮助我们解决我们这个时代最大的问题。这就是为什么IBM继续快速创新量子硬件和软件设计，为量子和经典工作负载构建方法以相互赋能，并创造一个对量子产业发展至关重要的全球生态系统。

——IBM高级副总裁兼研究总监达里奥·吉尔（Darío Gil）

"量子霸权"是用来形容量子计算机可以做传统计算机做不到的事情，而不管这些任务是否具有现实意义。

——"量子霸权"概念提出者、加州理工学院物理学教授约翰·普雷斯基尔

根据目前的估计表明，量子计算机的发展可能需要十年或更长的时间，其潜在的广泛应用时间将会超过2040年。

——欧洲议会未来科学与技术委员会《塑造2040战场的创新技术》报告

5. 军事影响

量子计算技术一旦实用化,许多目前受制于计算机性能而无法解决的难题都会迎刃而解,对军事领域也将带来重大影响。一是为军事智能化赋能。量子计算与人工智能相结合,可助力实现深度人工智能场景,进一步提高战场态势感知、作战决策与智能指挥等能力,推动军事智能化发展进程。二是将颠覆现有保密体系。量子计算的超强计算能力,能快速破解现有加密算法,打破现有加密系统构筑的通信体系和金融体系,对对手形成严重通信安全和金融安全威胁,还可破译战时敌方作战计划和作战指令。三是为军事仿真、军事气象、装备设计模拟验证等带来全新能力。针对军事应用场景需求可研发专用量子计算机,以实现对未来战争场景和先进武器装备设计的量子模拟。

(七)太赫兹探测技术

1. 概念内涵

太赫兹是指在电磁频谱中介于微波和红外波段之间的电磁波,其频率范围一般为 0.1~10THz。太赫兹波段具有高频段、大带宽、高透视性等特征,在频域上处于电子学向光子学的过渡域,兼具微波的云雾透视性和红外波段的高分辨率、快速成像,为高清晰目标分辨、超高速数据传输提供了丰富的频谱资源。太赫兹探测技术基于该频段具有的高穿透性、低能量性、瞬态性、相干性等物理特性,通过获取太赫兹波强度信息的变化量,实现对目标的探测、成像等功能。

2. 技术主题

太赫兹材料,太赫兹器件,太赫兹源,太赫兹混频器,太赫兹成像,太赫兹探测器,光热探测器,光电探测器,电真空放大器,室温相干检测器,超导相干探测器,大规模阵列检测器,太赫兹雷达,视频合成孔径雷达,太赫兹成像焦平面技术(TIFT),氮化物晶体管技术,低维材料,太赫兹固态二极管技术,太赫兹固态三极管技术,太赫兹固态电路技术,太赫兹固态电子仿真技术。

3. 发展现状

20 世纪 60 年代,太赫兹波段被正式命名,但在相当长一段时间内相关技术发展较为缓慢。进入 21 世纪后,太赫兹技术受到诸多国家的高度重视,并得到较快发展。一是大力攻关太赫兹源、探测器等基础器件,为太赫兹探测技术发展应用提供支撑。美国诺斯罗普·格鲁曼公司在 DARPA "太赫兹电子学"项目支持下,研制出的电子器件频率已相继突破 0.67THz、0.85THz 和 1.03THz。2015 年 8 月,DARPA 发布了为期 4 年(2016—2020 年)的 "利用真空电子器件实现压倒性能力的高功率放大器" 研究计划,致力发展工作频率在 75GHz 以上的毫米波和太赫兹真空放大器件与系统。2018 年 12 月,俄罗斯、英国、日本和意大利联合研制出石墨烯太赫兹探测器,尺寸仅十余微米。2020 年 6 月,美国理海大学创造了太赫兹激光器高功率输出的纪录,首次报道辐射效率超过 50% 的量子级联激光。二是重点研发太赫兹光谱、成像等技术,推进太赫兹探测走向应用。太赫兹光谱技术已初步商业化,世界多家企业开始生产商用太赫兹时域光谱仪。太赫兹成像技术可应用于安检、雷达等,目前英国太赫兹安检设备已进入试用阶段。2016 年,美国犹他州立大学利用太赫兹雷达与地面传统雷达协同探测 F-22 战机,可准确识别目标大小、数量、速度、方位等信息,较现役雷达准确度提升数倍。2017 年 9 月,DARPA 将太赫兹放大器用于视频合成孔径雷达并开展了首次飞行测试,成功获取被云层遮蔽的地面目标的实时、全运动视频图像。

4. 专家观点

未来城市及反恐作战中,借助太赫兹特有的"穿墙术",可以对"墙后"物体进行三维立体成像,实现探测隐蔽的武器、伪装埋伏的武装人员及隐藏在沙尘或烟雾中的坦克、火炮等装备。另外,利用强太赫兹辐射照射地面,还可以远距离探测地下的雷场分布。

——美国加州大学圣芭芭拉分校物理学教授马克·舍温

制备高性能的太赫兹探测器需要合适的材料,近年来随着纳米技术的发展,制备太赫兹探测器由传统半导体材料向具有优秀性质的低维材料上发展,如具有高迁移率的石墨烯材料、黑磷和其他低维材料。太赫兹探测器的结构和工艺仍需要优化,如器件的应力匹配、栅极结构的优化等,制备出可大规模集成化的室温太赫兹探测器,是实用化的关键。

——东南大学电子科学与工程学院教授张彤

5. 军事影响

太赫兹探测技术在军事领域应用前景广阔,将在目标探测、态势感知等领域发挥重要作用。一是可提升低能见度战场态势实时精确感知能力。太赫兹可穿透浓烟、沙尘环境成像,实现低能见度条件下目标的高清晰、全动态视频监控,提升恶劣环境下的战场感知能力。未来通过太赫兹光谱分析还能够识别导弹的尾焰,借此跟踪监视来袭导弹;太赫兹频段的星载探测器可以拓展跟踪范围,提高分辨率,分辨真假弹头。二是为穿透性探测带来新的实现手段。太赫兹穿透性强,可实现穿透墙体对建筑物内物体进行精细三维成像,包括探测人员、炸弹、用掩体掩盖的武器系统等,提高发现并打击关键军事目标的能力,将在反恐、复杂城区作战等领域发挥重要作用。三是太赫兹雷达能够有效探测隐身军事目标。采用吸波材料的隐身目标只在很窄波段具备隐身能力,太赫兹雷达具有大带宽优势,赋予其对隐身目标精确跟踪与识别的应用潜力。

(八) 6G 通信技术

1. 概念内涵

6G 是第六代移动通信的简称,目前尚处于探索阶段,还没有一个权威、通用的概念界定。美国贝尔实验室提出了 6G 的部分关键性能指标:网络数据传输的峰值超过 100Gb/s,连接密度达到每平方千米 10^7 个设备,时延应小于 0.3ms,能源效率是 5G 的 10 倍,容量达到 5G 系统的 10000 倍。

2. 技术主题

人工智能,边缘计算,物联网,卫星通信技术,卫星通信技术,平流层通信技术,太赫兹技术,确定性网络技术,基于 AI 的空口技术,陆海空天一体化技术,全息技术,信道编码,信号处理,可见光通信,频谱共享技术,信道建模,链路与系统评估方法,链路预算和频率复用,组网架构,星上处理,星间链路,数字孪生,元宇宙,柔性网络,安全内生,调制解调技术,高速大带宽基带处理技术,超大规模天线技术,波束对准与跟踪技术,信道编码技术,新频谱通信技术,稀疏理论,全新信道编码,大规模天线及灵活频谱使用,空天地海一体化网络,无线触觉网络。

3. 发展现状

6G 通信技术研究始于 2017 年前后,目前已受到世界主要国家的高度重视。一是太赫兹波段成为 6G 技术的重要选择,其通信能力得到多样化验证。2017 年,美国布朗大学首次展示了利用太赫兹波段进行多路复用数据传输的方法,数据传输率可达 50Gb/s,验证了高传输速率和低误码率传输信息的可行性。2019 年,美国联邦通信委员会开放 95GHz~3THz 的太赫兹频段,用于 6G 技术、产品与服务试验探索。2020 年,日本和新加坡成功利用光子拓扑绝缘体概念研发出支持太赫兹传输的新型芯片,推动太赫兹通信技术的实用化。德国开发了全球领先的太赫兹通信技术,德国伍珀塔尔大学基于锗化硅材料构建了完整的信号收发系统,能够实现 1m 距离的 260GHz 频段太赫兹通信。日本 NTT 电信公司开发出轨道角动量(OAM)技术,其传输速度可达 5G 的 5 倍。二是网络架构发展呈现智能化特点。6G 将采用软件定义、网络虚拟化、人工智能等技术,搭建个性化的智能网络,可根据需求自动配置网络资源、提出网络规划建议等。2019 年 3 月,美国约翰斯·霍普金斯大学提出一种创新型网络架构实现 6G 网络自组织和自优化。三是超高容量与低时延高空无线平台建设推进迅速。2019 年,美国 SpaceX 公司 "星链" 计划首批 60 颗卫星发射升空,目前在轨卫星数量达到 400 余颗。美国波音公司、亚马逊公司、低轨星公司都有类似计划,并在加速推进,为美国建设天地融合的 6G 网络奠定了基础。

4. 专家观点

6G 将使用空间复用技术,6G 基站将能够同时接入数百个甚至数千个无线连接,其容量将可达到 5G 基站的 1000 倍。美国现有的频谱分配方式将难以应对 6G 时代 "对于频谱资源的高效利用" 这一挑战,未来6G将采用更智能、分布更强的动态频谱共享接入技术,即"基于区块链的动态频谱共享"。

——美国联邦通信协会（FCC）主席杰西卡·罗森沃尔特

6G将在2025年左右启动相应标准化工作,2030年左右实现商用。6G的应用将远超通信范畴,除了弥补5G规模化应用的不足,能够打造一个更立体、更强大的"空天地一体"网络,还将推动万物互联等既有场景进一步成熟,拓展全息通信、多维感官互联、智慧感知、元宇宙等新应用场景。未来3~5年将成为6G潜在关键技术的窗口期。

——2022年第二届全球6G技术大会——6G愿景与技术需求论坛

随着人类活动空间日益拓展和行业及军事应用,对具有覆盖范围广、受地理条件限制小等特性的卫星通信有着强烈需求。卫星通信与地面移动通信在5G/6G走向互补关系,共同构建覆盖全球的星地融合通信网络是大势所趋。

——中国信科副总经理、专家委主任,无线移动通信国家重点实验室主任,IEEE会士陈山枝

5. 军事影响

6G将在5G的基础上进一步变革信息网络,实现万物互联和泛在连接。根据预测,6G将在2030年左右完成标准化,开始商用。6G采用的天地一体融合化网络架构及太赫兹通信、通信与计算融合、通信与高精度定位融合、超表面天线等技术能够支撑未来无人、智能、群体等新型作战样式,对网络信息体系向智能化、一体化发展发挥重要支撑作用。6G军事应用将促成军事信息体系的根本性变革,对军事组织形式、对抗方式及装备体系的影响难以估量。一是推动实现天地无缝一体化通信。6G能够容纳多频谱波段接入,支撑海量终端连接和多样式网络接入,各种作战单元、各种作战终端,可通过移动蜂窝、卫星通信、空中平台中继等多种方式,实现跨域通联、战场一体化通信。二是推动提升作战节奏。基于6G高吞吐量、高可靠性和大规模连接等特性,可实现指挥控制网络对战场资源的智能调配及作战指令的高效精准传输,缩短杀伤链。三是推动实现作战行动可视化。利用6G信道编码技术,数据速率可从5G的10~20Gb/s提升到100Gb/s~1Tb/s,部队位置、装备、状态等信息可得到实时/近实时传输、接收、处理和展示,甚至实现作战行动全程可视化。

（九）未来士兵系统技术

1. 概念内涵

未来士兵系统是以士兵为平台,综合运用新材料、网络信息、人工智能等先进技术,将士兵作战所需的武器弹药、光电瞄具、通信电台、防护装具、卫生医疗等进行融合集成设计,具备高效的火力打击、态势感知、自由通联、野战生存与战场救护等综合作战能力。未来士兵系统相关的核心技术主要包括智能头盔、外骨骼等。

2. 技术主题

未来士兵系统,超级士兵,人体效能增强,人工智能,物联网,外骨骼,智能作战服,智能弹药,可穿戴设备,无线电通信,智能头盔,夜视仪,瞄准具,燃料电池,无人驾驶,核化生防护。

3. 发展现状

近年来,未来士兵系统受到主要国家的高度重视,部分装备已经在战场上得到应用,并不断进行技术升级。一是美国"陆地勇士"系统、"奈特勇士"系统已在伊拉克、阿富汗战场得到应用。上述士兵系统由武器、信息、防护、生存保障等模块组成,其中,信息模块强化信息集成设计,将头盔显示器、处理器、导航系统、摄像机和士兵接口集成为类似于智能手机的终端用户设备。此外,智能作战服正在成为美国未来士兵系统技术的研究热点之一。DARPA的"勇士织衣"智能作战服项目,已于2018年分别开发出质量仅为6kg和3.63kg的柔性外骨骼和"超柔"外骨骼。二是俄罗斯"战士"未来士兵系统已在陆军得到初步应用。该系统包括40多个不同组件,如武器、防弹衣、光学装置、通信与导航设备、生命保障系统、电源、防护眼罩、耳罩、保暖服、净水装置以及护膝和护肘等,可供普通步兵、伞兵、火箭筒射手、机枪手、驾驶员和侦察员使用。"战士"-2系统已经在俄军部署20万套,

"战士"-3系统也已于2019年开始装备部队。三是英国国防部披露最新的"未来士兵"计划。该计划是英国陆军"20年来最激进的转型",将在未来10年增加投资86亿英镑,除了采购各类先进装备之外,还专门建立"实验与演训组织",引领新技术研发与集成,致力将英国陆军打造成"未来之师"。

4. 专家观点

利用当前的技术进步,提升士兵的视力、听力、肌肉控制能力,甚至提升人脑双向数据传输能力,从而打造类似"美国队长"的超级士兵,也许只要30年就可实现。

——美国陆军作战能力发展司令部《半机械战士2050:人机融合与国防部的未来》报告(2019)

弹道防护装甲是"改变游戏规则"的技术创新,它为美军士兵提供了相对于对手的显著战场优势。

——新美国安全中心《超级士兵》系列报告(2021)

5. 军事影响

随着技术的不断发展,未来士兵系统正朝着微型化、轻量化、智能化方向发展,将在未来战争中发挥重要作用。一是提升单兵负重行动能力。正在快速发展中的外骨骼装备既能增强单兵负重能力,又能保持单兵的机动灵活性,从而使背负大型机具、超标重武器弹药的单兵,依然具有像普通单兵那样或更高的徒步机动作战能力。二是提升单兵防护能力。未来战争中高技术武器的杀伤力更大,战场环境更恶劣,士兵生存受到极大威胁。各国发展的未来士兵系统的作战服和头盔都是由先进、轻型、多功能材料制成,具备较强的综合防护能力,可保护士兵免遭武器、温度骤变和生化战剂等伤害。三是提升单兵信息交互能力。未来士兵系统可与联合作战体系充分融合,赋予士兵强大战场多维感知、态势融合呈现等能力,成为遂行未来智能化作战任务的"超级士兵"。

(十)深远海水下预警探测技术

1. 概念内涵

通常认为,深海是指1000m以深的海域,远海是指距岸100nm以外的海域。深远海水下预警探测技术泛指在水下空间对深远海威胁性目标进行不间断搜索、监视和报警的技术,涉及深海声学传感探测、光学传感探测、电磁学传感探测、深海导航定位、水下组网、水下通信等关键技术,具体实现手段主要包括拖曳声纳阵列、水下固定监视系统、可布放声源/浮标系统、深海潜航器等。

2. 技术主题

水下预警探测,声传感探测,光传感探测,电磁传感探测,深海导航定位,水下组网,水下通信,反潜作战,磁通门磁强计,感应式磁传感器,光泵磁强计,质子旋进磁力仪,水下战,水下无人系统,水下预置系统,蛙人探测声纳,水下数据通信,水下传感器网络。

3. 发展现状

美国在深远海水下预警探测技术的发展与应用上走在世界前列,自20世纪50年代开始逐步建立了"固定式水下监视系统"和"可部署分布式系统",对大西洋和太平洋的重点战役战略海区和重要水道实施监控,特别是在对苏联潜艇监视方面发挥了重要作用。一是综合水下监视系统不断升级改造。美国海军在冷战后期研制了"水面拖曳阵列警戒系统",可利用远洋拖船拖曳800m长的阵列声纳,并将原始数据信息通过卫星传回本土进行分析,该系统弥补了固定式水下探测系统探测范围的不足。美军将这些系统联合起来,逐步构建了综合水下监视系统,目前该系统仍保持着相当数量的水下监测点和水面监测船执行探潜任务,同时还不断进行技术改进。美国伍兹霍尔海洋研究所等机构联合研制了一型高1.5m、重250kg的Mesobot水下机器人,能以有缆或无缆的方式,自动跟踪水下固定或缓慢移动目标,对水下预警探测、反潜作战具有重要意义。二是探索多型新机理新模式探测监视系统。美国海军自2007年开始研发由水面浮标、声源、接收阵组成的"深海主动探测系统",可由水面舰船布放,探测范围近1万km^2,通过部署数套系统即可在海峡等潜艇出入的关键航道形成封锁线。美国海军研究办公室"可部署自动分布式系统"项目,旨在开发由布置在海底、可长期自主工作的水声传感器组成的水下监视系统,能够对重要海域进行较长期的水声目标监视和水声信息采集。DARPA从2010年以来相继开展了"虚拟声学麦克风系统""移动舱外指挥控制与攻击""海德拉""分布式敏捷猎潜""蓝狼"等多个项目，在新型水下声学阵列、深海声纳系统及其组网等方面取得了重要进展。2016年，美国海军利用"携带传感器的自主无人水面艇"（SHARC）成功探测到常规潜艇和（无人潜航器）（UUV），验证了无人水面艇持久、高效的水下探测能力。美国海军尝试非声传感器和无人系统平台结合，形成能广域覆盖的探测网络，如分布式敏捷反潜系统的浅海子系统由数十个无人机搭载非声传感器组网探潜。2021年11月，美国海军研究办公室宣布启动μ子射线水下定位项目，计划将该技术应用于北极地区的水下定位及卫星定位信号不可用的环境。

4. 专家观点

未来，美国海军将以建设近海水下持续监视网和自主式分布传感器系统为重点，力图在潜在敌国的沿海建立水下信息探测网络，密切监视并预测海洋环境，从而有效应对这些国家的安静型柴电潜艇的威胁。

——国内专家佚名撰文《美国水下传感器网络》

美国海军将建设水下数据通信体系，实现更为精准的水下定位和导航，确保顺利完成海上定位、导航及授时，形成决胜未来海洋战场的重要能力。

——《美国海军信息优势路线图2013—2028》

5. 军事影响

深远海水下预警探测技术作为看透和利用深远海的关键技术，将在未来制海权抢占中产生重要影响。一是有可能改变未来大国竞争战略平衡。潜艇是实施大国核威慑的重要平台之一，也是对航空母舰等高价值海上资产形成巨大威胁的手段，随着以深远海水下预警探测技术为核心逐步构筑起水下反潜优势，潜艇的生存能力和任务能力将被大大削弱，降低其核威慑效力及对航空母舰等关键平台的威胁。二是极大拓展深远海作战任务范围。深海潜航器可配合潜艇、航空母舰、水面舰等装备，形成协同作战能力，通过提供情报监视侦察、反水雷、反潜、后勤补给与支援等，扩大传统作战平台执行任务的范围和能力。三是推动反探测技术发展。随着深远海水下预警探测技术日益透明化水下战场，潜艇、无人潜航器等水下资产必将为寻求生存空间而集成或运用新型隐身、假目标、伪装声学及磁场信号等反探测技术，实现迷惑或欺骗敌探测装备。

（十一）无人自主潜航器技术

1. 概念内涵

相对于遥控无人潜航器而言，无人自主潜航器不依赖母船或人员操控，能够不同程度地实现自主任务规划、自主识别、自主决策、自主导航、自主避障、自主协同，更具灵活性、敏捷性、安全性、可靠性。无人自主潜航器可利用自身携带的各种传感器和武器，执行水下侦察监视、通信中继、反水雷、反潜等多种军事任务。

2. 技术主题

无人潜航器，自主控制，自主航行，自主任务规划，自主识别，自主决策，自主导航，自主避障，自主协同，超空泡，深海导航。

3. 发展现状

无人自主潜航器技术发展始于20世纪90年代，近年来呈现快速发展和应用态势。一是系统自主性持续成为研究热点。2021年12月，美国国防部发布的30年造船计划提出2024年和2025年分别采购2艘"虎鲸"无人潜航器，其可自主航行至指定区域后执行巡逻、通信、载荷部署等任务，完成任务后自主返回基地，还可自主潜浮至GPS水下作业深度，精确定位自身位置。俄罗斯核动力无人潜航器"波塞冬"，具备自主导航和全自动操作能力，可避开反潜障碍。二是多样化动力推进系统得到快速发展应用。俄罗斯采用液态金属燃料堆研发出尺寸小、启动快、推重比高的小型核动力系统，体积仅为核潜艇动力系统的1/100，达到最大功率所用时间仅为核潜艇的1/200。DARPA"蓝狼"项目将利用超空泡技术将潜航器速度提高一个数量级。利用海洋温差汲取和转化能量的技术已得到应用，可使潜航器在海上工作长达5年不停工。三是水下导航技术取得突破。2020年，DARPA的"深海导航定位"项目开展演示验证，通过布放多个集成化的远距离声源，形成类似GPS的水下定位导航能力，从而使潜航器无须再定期上浮水面获取GPS信号。

4. 专家观点

未来水下作战，无人潜航器将承担更多一线作战任务。

——美国海军《2025年自主水下潜航器需求》

自主系统为传统作战力量提供了额外的作战能力，允许在保持战术和战略优势的同时，选择承担更大的风险……美国海军和海军陆战队未来将寻求跨域的有人—无人力量无缝集成。

——美国海军《无人作战框架》

5. 军事影响

无人自主潜航器是未来水下战的重要作战平台，通过编队实施协同作战，将对未来海战样式产生重大影响。一是大幅提升水下实时态势感知能力。无人自主潜航器可自主、长时间、大范围地收集海洋水文、环境和气象等各种数据，大幅提升水下战场态势掌控能力。根据DARPA研究结果，位于水下6000m深的单个无人潜航器监测范围直径可达55~75km，利用几十个无人潜航器组成编队就能对500km×500km乃至更大面积海域的实时态势感知。二是打造水下"全能战士"。无人自主潜航器通过搭载各种类型的导弹、炸弹甚至核弹进行自主攻击，同时具有待命数月、远距离执行任务的能力。无人自主潜航器既可独立使用，也可在核潜艇和水面舰艇等多种平台上部署，所担负的任务也逐渐扩大到情报监视侦察、反潜战/水面战、水雷战、海军特种作战、海床作战、电子机动战以及军事欺骗等多个方面。三是将实现水下智能化作战。无人自主潜航器通过自动判别敌我，甚至追踪到打击目标，同时具有防止误击无关目标、防止被敌欺骗干扰的功能，能够进行有效路径规划，避开敌军防御，自主航行到重要而又是敌军防御软肋区域，进行伺机攻击，实现全智能化作战。

（十二）水下预置技术

1. 概念内涵

水下预置技术是指在水下预置无人平台，能够按需远程控制发射无人机、无人潜航器、导弹、鱼雷等武器系统以实施突袭的技术，主要包括远程通信、能源、推进及前向定位、耐压壳体、负载运载器等关键技术，其中远程通信是水下预置技术最为迫切解决的重大难题。

2. 技术主题

水下预置系统，浮沉载荷，母港，无人潜航器，潜射无人机，导弹，鱼雷，休眠唤醒，远程激活，深海预置，反潜，反舰，制空，隐蔽性，分布式，灵活部署，海空跨域，无人作战。

3. 发展现状

以美国为首的军事强国在水下预置技术及水下预置武器方面布局多年，积极建立水下对抗优势和跨介质作战能力。一是美国已在某些特定海域小规模部署水下预置武器。DARPA于2013年启动"海德拉"和"深海浮沉载荷"两个项目，着力开展远程通信、深海高压容器、有效载荷发射等水下预置技术及武器研究，目前已完成研发和验证工作。其中，"海德拉"项目旨在开发一种能在敌方近海海域长期（通常为数周或数月）潜伏，并可隐蔽部署多种空海无人作战装备的智能水下平台，利用搭载的传感器对周围海域进行全天时监控，一旦发现敌方重要舰艇目标，可根据远程指令发射相应装备对海面或水下目标实施跟踪或打击。"深海浮沉载荷"项目重点研发可装载无人系统的特殊容器，能够实现在4000m以深深海海底待机长达5年，使用时上浮至水面释放中小型无人机、无人潜航器、小型导弹（如"海尔法"和"格里芬"导弹）等有效载荷，执行情报监视侦察、通信中继和打击任务。2016年，美国斯帕顿公司在海军年度技术演习上成功利用其研制的海上载荷投送系统发射了一架"黑翼"无人机。二是俄罗斯已研发部署新型水底弹道导弹。俄罗斯于2013年公布了其布设在海底的"赛艇"新型水底弹道导弹,属于P-29RM"轻舟"潜射弹道导弹系列,该型导弹加装在存储、运输和发射一体化的特殊装置中,能够隔绝海水受到压力过载和腐蚀保护,同时保证与外界指挥通信顺畅。部署时由普通潜艇载运至目标海域长期隐蔽待命,战时根据指令激活,对陆地及海上指定中远程目标进行战略战术打击。

4. 专家观点

世界上近50%的海洋深度超过4km,为武器装备的隐蔽和储藏提供了广阔区域,同时也造成搜寻深海浮沉载荷的成本远高于其研制和海底部署的成本。深海浮沉载荷的关键能力在于其能够几乎毫无征兆地接近目标,并且毫不延迟地建立分布式体系,待时机成熟时按照远程指令唤醒实施突袭作战。

——美国国防高级研究计划局

针对反预置武器作战需求,应着重构建监测、搜寻和处置三种能力,相应地需发展反预置监测体系、反预置搜寻体系和反预置处置体系。

——中国船舶重工集团有限公司第七一〇研究所高级工程师、水下装备专家余白石

5. 军事影响

水下预置武器平时潜伏部署、战时临机启用,具有战备水平高、隐蔽性好等特点,成为海中的"隐形狙击手"。一是水下预置武器能够发挥其难以被探测和毁伤的优势,深入敌"反介入/区域拒止"环境,在争议区域和高危险区域进行部署,实现作战力量前推,从而形成新的非对称作战优势和威慑能力。战时,水下预置武器可随时被激活,能够在不动用己方水面水下平台的情况下,对敌方实施有效侦察、探测和先发制人的攻击,达到突袭目的。二是由大量分布式、预置式无人平台进行各类导弹载荷或"自杀式"小型无人机齐射,将增强前沿预置隐蔽打击能力,极大挤压对手的反应时间,增加其防御难度,以较低成本实现对敌的不间断威慑,给对手的水面高价值平台造成较大威胁,助力掌握关键海域控制权和作战主动权。

(十三)无人机集群技术

1. 概念内涵

无人机集群技术是通过借鉴自然界中蜂群、蚁群等生物群体自主协同完成觅食、迁徙、攻击、防御等活动的行为方式,使大量联网的低成本小型无人机在统一体系架构下,通过单体间智能协同交互完成监视、侦察、干扰、攻击等指定单域或跨域作战任务的技术群。无人机集群具有以下特征:一是自主协同,即所有单体形成自组织网络,实时交互共享信息,自主灵巧协同;二是集群增效,即集群能够弥盖单体能力的不足,并通过协同实现整体能力放大,实现"1+1>2"的效果;三是高度弹性,即集群受外部环境影响改变结构位置时,会快速形成全新、稳定的集群结构,不会因为某个或几个单体丧失功能而影响群体效能发挥。

2. 技术主题

无人机集群,蜂群技术,智能集群,集群控制,集群控制算法,分布式控制,自主协同,自主编队,编队控制,任务规划,路径规划,集群导航,集群组网,快速发射,空中回收,蜂群作战,狼群作战,忠诚僚机。

3. 发展现状

无人机集群概念最早由美国提出,当前各国正积极开展作战应用演示验证。一是基于通信网络的自主编队和简单任务飞行能力初现端倪。2016年,美国海军"低成本无人机蜂群技术"项目试验了40s内发射31架"郊狼"无人机。2017年,3架美国海军F/A-18F"超级大黄蜂"战斗机投放了100多架微型无人机,验证了微型无人机集群的快速发射、自主编队以及简单任务执行能力。2021年10月,DARPA"小精灵"项目成功完成回收测试,同时验证了自主编队飞行和安全特性。二是无人机集群在复杂战场环境下作战能力得到初步验证。2019年2月,DARPA"拒止环境协同作战"项目成功验证了无人机集群在强干扰强对抗环境下的自主协同作战能力,用机载武器击中了模拟综合防空系统保

护下的地面移动目标。三是推进异构智能集群灵巧协同成为无人机集群技术重点应用方向。2021年12月，DARPA完成"进攻性蜂群使能战术"项目外场试验，通过无线电自组网实现多架无人机在城市复杂环境中自主飞行。

4. 专家观点

对于"蜂群战术"而言，蜂群内部的协同具有非常重要的意义。来自飞机、防空系统、卫星和地面技术设备等所有传感器的信息都应汇入一个系统，借助人工智能系统统一分配作战任务。

——俄罗斯《国家武器库》主编维克托·穆拉霍夫斯基

现代军事意义上的"蜂群战术"，是以人工智能、大数据和网络技术为基础，以较大型陆上、海上和空中作战平台为搭载和发射平台，以智能无人机、无人车辆、无人舰船、无人潜艇等无人作战系统为武器，具有自主态势感知、情报融合、目标分配、指挥控制、自适应协同和智能决策等能力，依据作战任务和战场态势的变化，对战场无人作战系统进行自主动态编成，以整体作战能力应对复杂、强对抗、高不确定性战场环境的一种作战方式。

——国防科技大学信息通信学院教授吴敏文

5. 军事影响

低成本、分布式、智能化的无人机集群将成为未来战争的重要力量，有望替代有人/无人装备执行监视、侦察、干扰、打击等任务，催生新质作战样式。一是提供监视侦察新途径。"低小慢"无人机集群雷达反射截面积普遍较小，可任意拆分形成小的群组从多方向渗透，隐蔽性和迷惑性较强，有利于突破敌方防空体系，进行抵近监视侦察。二是产生诱骗干扰的作战方式。无人机集群可作为诱饵或干扰机，诱骗敌方防空预警设备开机工作、暴露位置，亦可携带电子干扰设备，对敌方预警雷达、制导武器等进行干扰欺骗。三是催生人机协同的作战样式。无人机集群可作为前锋作战编队，为有人机发射防区外导弹提供精确制导信息，实现有人无人协同作战。四是推动饱和攻击向低成本发展。无人机集群以其数量优势可进行全方位、多角度的饱和攻击，实现局部"以多打少""以低（成本）打高（价值）"的对抗形式，迫使对手消耗更多的弹药，甚至使敌方难以应对。2020年的"纳卡冲突"展现了利用无人机集群技术完成低成本饱和攻击的前景。

（十四）高超声速武器技术

1. 概念内涵

高超声速是指大于5倍声速的速度。高超声速武器是指能在临近空间以吸气式发动机或其组合发动机为主要动力，实现较长时间高超声速飞行的飞机、导弹、航天器等。按照工作原理和飞行特点不同，可分为有动力和无动力两类。无动力的高超声速武器一般指高超声速助推滑翔导弹，有动力的高超声速武器可进一步分为吸气式高超声速巡航导弹、高超声速飞机和空天往返飞行器三种。

2. 技术主题

高超声速武器，高超声速飞行器，高超声速助推滑翔导弹，高超声速巡航导弹，高超声速飞机，空天飞机，临近空间，超燃冲压发动机，涡轮冲压组合发动机（TBCC），火箭冲压组合发动机（RBCC），空气涡轮火箭发动机（ATR），空气涡轮膨胀发动机（ATREX），结构材料，热管理。

3. 发展现状

高超声速武器技术的探索始于20世纪50年代。美国起步最早、投资力度最大、发展最全面；俄罗斯发展最快，已率先形成实战能力；欧洲布局全面，但发展相对较慢。此外，日、澳、印、巴等国也都提出了高超声速技术和装备研发计划，但力度较小，进展较慢，面临较大不确定性。当前，高超声速武器技术研究总体上分为导弹、飞机和空天飞行器三大方向并行发展。一是导弹方向已开始形成装备。俄罗斯在该领域总体技术水平居世界前列，其"匕首"高超声速导弹已于2017年12月1日开始战斗值班，成为世界首款服役的高超声速导弹。2022年3月18日，俄罗斯国防部宣布其武装部队首次使用"匕首"高超声速导弹摧毁了位于伊万诺·弗兰科夫斯克州的一处乌军地下大型导弹和航空弹药库。按照俄罗斯专家的说法，这是人类历史上第一次在实战中投入高超声速武器。美国海军表示将在2028年前列装空射吸气式高超声速反舰巡航导弹，并在2023财年预算中为此申请了9250万美元的经费。二是高超声速飞机方向即将进入验证机研发阶段。美国空军在《高超声速技术发展路线图》中规划在2025年前完成高超声速飞机的技术验证飞行。经过多年研究，目前洛克希德·马丁公司（SR-72）和波音公司（MANTA）均采用飞发一体、TBCC动力的技术方案，来研制可执行情报、监视与侦察（ISR）任务的高超声速飞机。俄罗斯也开展了采用组合动力的高超声速飞机研制工作，2016年7月，俄罗斯战略导弹部队表示正在研发高超声速隐身战略轰炸机PAK-DA。三是空天往返飞行器方向仍有待进一步技术探索。2020年1月，DARPA宣布终止"试验性航天飞机"项目，分析认为该方向的发展前景可能发生了重大变化，即在近年来迅猛发展成熟的垂直起降运载火箭冲击下，垂直起飞/水平着陆的技术途径有被颠覆的可能。英国正在开展复合预冷循环发动机"SABRE"及"SKYLON"单级入轨运载器研究，"SABRE"发动机是三种动力高度融合的组合发动机，采用"SABRE"发动机实现水平起降、单级入轨，将颠覆现有天地往返运输模式。

4. 专家观点

鉴于高超声速武器给战略稳定性带来的潜在风险，将其纳入军备控制考量将是降低风险的可行方案。

——美国军备控制协会《理解高超声速武器：诱惑与风险的管理》报告（2021）

加速发展高超声速导弹防御研究是否必要？技术上是否可行？导弹防御局与太空发展局的业务合作如何切分？国防部的指挥控制体系是否能适应高超声速导弹防御的发展？

——美国国会研究服务部（CRS）《高超声速导弹防御：提请国会关注事项》报告（2022）

5. 军事影响

高超声速武器技术是未来夺取制空权、制天权的重要基础，已被广泛认为是能够改变未来战争游戏规则的战略颠覆性技术，美国空军科学咨询委员会指出"高超声速武器技术将令美国空军脱胎换骨，成为真正的天军"。一是提供新的全球快速打击手段。高超声速飞机可以携带高超声速巡航导弹，具有很强的突防能力，能在2h内到达全球的任何地点，攻击重要战略目标和时间敏感目标，遏制敌武器系统整体功能的发挥。二是提高利用空间和控制空间的能力。空天飞行器能比运载火箭更安全、可靠、经济、快速地进入空间，可发射各种卫星和反卫星武器，用以检查来历不明和可疑的轨道飞行目标，捕捉或摧毁对手的航天器，还可承担侦察、通信、火力打击等多种作战任务。

（十五）天基态势感知技术

1. 概念内涵

天基态势感知技术是利用空间系统，对空间、空中、地面、海上等目标等进行探测、跟踪、监视的技术。天基态势感知的对象包括卫星及轨道碎片，地面、海上、空中作战目标，以及雷达、通信、遥测等电磁信号等。

2. 技术主题

态势感知，空间信息支援，情报、监视、侦察，探测、跟踪，导弹预警，早期预警，空间态势感知，侦察卫星，光学成像，光学侦察，雷达成像，电子侦察，预警卫星，空间目标监视卫星，空间碎片。

3. 发展现状

天基态势感知技术一直是世界军事强国竞相发展的重点，近年来高分辨率精细化探测、复杂目标预警等方向得到快速发展。一是高分辨率光学成像技术、天基分布式雷达成像技术发展持续得到关注。2019年3月和6月，美军分别发射"射频风险降低展开验证"和"猎鹰"-7两颗低轨小卫星，开展薄膜孔径衍射光学成像技术试验。其中，"猎鹰"-7卫星薄膜口径0.2m，厚28μm，表面散布有25亿个微孔，角分辨率达0.4μrad。2019年5月，日本启动高轨高分辨率光学成像技术研发，预计分辨率为

3m，视场100km×100km，可进行1帧/s的连续成像。2021年12月，DARPA启动"分布式雷达成像技术"项目，旨在演示验证以编队飞行的合成孔径雷达卫星多角度、高分宽幅成像能力。二是导弹早期预警、高超声速武器预警成为预警技术发展热点。2019年8月，美国实施"高超声速与弹道跟踪太空传感器"项目，重点发展天基导弹跟踪传感器，以数百颗小卫星组网，构建探测高超声速武器的传感器层。2020年5月，美军授予诺斯罗普·格鲁曼公司2颗"下一代过顶持续红外"极地卫星研发合同，2021年1月，美军又授予洛克希德·马丁公司3颗"下一代过顶持续红外"同步轨道卫星生产合同。"下一代过顶持续红外"预警卫星系统，采用超大面阵多波段红外阵焦平面探测器，将可具备对所有类型弹道导弹助推段的预警能力和高超声速武器探测能力。三是空间态势感知追求精细化目标监视。2017年，DARPA启动"轨道瞭望"项目，旨在研究利用图像重构技术，通过单颗或多颗空间侦察卫星对某一目标的多张观测图像进行后期合成处理，在不改变空间侦察监视卫星硬件的基础上，可将图像分辨率提升近5倍。2020年，美国空军提出"地月空间高速巡逻系统"项目，开发首个地月空间态势感知卫星，验证地月空间更小、更暗目标监视所需的关键技术。

4. 专家观点

国防部太空愿景和能力需求主要包括：先进导弹目标的全球持续监视和目标指示能力，先进导弹威胁征候识别、预警、目标指示和跟踪能力，全球近实时态势感知能力，大规模、低时延、人工智能辅助的全球持续监视能力。

——美国国防部《国家安全太空部门组织管理架构最终报告》

保护本国卫星免遭攻击的被动技术防御主要依赖精细的空间态势感知、天基无线电频率侦察、电磁屏蔽、加密等技术。

——美国战略与国际研究中心《太空黑魔法防御术：保护太空系统免受太空武器威胁》

天域感知（SDA）是识别、表征和认识与天域相关、有可能影响到空间作战并进而影响到国家安全、经济或环境的任何主动或被动因素。

——美国空军航天司令部副司令约翰·肖少将

5. 军事影响

随着空间在国家安全和军事作战中地位与作用的日益凸显，世界主要军事强国正在围绕未来天基态势感知能力进行布局，为未来战争提供关键支撑。一是精准探测伪装、深埋目标。超光谱成像能通过数百个光谱对目标成像，反映目标的光谱特性，甚至目标的物质成分，将用于探测并识别利用植被、密林等环境进行伪装和隐蔽的目标。大面阵、多色量子阱焦平面红外探测器以及更先进的量子点红外探测器将不断成熟，大幅度提高对伪装目标的识别能力。二是实现探测、跟踪、识别、评估一体化导弹预警。先进预警技术的发展将可实现弹道导弹助推段早期预警、中段持续跟踪、真假弹头识别和拦截弹杀伤效能评估，高效引导遂行导弹防御作战。三是推动空间战场更加透明。空间态势感知能力将从反应型转变成预测型，为掌控其他国家空间活动态势、实时评估空间安全威胁、遂行空间对抗、谋求控制空间提供了关键支撑。

（十六）在轨操控技术

1. 概念内涵

在轨操控技术是利用在轨服务航天器对卫星等空间系统进行在轨燃料加注、装配、重构或维护以及进行碎片移除的技术，可实现延长航天器工作寿命、增加/恢复功能以及攻击非合作目标航天器等目的。在轨服务航天器可分为服务保障、在轨装配以及太空碎片移除航天器等。

2. 技术主题

在轨操控，在轨操作，在轨维护，在轨组装，在轨服务，在轨服务机械臂，空间机器人，目标监视和导航测量，空间交会、绕飞和悬停，目标测量敏感器，抓捕与对接，高精度伺服控制，非合作目标位姿及运用速度测量，抓捕后组合体稳定。

3. 发展现状

在轨操控技术的发展始于20世纪末，并逐步得到主要航天大国的高度重视。一是在轨加注已开展多项关键技术试验。NASA的"机器人燃料加注任务"旨在发展针对无专用燃料接口航天器的直接在轨加注技术，近年已利用空间站机械臂和安装在站外的模拟卫星等开展关键技术试验。2020年，NASA成功发射"复元"-L机器人，执行"陆地卫星"-7的在轨燃料加注任务。二是机器人在轨维护技术已趋于成熟。2020年4月，美国轨道ATK公司发射"任务扩展飞行器"-1，以对接、接管卫星姿态和轨道控制功能的方式，接管"国际通信卫星"-901卫星的推进和姿态控制，使其延寿5年。2020年8月，"任务扩展飞行器"-2进一步增加在轨释放小卫星的能力，后续型号还将具备多星多功能在轨服务能力。三是在轨模块化组装和非模块组装技术均得到初步验证。2018年，DARPA开展"凤凰"项目在轨验证，利用"细胞星"模块在轨组装新卫星。DARPA另外安排的"蜻蜓"项目则重点攻关非模块化组装技术，为高轨通信卫星在轨安装大型射频天线反射器。德国开展"用于在轨卫星服务和装配的智能建造模块"项目，研究利用"智能模块"立方体装配成模块化可重构航天器。四是太空碎片移除方案更具多样性。2016年，美国提出"膜航天器"技术方案，利用聚合物薄膜结构接近目标碎片并将其包裹、拖拽进入大气层焚毁。欧洲于2018年和2019年通过"太空碎片移除"项目完成飞网和飞叉捕获模拟太空碎片的在轨验证。欧洲航天局还计划2025年发射"清洁太空"-1航天器，拟捕获的太空碎片是2013年发射的"织女星"运载火箭的有效载荷适配器。日本正在探索电动绳系方案，通过电动绳拖动太空碎片至大气层焚毁。此外，世界军事强国还在发展在轨综合服务技术，DARPA"地球同步轨道卫星机器人服务"项目，探索高轨装配、维修、升级、加注等综合服务的相关技术。

4. 专家观点

在轨抓捕技术是航天高新技术领域中的一项极具前瞻性和挑战性的课题，同时也具有极高的军民两用双重价值。

——《空间机器人捕获动力学与控制》著者、上海交通大学教授蔡国平

加快探索一种太空捕获能力，以此作为检测、在轨服务手段，以应对本国卫星未来可能面临的攻击。

——美国战略与国际研究中心《太空黑魔法防御术：保护太空系统免受太空武器威胁》

5. 军事影响

在轨操控技术将对军事航天领域产生重大影响。一是改变航天装备发展模式。在轨组装和燃料加注技术，可实现航天器太空建造、组装，燃料耗尽后再利用，将改变传统航天装备研发、使用模式。二是提升航天系统整体弹性。利用在轨操控技术对卫星进行故障后维修、性能升级，有效改善卫星装备出现单点故障即报废的现状。三是丰富太空对抗作战样式。在轨操控航天器的一系列复杂精细操作技术，如在轨机动、逼近、交会、抓捕、对接、切割、插拔、拧取等，可用于对敌太空目标进行精准毁伤与操控。

（十七）基因编辑技术

1. 概念内涵

基因编辑技术是指人工改变目标基因序列（遗传密码）的技术，由于这些改变发生在基因组特定位置，可以人工设计，就像对密码内容进行编辑一样，因此被称为"基因编辑"。基因编辑技术能够实现对特定DNA片段的敲除、插入等，提供了高效、精确改变高等生物（动物、植物）基因序列的手段。

2. 技术主题

基因编辑，基因组编辑，基因驱动，合成生物学，锌指核酸酶（ZFN），转录激活因子效应生物核酸酶（TALEN），成簇的规律间隔的短回文重复序列（CRISPR/Cas9），引导编辑（PE），内源性因子。

3. 发展现状

基因编辑技术的探索始于20世纪80年代人类基因组计划，技术发展经历了效率极低的同源重组技

术、难度较高的锌指技术、制备烦琐的TALEN技术，直至简便、高效、经济、广谱的CRISPR/Cas9技术出现，对物种遗传进行高效改造才真正变成现实，广泛应用于动植物基因改造、疾病研究与防治等方面。一是CRISPR/Cas9技术在精准度上不断取得突破，技术逐渐成熟。2012年，美法科学家首次在《科学》杂志上发表关于CRISPR/Cas9基因编辑技术的研究成果；2013年，科学家们利用CRISPR/Cas9技术实现对真核活细胞进行精准有效的基因组编辑，被《科学》杂志列为年度十大科技进展之一；2014年，CRISPR基因编辑恒河猴问世，标志着动物个体水平（从斑马鱼、线虫、小鼠到猴）的基因编辑已无技术障碍；2017年，基于CRISPR/Cas9基因编辑系统的单碱基编辑技术被《科学》杂志评为年度十大科学突破，法国和美国两位科学家因"开发基因组编辑方法"获2020年诺贝尔化学奖。二是美国等多个国家的基因编辑技术研究均已走出实验室，进入临床试验阶段。2017年，美国哈佛大学研究团队利用单碱基基因编辑技术成功修复了小鼠的TMC1基因突变治疗遗传性耳聋，研究成果发表在《自然》杂志上；2019年，麻省理工学院和哈佛大学Broad研究所开发了一种新的CRISPR基因组编辑方法"引导编辑"，能够以精确、高效和高度通用的方式直接编辑人体细胞，解决了传统单碱基编辑工具的弊端，扩大了生物学和治疗学研究的基因编辑范围。2021年10月，哈佛大学与普林斯顿大学对影响引导编辑效果的内源性因子进行了系统分析，通过优化PE系统融合蛋白的整体结构开发了PE4/PE4max及PE5/PE5max，显著提升了PE编辑效率，为多种疾病的基因治疗提供了更加强大的工具。三是基因编辑技术的快速发展可能带来的潜在风险与安全威胁已得到军方与科学界的广泛关注。2016年2月，美国国家情报总监詹姆斯·克拉珀（James Clapper）在年度《美国情报界全球威胁评估报告》中，明确将基因编辑技术列入"大规模杀伤和扩散性武器"威胁清单。DARPA近年来持续资助的"昆虫联盟""基因驱动"项目，研究通过基因编辑技术改变植物体染色体以及可用于对种族人群实现可遗传的基因操控，值得高度关注。

4. 专家观点

人类基因组编辑技术在预防和治疗疾病等方面前景广阔，但涉及的伦理问题也提醒我们要对该领域进行严格监管，从而将其利益最大化的同时把风险降至最低。

——世卫组织专家咨询委员会《人类基因组编辑：建议》报告（2021）

未来5~10年间，CRISPR/Cas9将在生物产品的制造规模、范围、复杂度及开发速度等方面大显身手，但潜在的风险与伦理方面的关注度也会上升。

——美国国会研究服务部（CRS）《先进的基因编辑：CRISPR/Cas9》报告（2018）

5. 军事影响

基因编辑技术一出现就被认为是革命性的技术，在多个领域有广阔的应用前景。一是利用基因编辑技术调控特定生理机能，如智力、力量、敏捷度、抗疲劳，以及免受生化武器伤害的能力等，增强己方士兵的作战能力，培育未来的"超级士兵"。二是基因编辑技术具有潜在的谬用风险，如被恶意操作，有可能催生出具有种族、物种特异性的基因武器，甚至导致特定物种灭绝，改变物种进化规律，将带来巨大生物安全风险。

（十八）合成生物技术

1. 概念内涵

合成生物技术被喻为生命科学的第三次革命，采用工程学原理改造和优化现有自然生命体，乃至从头创建功能特异、生长可控的人工生命体，从而突破自然进化的限制，创造全新的物质生产方式。在军事应用方面，主要关键技术包括：大规模DNA片段合成与组装技术，基因调控网络建模与设计技术，生物催化酶快速定向进化技术，军用物质制造底盘生物、含能材料、工程材料等军用物质的生物合成技术。

2. 技术主题

合成生物技术，合成生物学，基因编辑，基因合成，DNA克隆，DNA组装，DNA合成，定向进化，生物医药，生物能源，生物材料，可再生原料，可持续发展。

3. 发展现状

2000年，美国科学家詹姆斯·柯林斯（James J. Collins）开发出遗传开关，这通常被认为是合成生物技术的开端。2010年，美国科学家克雷格·温特（J. Craig Venter）创造出第一个人造生命细胞。之后合成生物技术快速发展，出现了非天然核酸、蛋白质从头设计、单条染色体酵母和大肠杆菌基因组全合成等一系列里程碑式的工作。随着相关技术的突破，合成生物技术展现出越来越大的应用前景和军事价值，引起了世界强国的高度重视。一是合成生物技术已成为全球科技竞争的制高点。美国2012年的《生物经济蓝图》和2014年的《加快美国先进制造业发展》，均把合成生物技术作为重要内容。美国能源部、国防部、农业部、国立卫生研究院、国家自然科学基金会等部门累计已投入接近10亿美元，支持成立了多个合成生物技术研究中心和生物能源研究中心，以促进生物学工业化。DARPA把合成生物技术作为六个颠覆性领域之一，布局"生命铸造厂"等重点研究项目，以通过合成生物技术手段，构建变革性生物制造平台，开发新的生产模式及性能特异的新材料。我国科学技术部也从2010年开始将合成生物技术列为重点研究方向。二是人类利用合成生物技术突破自然界生命与进化法则的探索正在逐步变成现实。2014年，美国宣布合成出自然界中不存在的X、Y人造碱基，改写了大自然中A、T、G、C四种生命密码的遗传法则，后续又利用人造合成的X、Y碱基成功指导蛋白质合成，在实验室中成功创造了包含"ATGCXY"6种碱基的全新生命体。2020年，美国科学家利用青蛙细胞构建出全球首个活体微型可编程机器人，可在遭破坏时自愈。三是合成生物技术使细胞工厂的生物合成能力有大幅度提升。2013年，美国加州大学伯克利分校将不同来源的多个基因在酵母中组装，构建了合成青蒿素前体青蒿酸的工程细胞，最高产量达25g/L，100m^3发酵产量可替代5万亩黄花蒿的种植，堪称合成生物技术应用的典范。2021年12月，DARPA宣布"生命铸造厂"项目已成功实现合成生物制造技术的转化，共生产了1630多种分子和材料，包括防火涂料、喷气式飞机和导弹燃料、黏合剂等高价值国防工业化学品原料。四是合成生物技术具有典型的"双刃剑"属性。随着合成生物技术取得多项重要突破，人工定向改造、从头合成出或改造出新型病原体生物危害因子、致病微生物等的技术门槛大大降低。2018年6月，美国国家科学院发布《合成生物技术时代的生物防御》报告，认为合成生物技术提高了新一代生物武器制造和使用的可能性，引起了世界各国的普遍关注。

4. 专家观点

欧洲学者对合成生物技术较为一致的定义为：合成生物技术是生物学的工程化，复杂的生物系统合成往往拥有自然界原本不存在的功能。生物学的工程化可以涵盖细胞、组织、器官等各个层级。

——欧洲分子生物学组织《合成生物学：前景与挑战》报告（2007）

合成生物技术的应用前景非常广泛，包括人类健康防护、开创材料研发新模式，以及应对气候变化等。林肯实验室在合成生物技术方向的研究正在促进保障国家安全的基础技术进步，同时也在为应对该技术可能的缪用未雨绸缪。

——美国林肯实验室《合成生物学》报告（2020）

5. 军事影响

虽然合成生物技术目前仍处于早期发展阶段，还面临一系列难题，但其军事应用前景十分广阔。一是将极大促进包括军事医学在内的整个生物医学的发展，包括更有效的疫苗生产、军特药的开发等。二是可用于设计和改造军用材料，如通过对微生物进行定向改造，使其具有满足军事需要的特定功能。三是可用于开发军用新能源，未来可能只需携带少量的合成生物体，就可以将空气中的二氧化碳源源不断地转化为生物能源，将极大提高部队的机动性和作战范围。与此同时，合成生物技术的缪用会带来一系列潜在风险，用合成生物技术可以制造出新型病原体、致病毒株等，从理论上来说，甚至可能催生新型生物武器，且愈加难以预防、检测和监控，将导致巨大安全威胁。

（十九）固态高功率微波源技术

1. 概念内涵

高功率微波源是高功率微波系统的核心组成。目前主要的高功率微波源包括相对论高功率微波源、大功率电真空微波源、固态高功率微波源等。固态高功率微波源是指基于半导体技术的高功率微波产生系统，在微波攻击的灵活性、可重构性、系统可靠性、高重复频率长时间稳定运行等方面具有天然技术优势，且更容易与有源相控阵雷达技术相结合，构成探测攻击一体化的高功率微波武器系统。

2. 技术主题

高功率微波，微波弹，电磁脉冲弹，窄谱微波源，宽谱/超宽谱微波源，相对论高功率微波源，大功率电真空微波源，固态自适应微波源，气体开关，共口径技术，超宽带阵列技术，多频率复用技术，宽波束扫描技术，频率选择技术，极化选择技术，可重构天线技术，有源相控阵，毫米波主动拒止武器，反恐排爆微波武器，近程防空微波武器，微波弹，高功率微波巡航导弹，地基高功率微波武器，海基高功率微波武器，空基高功率微波武器，天基高功率微波武器，战术高功率微波作战响应器（THOR），反电子系统高功率微波先进导弹项目（CHAMP），光速打击，场能杀伤，面杀伤。

3. 发展现状

近年来，随着半导体功率电子器件迅速发展，固态高功率微波源成为下一代高功率微波研究热点之一。一是基于 GaN 功率器件的固态微波源研发方面，美英等国已取得显著进展。基于 GaN 功率器件构建的功放组件覆盖了 L、S、C、X 等波段，输出功率达到千瓦级以上。美国通信与电力工业（CPI）公司研制了 X 波段 1kW GaN 功放模块 VSX3614，该模块由十二路输出功率为 100W 的 GaN 功率管合路组成，工作频率 7.6~9.6GHz，饱和输出功率 1kW。美国 API 公司研制了 X 波段 1kW GaN 功放组件，工作频率 9~9.8GHz，饱和输出功率 1kW。英国 Diamond Microwave 公司研制的 X 波段 1kW GaN 功放组件，中心频率 9.5GHz，带宽 950MHz，饱和输出功率 1kW。二是基于固态元件的宽谱/超宽谱微波源研发方面，美俄等国技术能力提升较快。美国空军研究实验室使用 GaAs 光导开关阵列进行功率合成，获得了工作频率 10kHz、等效功率 1GW 的电磁脉冲辐射。俄罗斯叶卡捷琳堡电物理所基于半导体断路开关研发的脉冲功率源，其技术指标为：输出电压约 25kV，脉冲宽度 10ns，连续工作重复频率 20kHz，猝发工作重复频率可达 100kHz。俄罗斯科学院物理技术研究所研制的半导体断路开关（SOS）、硅雪崩脉冲形成电路（SAS）、漂移阶跃恢复二极管（DSRD）以及漂移阶跃恢复三极管（DSRT）等半导体开关器件，达到世界领先水平，被各国广泛采用。

4. 专家观点

高功率微波武器可能成为未来战争"游戏规则"的改变者。

——美国学者莎伦·温伯格在《自然》杂志发表

署名文章《高功率微波——可能的致命终极武器》

高功率微波武器可对大片区域内多目标进行穿透攻击，造成目标内部电子元部件毁瘫，相比激光武器也更具环境适应性。

——美国政府问责局《国防部应重视定向能武器转化规划》报告

5. 军事影响

固态高功率微波源一旦发展成熟并实用化，将突破传统微波源在功率合成、小型化、长寿命高可靠、多功能灵巧应用等方面的技术瓶颈，极大提升微波武器战场适用性及作战效能，在空间攻防对抗、信息对抗、反精确打击中展现重大运用潜力。一是可同时覆盖一定范围内多个重点目标，将对传统的定点精确打击模式进行革新和补充，推动实现网络化、分布式、立体化、全面化等多样化打击方式，显著提升作战效能。二是具有"软硬兼备"的信息攻击能力，在控制战争升级和降低附带损伤方面具有显著优势，将在信息攻防作战中大显身手。三是可有效对付智能无人集群，高功率微波武器发射的波束在传播中呈锥状展开，传播距离越远，波束覆盖面积越大，成为智能无人集群的潜在克星。

（二十）高效高能激光器技术

1. 概念内涵

激光器是激光武器系统的核心，按技术路线的不同，可分为化学激光器、固态激光器（含光纤激光器）、碱金属蒸气激光器、自由电子激光器、高光束质量半导体激光器、纳米气体激光器等。高效，是指能量转换效率高，如全电驱动固态激光器电光效率有望大于40%；高能，是指出光功率高，如某些激光器输出功率已达兆瓦级。高效高能激光器指具备"高效""高能"特征的激光器，其核心要求是改善武器系统的尺寸、重量和功耗（SWaP）指标。

2. 技术主题

高能激光器，化学激光器，气体激光器，固体激光器，棒状激光器，板条激光器，热容激光器，液冷激光器，薄片激光器，光纤激光器，半导体激光器，自由电子激光器，碱金属蒸气激光器，地基激光武器，机载激光武器，天基激光武器，舰载激光武器，SWaP，增益介质，光束合成，效费比，光束质量，光束控制，非线性效应，激光相控阵。

3. 发展现状

近年来，激光器研发日益凸显"高效高能"，典型技术方向包括高效高能化学激光器、全电驱动固态激光器和半导体泵浦碱金属蒸气激光器。一是高效高能化学激光器输出功率已达兆瓦级，但存在体积庞大、维护苛刻等不足，仍需提升综合性能指标。氟化氢/氟化氘（HF/DF）激光器和化学氧碘激光器（COIL）等化学激光器，目前均已实现超过兆瓦级连续输出，并分别完成车载和机载试验。但传统化学激光器的SWaP一直居高不下，超过55kg/kW。近年来，3D打印、航天工艺等方面的不断进步进一步提高了化学激光器的效率，压缩系统体积重量，使化学激光器的SWaP显著降低。目前，高效高能化学激光器技术研发已转入秘密阶段，没有关于性能指标进一步提升的公开报道。二是全电驱动固态激光器研发从一味追求功率提升向突出实战应用考量转变，更加注重改善光束质量、电光效率和可靠性，成为战术激光武器光源首选。全固态激光器以半导体泵浦固体激光器和光纤激光器为代表。美国曾先后启动了三个重要的固态激光技术研究计划——"联合高功率固态激光器"计划、"高能液体激光区域防御系统"计划和"坚固型电激光器倡议"计划。在三大研究计划和其他研究项目的支持下，美国在全电驱动全固态激光技术领域先后取得多项世界领先的研究成果。目前，固态激光器最高实现了100kW级功率输出，正向准兆瓦级迈进，但其SWaP仍然偏高，实验室条件下超过了40kg/kW，未来有望通过提高半导体泵浦源效率和高紧凑系统集成，实现5kg/kW。三是半导体泵浦碱金属蒸气激光器（DPAL）光束质量好、电光效率高、功率定标放大能力强，一旦突破大规模高效电泵浦等技术瓶颈，存在数兆瓦功率输出的可能性。美国劳伦斯·利弗莫尔实验室2003年提出DPAL概念，该方面研究水平一直处于世界领先地位。DPAL是首个成功的气固融合激光器，有效地兼顾了高能、高光束质量、高效率的统一，具有非常有竞争力的SWaP指标，美国空军科学家曾估算兆瓦级DPAL系统的质量将不足2t。2011年年底，俄罗斯核技术中心报道了1kW的循环流动铯激光，系统紧凑小巧，循环结构体积仅为3L，代表了DPAL发展的一个里程碑。美国劳伦斯·利弗莫尔实验室也在该方向上连续取得突破，目前正在冲击120kW、1.5倍衍射极限的DPAL，计划用于高空无人机载平台的导弹防御激光系统。近10年研究表明，未来发展更高功率、更高效率的DPAL不存在物理上的障碍。

4. 专家观点

尽管将激光运用于武器的前景是如此可观，但围绕着高能/高功率、高效率、高光束质量、高功重比、高功体比以及全电驱动六大现实需求，高能激光器迈向"光武器"的路途必然又是充满艰难险阻的。

——中国工程院院士刘泽金

通过针对无人机与小型飞机进行的海上测试，我们将能获得有关固体激光武器系统在抵御潜在威胁能力方面的宝贵信息。凭借这种新型的先进的能力，我们正在为海军重新定义海上战争。

——美国海军"波特兰"号两栖运输舰指挥官凯利·桑德斯

高能激光武器系统的实际工作情况尚不清楚，因为任何激光装置都需要消耗大量的能量。如果美国能够向这种系统提供电力，这将是有意义的，特别是对一些小型快速目标来说，因为导弹无法确保摧毁所有目标，而激光几乎可以瞬间击中目标。美国测试激光系统的时间很长。客观地说，高能激光武器系统很有前途，但必须解决电力供应问题。

——俄罗斯科学院世界经济与国际关系研究所国际安全中心研究员德米特里·斯特凡诺维奇

5. 军事影响

高效高能激光器技术是推动激光武器广泛走向实战应用的关键，可物化形成信息化、智能化战争中慑战并重的高效作战手段。一是不同形式的大功率激光武器将在反导、反卫、反高超等作战任务中发挥独特的"撒手锏"作用，形成新型战略威慑能力；二是可干扰压制红外预警系统，远程精确攻击信息感知系统，夺取体系对抗信息优势；三是集成于多种平台的战术级激光武器，将在对抗无人机、小型智能导弹等智能无人集群武器平台的作战中发挥重要作用，并提高打击杀伤的效费比。

（二十一）能源互联网技术

1. 概念内涵

能源互联网是综合运用先进的电力电子技术、信息技术和智能管理技术，将大量由分布式能量采集装置、储存装置和负载构成的新型电力网络节点互联起来，形成的能量共享网络。能源互联网的本质是通过能源技术与信息技术的深度融合实现能源的"就地收集、就地存储、就地使用、余能共享"，其主要特征是可再生、分布式、互联性、开放性和智能化。

2. 技术主题

能源互联网，智能电网，特高压，清洁能源，电网互联，微电网，能源信息采集，智能电表，多能流能源交换，能源路由器，固态变压器，信息—能量耦合，分布式能源，分布式储能，新型电力网络，石油网络，天然气网络，能源节点互联，能源大数据。

3. 发展现状

当前，能源互联网技术得到世界各国广为关注，在能源采集、存储、管理等方面取得一系列突破进展。一是先进储能技术不断获得新突破。2019年9月，三菱公司采用压缩空气储能技术，利用过量的风能和太阳能将空气压缩储存在洞穴中，用于白天用电高峰时段发电。2020年7月，加州独立系统运营商CAISO宣布称，其电池储能项目已于6月与其电网相连，使得所管辖电网范围内的储能容量新增62.5MW。二是固态变压器技术性能不断取得突破。2020年10月，乔治亚理工学院设计出一种改进的单级软开关固态变压器，可降低约20%的导通损耗。三是分布式能量管理技术发展推动能源互联互通。近年来，随着云计算、大数据等技术的发展，可以有效处理能源互联网中管网安全监控、经济运行、能源交易和用户电能计量、燃气计量及分布式电源、电动汽车等新型负荷数据的接入等产生的大量数据，有望真正实现能源互联互通。

4. 专家观点

全球能源互联网和信息互联网都是经济全球化的重要基础设施。全球能源互联网就像人的"血管系统"，信息互联网就像"神经系统"，"神经系统"已经互联，"血管系统"也一定能够互联。

——全球能源互联网发展合作组织主席刘振亚

美国能源界和工业界十分关注全球能源互联网战略，也相信这一构想能成为现实。

——美国能源部前副部长罗伯特·吉

中国特高压以及智能电网的发展，为全球能源互联网奠定了良好的基础，提供了现实可行的解决方案和技术保障。

——国际能源署署长法提赫·比罗尔

全球能源互联网是一个面向未来的伟大构想，将带领世界走向能源可持续发展的正确道路。全球能源互联网必须实现，也必将实现。

——联合国全球契约组织创始人、特别高级顾问科尔

5. 军事影响

能源互联网技术可以有效解决可再生能源存在的地理分散、生产的不连续性、随机性和波动性等特点所带来的难以有效利用的问题，从而对军事能源保障产生重要影响。一是可为战场作战能源提供更加持续可靠的保障能力。作战环境下军队快速机动，民用能源网络很难充分满足部队作战能源需求，

部队需要充分运用作战环境下可再生能源，配合传统燃料能源，共同提供作战能源保障，能源互联网可以帮助军队有效管理战时环境下各类能源的连接与适用分配，提高作战能源保障能力。二是可降低部队和装备在偏远环境下的隐蔽生存作战能力。传统作战能源保障高度依赖柴油发电机，噪声大，红外辐射特征强，很容易破坏部队和装备隐蔽状态，利用能源互联网可管理使用各类具有低红外特征的可再生能源，提高部队和装备生存与作战能力。三是可提高部队作战能源分配和使用效率。信息化和智能化装备的增加急剧加大了作战部队的能源需求，战时能源供给保障能力十分有限，利用能源互联网可以有效协调和合理分配能源使用，提高能源使用效率，使作战能源供需更加平衡，从而提高军队持续作战能力。

（二十二）无线能量传输技术

1. 概念内涵

无线能量传输采用非物理接触的方式，通过发射器将电能转换为其他形式的中继能量，隔空传输一段距离后，再通过接收器将中继能量转换为电能，从而实现无线供电。无线能量传输技术大致可以分成三类：第一类是近距离感应式无线能量传输技术，利用电磁感应原理传输能量，传输距离为几厘米到几十厘米，工作功率为数千瓦到数十千瓦；第二类是中距离磁共振无线能量传输技术，利用谐振线圈间的磁场共振耦合传输能量，传输距离为米级，传输功率为数百瓦；第三类是远距离辐射式无线能量传输技术，利用微波、激光或超声波等方式传输能量，传输距离为数千瓦到数百千瓦，传输功率为数百千瓦到兆瓦。

2. 技术主题

无线传能，无线能量传输（WPT），无线电能传输，无线功率传输，电磁波无线传能，超声波无线传能，激光无线传能，微波无线传能（MPT），光学无线传能，无线充电，电磁感应，电磁共振，谐振耦合，微波辐射，激光辐射，传输距离，传输功率，传输效率，无线能量收集（WEH），远距离无线传能，射频能量。

3. 发展现状

无线能量传输技术在民用领域应用已经有几十年的历史，当前研究热点主要集中在微波和激光电力传输。一是高功率快速无线充电技术在无人装备得到验证。2020年8月，美国联邦通信委员会首次批准美国Wibotic公司的无线充电技术应用于无人机充电，其高功率发射器和接收器可提供高达300W的无线功率，用于多种机器人、无人机和工业自动化设备。二是无线能量高效吸收技术获得验证。2020年11月，美国马里兰大学与康涅狄格州卫斯理大学合作，开发了一种在没有狭窄聚焦和定向能量的情况下进行微波长距离电力传输的技术，有效提升了吸收效率。三是积极探索太空无线能量传输技术。2020年5月，美国空军X-37B太空飞机发射升空，其搭载的光伏射频天线模块，用于测试从太阳能电池板收集能量，并将能量转换为射频微波传输给地面的能力。2020年11月，月球探索初创公司Astrobotic获得美国国家航空航天局总计580万美元的合同，用于为鞋盒大小的月球机器人开发超快的无线充电技术。

4. 专家观点

无线能量传输与收集技术有望为5G通信、万物互联等重要领域带来革命性技术变革。当前，电磁超材料和超表面技术主要用于为无线功率传输与能量收集系统实现尺寸减小、效率提升、性能丰富等基本效用。下一步，将基于现场可编程和可重构的信息超材料技术，其动态、自适应和智能的调控手段将实现对电磁波的信息流与能量流的协同控制，从而实现携能通信技术，打造能信一体化的综合系统，为5G/6G通信和万物互联的时代提供全新的技术范式。

——中国科学院院士崔铁军

无线充电将会是未来智能无人驾驶、共享电动汽车的必然。

——中国电工学会理事长、天津理工大学原校长杨庆新

5. 军事影响

无线能量传输技术在国防和军事领域具有巨大的应用前景。一是将极大提升无人装备战场实用化水平。无线充电技术将有效提升各类无人装备的续航能力,特别是有望突破无人潜航器在水下长时间使用的供能难题,从而为无人装备供能提供更加优化的技术选择,进而拓展无人装备作战范围、增强毁伤效能,实现全天时无人化战争。二是将极大提升军事物联网智能管理控制能力。随着军事物流向军事物联网发展,大量有源标签应用于装备和物资管理、仓库库存清点等工作,无线能量传输技术的发展有望突破有源标签定期充电等难题,为军事物联网建设提供有效的能源支撑。三是实现战时应急供能和高山海岛等偏远基地供能。战时,电力系统容易遭受攻击而失去电力供给能力,从而导致作战单元的瘫痪,无线能量传输技术与分布式发电体系相结合可满足战时应急供能需求。我国很多具有战略意义的军事基地地处偏远、能源供给困难,影响雷达等装备的正常值班运行,远程无线能量输送是解决偏远基地能量供给的有效途径之一。

(二十三) 组合循环动力技术

1. 概念内涵

组合循环动力技术是将液体火箭发动机、涡轮发动机、冲压发动机等不同动力模式高效组合,充分发挥各型动力在其工作范围内的性能优势,在全任务剖面内获得突出的综合性能的相关技术。与单一类型的动力相比,组合循环动力具备工作范围宽、平均比冲高、使用灵活等特点。目前,组合循环动力类型主要有火箭基组合循环(RBCC)发动机、涡轮基组合循环(TBCC)发动机、涡轮火箭冲压组合发动机(TPRE)等。

2. 技术主题

火箭基组合循环发动机,涡轮基组合循环发动机,涡轮火箭冲压组合发动机,高超声速飞行器,高超声速武器。

3. 发展现状

组合循环动力技术的发展可以追溯到20世纪中叶,80年代以后进入快速发展期。当前,世界各国结合自身国情、技术基础、发展战略等,选取了不同的组合动力发展路线,其推进剂种类、火箭发动机、涡轮及冲压发动机所发挥作用及推力配置存在较大的差异。一是涡轮基组合循环发动机即将进入集成验证阶段。美国早在2007年就已布局TBCC发动机的研发,NASA、空军和DARPA围绕碳氢燃料TBCC发动机先后安排了"高速涡轮发动机验证计划""先进全速域发动机"(AFRE)等项目。2021年,DARPA的AFRE项目完成了马赫数5的全尺寸TBCC发动机地面集成验证。二是火箭基组合循环发动机已完成试验验证。日本宇航局从20世纪90年代开始,开展了以可重复使用单级入轨飞行器为目标的RBCC推进系统研究,目前已完成了大量的试验验证。三是涡轮火箭冲压组合发动机有望率先实用化。英国的"佩刀"发动机是目前进展速度较快,技术成熟度较高的代表方案,2020年5月,英国宇航局启动了以"佩刀"发动机为动力的高超声速飞行试验台概念研究工作,展示出该型发动机的良好发展前景。

4. 专家观点

组合循环动力集成了多种推进系统,可在多种模式下运行,从而能够在不同飞行条件下都具有多功能性和高效性。

——美国政府科技报告《组合循环发动机进入空间应用的历史与前景》(2010)

在更先进的颠覆性动力系统问世之前,对当前成熟动力进行有机结合的组合循环动力必然会成为世界各航空航天大国竞相追逐的研究热点……极有可能重塑世界航空航天新格局。

——中国运载火箭技术研究院研究员张旭辉

5. 军事影响

组合循环动力技术是对传统航空航天动力的集成创新,是适应进入空天所经历的全速域、全空域飞行条件的重要基础，将为提升未来空天飞行器性能提供重要支撑。一是采用组合循环动力的高超声速巡航飞行器速度快、突防能力强，传统防空反导作战系统难以探测、拦截，将颠覆现有防御体系。二是采用组合循环动力的天地往返运输平台具有水平起降、快速响应、按需发射、自由进出空间、重复使用的特征，可支撑快速、可靠、廉价进出空间，大幅提升按需进出空天、控制空天和利用空天的能力，将颠覆现有的航天运输体系。

（二十四）超材料

1. 概念内涵

超材料是由亚波长单元结构构成的人工复合材料，能够通过设计调整亚波长单元结构的几何形状、尺寸大小及排列方式，实现对电磁波、声波等波段传播路径的精确操控，开发出自然材料所不具备的超常宏观物理特性，如负折射率、负磁导率、负介电常数、透波隐身、超分辨率成像等。按照工作频段和机理不同，超材料通常可分为电磁超材料（光学超材料、微波超材料等）、声学超材料、力学超材料、热学超材料等。

2. 技术主题

亚波长，微结构，人工调控，定向设计，超构材料，左手材料，手性超材料，双负材料，光子晶体，五模超材料，完美透镜，超透镜，负折射率，完美吸波，声学隐身，超材料天线，隐身衣，隐身覆层，隐身斗篷，传感器，相补偿器，电磁防护，医学检测。

3. 发展现状

超材料的构想可追溯到1968年苏联理论物理学家韦赛拉戈设想的"左手材料"，其概念则由美国得克萨斯大学奥斯汀分校的罗杰·瓦瑟（Rodger Walser）教授于1999年正式提出。2001年，美国加州大学设计出介电常数和磁导率同时为负值的材料，首次实验验证了左手材料制备的可行性。此后，超材料从基础理论研究转向设计合成和应用开发研究，取得了很多重大突破和实际应用。一是超材料被视为下一代装备体系的核心技术之一。世界主要国家均将超材料作为未来装备和技术发展的重点方向予以布局，美国国防部将超材料列为重点关注的六大颠覆性基础研究领域之一，日本和俄罗斯将超材料列为下一代隐身战斗机的关键核心技术，法国军备总局计划将超材料用于高空预警监视无人机等平台。二是超材料结构和功能设计种类丰富。美国海军资助研发出基于"五模材料"变换声学理论的"金属水"声学隐身超材料，能够使水下平台在主动声呐探测下实现隐身。2019年12月，美国洛克希德·马丁公司开发出一种六角形超材料天线，信号增益可提高1dB，且具有双频功能，将用于下一代GPS卫星。2022年2月，我国哈尔滨工业大学采用橡胶特定孔洞嵌入磁铁的方式研制出一种磁—弹性力学超材料，该材料被拉伸时通过弹性能和磁场能的叠加效应，实现吸收与释放外界巨大能量，在装备防护、战术头盔、航母阻拦索、体内给药软体机器人等领域展现良好应用前景。三是超材料在若干领域已列装实用。美国海军E-2"鹰眼"预警机雷达罩采用超材料实现了承载结构和透波功能的一体化设计，濒海战斗舰上已大规模应用超材料结构件。英国BAE系统公司已将超材料平面天线嵌装入无人机机翼蒙皮中，具备透波和聚波双重功能。

4. 专家观点

2021年，超材料市值3.05亿美元，预计2026年将高达14.57亿美元，复合年均增长率也将达到36.7%。未来五年，超材料技术在太阳能发电系统、无人机雷达、5G等诸领域的深度应用将成为超材料市场进一步扩增的关键驱动因素。

——全球最大的市场研究机构 Research and Markets

6G采用超大规模天线阵列或使用太赫兹频段时，成本高、系统复杂、功耗大的矛盾将比5G更加突出。信息超材料则为6G带来了新的解决方案，即通过超材料对电磁波的控制，可将天线的物理特性与基带的数字特性结合，从而简化天线技术，显著降低功耗，成本也能得到有效控制。

——中国科学院院士崔铁军

5. 军事影响

超材料以独具特点的设计思想赋予材料更高性能和新功能，有望逐步取代遵循传统物理规律的器部组件，在通信、探测、隐身等诸多领域展现颠覆性应用前景。一是可研制超材料天线，增强电磁频谱对抗能力。超材料天线不仅体积小、重量轻、可折叠，且可通过快速调整自身单元结构排布实现对指定频段电磁波的信号接收、发射与增强，大幅提高通信和抗干扰能力，在电磁频谱战中比传统天线更具优势。二是可开发完美透镜，提升战场探测感知能力。基于超材料制造的光学超透镜突破了衍射极限对传统透镜分辨率的限制，可提高光电器件的光学分辨率，从而识别更大范围和更远距离内的敌情目标。三是可制作隐身覆层，提高战场隐身突袭能力。超材料隐身覆层能够对探测入射波的传输路径进行控制，使其平滑地绕过其覆盖的物体，从而实现近乎完美的隐身效果，可在隐蔽突袭型作战平台和单兵上得到广泛应用。未来，超材料将向更宽频谱、数字化、智能化等方向发展，聚焦自诊断自修复智能结构材料集成器件、自适应可控隐身材料、可重构共形通信遥感系统等领域物化出系列新型武器装备。

（二十五）极端环境材料

1. 概念内涵

极端环境材料是能够在超高（低）温、强氧化、超高压、强辐照、大过载、强腐蚀、高真空等极端严苛环境下正常服役的一类材料，主要用于临近空间高温摩擦环境下的高超声速飞行器鼻锥、深海高压腐蚀环境下的潜航器外壳、太空夜间超低温环境下的星体表面探测器等。极端环境材料是武器装备发展的关键瓶颈材料之一，主要包括耐超高温材料、耐极低温材料、耐高压材料、抗强腐蚀材料等。

2. 技术主题

极端环境，极端条件，（超）高温，（极）低温，辐照，腐蚀，高真空，强磁场，超高温陶瓷，高熵合金，非晶涂层，铁基非晶材料，铝基非晶材料，低温钢，极端环境材料制备与评价，空天飞行器，深海装备，极地装备。

3. 发展现状

美、俄等主要国家将极端环境材料作为战略材料予以积极布局和研发应用。NASA在《技术路线图》中将超高/超低温、高压、腐蚀、高摩擦等极端环境材料纳入未来20年重点发展的战略方向之一，DARPA在2021财年中计划投入约3700万美元研究耐超高温材料、抗辐照材料和耐腐蚀涂层，俄罗斯先期研究基金会也将极耐热结构材料和涂层列为新材料领域的研发重点之一。一是超高温陶瓷和纤维增强陶瓷基复合材料仍是耐超高温材料的主要选择。耐超高温材料通常要求承受2000℃以上的高温，且具有良好的抗氧化、抗热震、抗烧蚀和低密度等性能。从综合性能来看，以锆、铪、钽、铌等难熔金属的硼化物为主的超高温陶瓷和以碳/碳复合材料为代表的纤维增强陶瓷基复合材料受到高度重视，已取得实际应用。NASA格伦研究中心研制出用于高超声速飞行器锥形前缘的二硼化锆—碳化硅复合陶瓷，最高使用温度可达2015.9℃。2018年8月，NASA成功发射的"帕克"太阳探测器，采用碳/碳夹层复合材料作为热防护罩，将探测器推进到距太阳表面仅为610多万千米的历史最近距离。二是耐极低温材料服役温度不断逼近绝对零度。耐极低温材料具有低温到极低温（接近-273℃）范围内的抗脆化性能，在低温火箭推进、行星探测等方面展现重要应用价值。美国空间探索技术公司（SpaceX）的"猎鹰"9号火箭液氧贮箱采用特种复合材料制成，环境使用温度可达-207℃，内部承载液氦的温度则达-269℃。2020年4月，NASA开发出可用于火星巡视器特殊齿轮箱的块状非晶合金，能够实现在-173℃的行星夜间表面温度下持续工作。三是耐高压材料助力刷新深海到达。深海探测是耐高压材料的重要应用之一，当前以钛合金、高强度陶瓷及其复相材料为主研制的深潜器不断取得新突破，持续提高深海到达的深度。美国"海神"号无人深潜器耐压壳体采用氧化铝陶瓷（质量占比96%）和钛合金建造，最大潜深可达约1.1万米。2020年11月，我国"奋斗者"号载人潜水器采用自主研制的Ti62A新型钛合金载人球舱，在深达10909m的马里亚纳海沟成功坐底。四是抗强腐蚀材料持续强化装备耐久服役寿命。美国数十年来逐步研究构建起以高熵合金、铁基/铝基非晶合金为特色的抗强腐蚀材料体系，并不断探索和研发新机理、多功能抗强腐蚀材料。2019年，美国西北大学采用微胶囊法开发出一种新型耐腐蚀自修复涂层，可在浓盐酸溶液中稳定保存3个月甚至一年而不发生质量损失，且能够在水或盐酸溶液中3~10s内快速愈合亚毫米级至毫米级的划痕，从而有效防止装备的局部腐蚀。

4. 专家观点

2035年前，极端环境材料技术将有望发展出深空探索用抗辐照材料、更加可靠高效的低温绝缘体、耐超高温的高性能结构件、运行于广谱温度下的抗辐照加固电子器件、极端高温/腐蚀/压力多条件组合抗性材料。

——美国航空航天局技术路线图

面对极端环境材料各种结构性能数据尚没有标准有效描述方法的挑战，数据科学领域诸如统计学习方法对于理解极端环境下材料物性参数的变化有望提供新的机遇。

——美国材料领域专家、麻省理工学院教授杰西卡·斯沃洛

5. 军事影响

当今世界围绕海洋、太空等重大安全领域的军事对抗日趋激烈，极端环境材料将在这些复杂恶劣战场环境中发挥越来越重要的作用。一是极端环境材料已经成为抢占制深海权的关键支撑技术之一。深海充满未知，潜伏深海的装备往往能够实施战术突袭，赢得制胜先机。极端环境材料可满足深海装备的耐高压、抗腐蚀、耐低温等性能需求，使其在深海战场中能够有效遂行察打、保障等综合性任务。二是极端环境材料为探索和利用深空提供坚实保障。太空是世界军事强国竞逐角力的制高点，近年来随着近地太空不断被饱和运用，深空必将成为太空博弈的新战场。深空探测、资源利用和军力部署都向深空装备提出了更高要求，深空装备的发展离不开耐超高/低温、抗强辐照极端环境材料。三是耐低温极端环境材料为推进北极战略护航。北极以其广袤地域和丰富油气储备，已成为大国军事角逐的主阵地之一，对开发和利用北极资源、构建军事存在具有重要战略意义。以低温钢为代表的耐低温材料作为极地船舶等主要装备的关键技术，能够在-60℃极地低温下保持长久的高韧性和耐磨性，为极地行动提供了坚实保障。

（二十六）原子级精密制造技术

1. 概念内涵

原子级精密制造技术是在程控条件下，通过操控原子及其量子态，生产具有特定原子排列结构的材料和器件的新型制造技术，能够赋予产品更高性能、更高精度、更低成本、近零污染等特点。目前，原子级精密制造技术主要采用两类技术途径：一是基于探针的"硬"原子级精密制造，利用扫描隧道显微镜或原子力显微镜，在物质或材料表面进行原子精度修饰或刻蚀；二是基于生物的"软"原子级精密制造，利用活体细胞内的天然程序化"分子机器"生产原子精度的分子产品，如DNA折纸纳米技术，将DNA在溶液中自组装，以形成所需的3D分子结构。

2. 技术主题

纳米制造，原子排列结构，高精度，程序控制，自组装，设计与建模，扫描隧道显微镜，原子力显微镜，氢去钝化光刻（HDL），原子层外延（ALE），原子层沉积（ALD），纳米压印，DNA折纸，高效催化剂，量子器件，高精密部组件，生物传感器、高效柔性太阳能电池，分子机器人。

3. 发展现状

1959年，美国诺贝尔物理学奖获得者理查德·费曼（Richard Feynman）提出在极微小尺度层面进行物质和结构操控的设想，大幅拓展了制造技术边界，推动制造精度和尺度从厘米级、毫米级逐步向微米级、纳米级、原子级方向纵深演进，为原子级精密制造技术的发展奠定了思想基础。近年来，原子级精密制造技术日益受到重视，展现良好发展态势。一是制定路线规划以牵引原子级精密制造技术

系统发展。2007年，美国巴特尔研究院、太阳微系统公司、远瞻纳米技术研究院等单位联合拟制出《高产能纳米系统技术路线图》，对原子级精密制造技术的概念内涵、制造工艺、建模设计与表征、元器件与系统产品、应用潜力等进行了系统阐述，为原子级精密制造技术的研发前景指明了方向。2016年12月，美国能源部能源效率与可再生能源办公室先进制造办公室发布《2017—2021财年多年项目规划》，将于2030年前持续资助研发系列新型原子级精密制造工艺和技术，实现商用规模原子级精密产品的批量生产。二是布局典型项目以推动原子级精密制造技术深层突破。DARPA从2014年以来启动"从原子到产品"项目，旨在开发单系统内原子级原材料生产毫米级产品的制造工艺、光学超材料组装技术、灵活通用的组装工艺等，使制成的器件、组件和系统仍能保持其原子尺度的材料特性，同时缩减产品制造周期和成本。2018—2021年，美国能源部能源效率与可再生能源办公室布局"用于高产能原子级精密制造的扫描隧道显微镜控制系统创新"等5个新兴研究探索基金项目，重点推进基于反馈控制型微机电系统的高速原子级精密制造、自动化可编程氢去钝化系统等应用研究。2019年5月，麻省理工学院等机构在美国国家自然科学基金会和陆军研究办公室支持下，通过采用高度聚焦的电子束重新定位原子，实现精确控制其位置和成键方向，有望将原子操控的时间缩短至微秒级、速度提升几个数量级。同年9月，我国凝聚态物理国家研究中心首次实现了原子级石墨烯精准可控折叠，构筑出一种新型的准三维石墨烯纳米结构，该结构由二维旋转堆垛双层石墨烯纳米结构与一维类碳纳米管结构组成，该技术可用于折叠其他新型二维原子晶体材料和复杂的叠层结构，进而制备出功能纳米结构及其量子器件，对未来量子计算等领域应用具有重要意义。

4. 专家观点

自下而上的原子级精密制造工艺和自上而下的光刻工艺在原子尺度的集聚融合已成趋势，必将极大推动下一代纳米电子技术的发展。

——美国物理学家、"纳米技术之父"埃里克·德雷克斯勒

在军事领域，由于原子级精密制造技术能够大幅缩短产品设计—原型—测试周期，实现部组件快速现场制造，因而加速了武器装备原型生产和型号交付的进程，同时也可能带来严重风险，不仅容易造成低成本装备的大规模生产交易，滋诱恐怖活动，而且也可以扰乱国家地缘政治，引发军备竞赛。

——美国Open Philanthropy知名咨询机构

5. 军事影响

原子级精密制造技术被认为是一项颠覆性技术，或将改变传统自上而下制造模式。基于该技术制造的产品有望突破设计和性能极限，在军用传感、计算、存储、催化、储能、生物医药等多个领域展现巨大应用价值，有可能引发新一轮技术革命。一是原子级精密制造技术能够制备量子特性优异的新型器件，不仅将计算机的信息处理能力提高10亿倍以上，而且可使能耗降低到百分之一以下，高效支撑"从数据到决策"。二是原子级精密制造可研制高效可编程催化剂，能够在极低能耗条件下，将含能燃料的化学反应速率提高10倍，极大提升军用能源保障能力。三是原子级精密制造技术能够开发极灵敏生物传感器和特效医药制品，将为作战人员战场环境感知、生理体征监测、伤病快速救治提供关键支撑。

（二十七）4D打印技术

1. 概念内涵

4D打印技术是在3D打印技术基础上发展的一种新型智能增材制造技术，通过制备的可控变形结构赋予了产品时间维度，实现产品在温度、湿度、压力、磁场、紫外线等外界激励下产生几何结构、功能、性能等可控转变。通俗来讲，3D打印制造的产品是恒定静态的，需要人工控制进行装配使用，而4D打印制造的产品是触发动态的，在特定条件下可按预先设计完成自转变。

2. 技术主题

4D打印，5D打印，增材制造，智能构件，三维模拟仿真，外界刺激，形状记忆合金，仿生适应性

材料，热/磁/光响应型高分子（聚合物），响应型聚合物基复合材料，激光选区烧结（SLS），激光选区熔化（SLM），光固化（SLA），熔融沉积成形（FDM），智能变体飞行器，人造卫星天线，软体机器人，生物支架。

3. 发展现状

4D 打印技术由麻省理工学院蒂比茨（S. Tibbits）教授于 2013 年提出，当时蒂比茨将 4D 打印的复合材料链条置于水中，随时间推移链条能够逐步实现自动折叠成预先设计的形状。近年来，4D 打印技术受到各方高度关注并不断取得突破。一是 4D 打印技术的核心在于智能材料与结构。随着 3D 打印技术广泛应用，4D 打印技术刚出现即被视为颠覆性制造技术，其增加的时间属性主要由智能材料与结构来定义。为此，美国陆军研究办公室、空军科学研究办公室竞相资助开展 4D 打印用自适应仿生材料、活性复合材料及结构的设计与制备研究。2017 年，荷兰代尔夫特理工大学以系统工程论思想设计了具有自由形状表面装饰的折纸网格，成功演示了平面结构到三维晶格的连续自折叠。2018 年，瑞士苏黎世联邦理工学院则运用仿生思维设计了具有双稳态弹性自折叠仿生蠼螋飞翼结构。二是 4D 打印技术已在诸多领域开展了应用基础研究。2017 年，NASA 采用 4D 打印技术制备出一种复合材料"太空织物"，可在外界温度作用下产生膨胀或收缩，从而使光滑的块状金属表层展开或关闭，可反射或吸收太阳光热量，实现被动热管理。2018 年，美国陆军士兵纳米技术研究所采用含有磁性微粒的弹性体复合材料，打印出一种柔性机器人，有望实现在复杂战场地形以及狭窄空间中灵活爬行、翻滚、跳跃、抓取物体或递送药物等功能。2019 年 2 月，美国陆军副参谋长在军用增材制造技术年度峰会上表示，希望 4D 打印技术快速投入应用到管道设施维修、武器装备零件打印等后勤保障领域。三是正在发展更高维度的增材制造技术概念。随着制造需求的不断拓展，5D 打印甚至 6D 打印也相继被提出和研究探索，极大丰富了增材制造技术谱系。其中，5D 打印研究较为活跃，已取得一定进展。关于 5D 打印的概念，国内外存在不同的见解。国内学者认为，5D 打印是在 3D 打印的"空间维"、4D 打印的"时间维"基础上新增"功能维"或"生命维"，能够使打印产品的功能随时间推移发生变化的制造技术。国外学者则将 5D 打印定义为五轴制造技术，即打印设备的打印头可在长宽高三向移动，同时打印床可在另外两个方向往返移动，其打印的每层材料是曲面的。目前，日本三菱电子研究实验室已研制出 5D 打印机，可轻易打印出结构极其复杂的曲面物体。据专家预测，5D 打印出的产品比 3D 打印的同类产品更坚固，且材料消耗可减少约 25%。

4. 专家观点

4D 打印不只是"能看"，而且要"能用"。4D 打印研究尚处于现象演示阶段，对构件变形、变性和变功能的可控应当成为 4D 打印研究的重点。

——中国增材制造产业联盟专家委员会委员、华中科技大学教授史玉升

4D 打印之于 3D 打印，主要不同是在材料的使用上；5D 打印之于 3D 打印，主要不同是在打印床的使用上；5D 打印之于 4D 打印，主要不同则不仅体现在材料和打印床的使用上，甚至在应用效果方面也存在迥异。

——美国多家制造企业资深首席技术官、首席执行官和创始人威廉·斯通

5. 军事影响

4D 打印技术打破了传统结构设计和制造技术无法满足自组装、多功能和自修复等新概念结构和先进制造的限制，在装备设计制造、后勤保障、装备编成等方面具有重要军事价值。一是 4D 打印技术有望制造出变体飞行器、在轨可重构智能卫星、智能柔性军用机器人、智能变形机械外骨骼、自适应温度/磁场传感器等智能化武器装备，将大幅提升武器装备环境适应能力，拓展其复杂环境下的作战效能。二是 4D 打印技术不仅可实现"即需即造、即造即用"，还能赋予装备一些特殊的保障能力，如通过材料自修复和环境适应性调整，提升装备自我防护能力，降低装备保障需求。三是以低成本、短周期快速研制的智能无人装备，可加快推进有人—无人混编、无人全编装备结构变革，减少人为因素对装备技战术水平的影响，提高装备的智能化协同作战能力。

(二十八) 新会聚技术

1. 概念内涵

传统会聚技术是指纳米技术、生物技术、信息技术与认知科学四大前沿科技的相互融合增效以促进创新能力提升的一种技术理念,又称 NBIC 会聚技术。新会聚技术是对传统会聚技术思想及实践的延伸和发展,在当今科技环境下,主要是指以人工智能为核心的技术群渗透引领科技全面发展的新技术理念。会聚技术具有跨越性(跨学科、跨领域、跨应用)、协同性、强推性、渗透性等特点,代表了科技创新发展的主流趋势。

2. 技术主题

技术会聚,技术融合,技术集成,技术堆栈,技术重叠,交叉融合,会聚观,会聚科研范式,纳米技术,NBIC 会聚技术,人工智能,智能+,智能赋能,元宇宙,创新范式,创新模式,增效组合,协作式融合,跨学科,跨领域,学科交叉,边界模糊。

3. 发展现状

会聚技术的概念最早由美国著名经济学家内森·罗森伯格(Nathan Rosenberg)于 1963 年提出,其将不同工程制造产业依赖同类生产流程和技术途径的共性现象定义为"技术会聚"。2001 年,在美国商务部、国家自然科学基金会、国家科学技术委员会联合组织的研讨会上,首次系统提出了 NBIC 会聚技术,并研判该技术代表着未来科技研发的新前沿,应予以高度重视。自此,会聚技术理念开始引起各国的广泛关注。当前,随着人工智能第三次浪潮的蓬勃推进和带动引领,新会聚技术获得快速发展,其重要地位日益凸显。一是思维会聚是科技创新发展的根本关键。科技创新要求科技推动者对会聚理念保持清醒认识,以研究制定针对性融合实施策略。2013 年,世界技术评估中心发布《知识—技术—社会的收敛:超越会聚技术的收敛》报告提出"'收敛—发散'循环",其含义是指表面上看似不相关的科学、技术、团体和人类活动范围,通过其内在作用的逐步增强与深化,实现彼此相容、协作与整合,然后利用这种方法创造附加值,并延伸到新兴领域以满足共同的目标。2014 年,美国国家研究理事会在《会聚:推动生命科学、物质科学及工程学等的跨学科整合》中指出,会聚是一种跨学科界限解决问题的方法,其将生命科学、健康科学、物理学、数学和计算科学、工程学科及其他领域的知识、工具和思维方式结合起来,形成一个全面的综合框架,以应对多领域交汇处存在的科学和社会挑战。2016 年,诺贝尔生理学或医学奖得主菲利普·夏普呼吁将会聚工程上升到美国国家战略,致力推动工程学、物理学、计算科学、数学与生命科学的融合发展。二是技术会聚是科技创新发展的核心动力。技术会聚彰显了技术组合进化的本质,成为科技创新发展的重要模式。当前,会聚技术正在以纳米技术为核心的 NBIC 群落向以人工智能为核心的"智能+"群落方向迁移发展。2020 年,北约科学与技术组织在全面深入分析大量开源科技文献和报告的基础上形成《北约科技趋势 2020—2040》报告,认为新兴颠覆性技术通常出现在技术重叠或会聚之处,表现出相互依存和协同促进的显著特点,并指出大数据—人工智能—自主、大数据—量子、空间—高超声速—材料、空间—量子、大数据—人工智能—生物、大数据—人工智能—材料六种技术组合最具发展和军事应用潜力。2021 年被视为"元宇宙"元年,元宇宙理念颠覆想象,孕育着巨大创新价值,其发展涉及人工智能、5G/6G、虚拟/增强现实、区块链、云计算、边缘计算、物联网的技术堆栈融合,其中人工智能是构建元宇宙虚拟数字世界的关键支撑技术,极大丰富了元宇宙应用场景。三是能力会聚是科技创新发展的终极目标。会聚技术的目的是将每项组分技术的优势发挥到极致,以采长补强方式实现能力会聚,发挥倍增器作用。为响应和支撑美国国防部联合全域指挥控制(JADC2)作战概念,美国陆军从 2020 年开始,连续 3 年开展"会聚工程"学习运动,旨在通过跨陆海空天电网各域快速会聚各种效能,推动陆军跨域作战转型。2022 年 3 月,在第三次会聚工程中,美国陆军谋求加速融合人工智能、机器人、自主、云计算等系列先进技术,致力提升战场态势感知、传感—射击一体(感知即行动)能力,大幅提高决策速度,形成日益复杂对抗环境下的制胜优势。

4. 专家观点

会聚就是要重新对我们如何开展科学研究进行广泛思考，只有这样我们才能充分利用从微生物学、计算机科学到工程设计等一系列的知识基础。

——诺贝尔奖获得者、美国麻省理工学院教授菲利普·夏普

历经 60 多年的发展，人工智能越发具有应用渗透性和溢出带动性，多学科的交叉会聚越来越成为其创新发展的源头活水，正推动学科、技术和产业交叉，重塑科学范式、人才培养与社会发展形态。

——中国科学院院士、浙江大学原校长吴朝晖

5. 军事影响

新会聚技术的良性持续发展将重塑科研范式，开辟全新技术发展思路，有望为军事装备创新研制、未来作战能力加速形成带来变革性影响。一是为研制下一代武器装备、破解关键技术瓶颈难题提供了创新途径。人工智能、纳米技术、信息技术等技术群的纵深高速发展，将使未来武器装备更具智慧、更加精密、更具多能、更具快速反应和适应性，成为设计未来装备、设计未来战争的主导力量。新会聚技术模糊了技术边界，不同技术之间的本质有相通借鉴之处，任何一项技术悬而未决的难题都能够从其他技术中找到思路和灵光，实现"引外治内"。二是在物理—信息—认知三域催生全新的体系作战能力。新会聚技术可深度赋智赋能感知、指挥、行动等作战诸要素，深刻影响作战思想、体制机制、交战规则、制胜机理，大大增强指战员认知决策水平，推动物理域、信息域、认知域融合，构建人—机—装—环一体化智慧作战体系，有望实现从感知、决策到行动"微时延"极速响应。

第四章 先进能源、材料和制造领域前沿技术识别与研判

当前,世界主要军事强国竞相以国防前沿技术发展作为大国博弈的重要抓手,以及设计和制胜未来战争的重要途径,积极捕捉、谋划、培育、推动国防前沿技术发展,奋力抢占未来军事竞争的战略制高点。以先进能源、新材料、先进制造为代表的国防基础共性领域,孕育着许多事关武器装备提质强效、未来战争新样式与制胜机理的前沿技术或技术群,值得深入挖掘与研判。

一、领域总体发展态势

先进能源、新材料和先进制造是具有基础共性的前沿技术,对整个国防科技体系发展起着重要支撑作用,必将带动一大批前沿技术取得群体突破,催生出更高性能甚至全新性能的武器装备,对于培塑军队新型作战能力具有至关重要的作用。

(一)以智能赋能的时代大势加快推进能源、材料和制造智能化发展

当前,以人工智能、机器人为主的智能技术群正在深刻渗透和影响带动能源、材料、制造等各领域的变革性发展,智能成为新的生产要素,将实现更高等级的智能设计、智能管理、智能生产。一是"智能+能源=智能能源管理"。基于人工智能技术的智能能源管理系统,可有效提高能源利用效率,降低能源耗费,减少碳排放,实现能源精细化综合管理。例如,智能能源管理可赋予电网更高级、更深层的人工智能,助力打造"智能电网+",显著提升未来电网的安全性、经济性、可持续性。欧盟《2050能源技术路线图》、英国《技术与创新未来:英国2030年的增长机会》、我国《"十三五"国家科技创新规划》均将智能电网列为未来能源重点发展方向。美国陆军已研制出"混合智能电源"微型智能电网系统,可减少40%能源浪费,实现营级作战单元用能的智能调配。二是"智能+材料=智能设计"。现代材料设计研发正在加速向以数据驱动的"第四范式"转变,运用先进机器学习技术从海量基础数据中挖掘和预测新材料设计方式已成为必然趋势。一方面,机器学习用于材料快速筛选。美国加州大学以人工神经网络算法训练原子的电负性和离子半径数据,利用普通电脑在数小时内筛选了几千种材料,最终成功预测出石榴石、钙钛矿等具有稳定晶体结构的材料。另一方面,理论计算与机器学习结合用于材料预测。日本东京大学首先利用理论计算方法建立了原子光谱数据库,然后以层聚类和决策树机器学习算法,在该数据库基础上成功预测了材料光谱特征。三是"智能+制造=智能制造"。智能制造是面向产品全生命周期,在现代先进传感技术、网络技术、自动化技术、拟人化智能技术等基础上,通过智能化的感知、人机交互、决策和执行,实现设计过程、制造过程和制造装备智能化的先进制造模式,代表了未来制造技术的战略方向。美国在《先进制造业美国领导力战略》报告中将智能制造摆在优先位置,重点发展智能制造与数字化制造、先进工业机器人、人工智能基础设施等。我国在《国家创新驱动发展战略纲要》《"十三五"先进制造技术领域科技创新专项规划》《"十三五"国家科技创新规划》等顶层文件中将智能制造、智能机器人列为战略重点,着力支撑"中国制造2025"实施。

(二)以超常极端的设计边界大幅拓展能源、材料和制造多元化应用

随着军事空间不断向高边疆和新边疆延伸,武器部组件和系统迫切需要向更高效能、更强生存能力方向拓展,常规服役条件和传统产研方式已难以满足应用需求,超常服役环境和极端尺度设计成为

当前与未来的主要发展趋势。一是建立适用于高山海岛、荒漠戈壁等恶劣环境的新型自给供能模式。军队根据任务要求往往需要在高山海岛等条件恶劣的环境中长期驻守，能源保障成本极高，因此逐渐形成了就地取材、自给自足的产能供能模式。法国在科西嘉岛建造了太阳能电解水制氢、储氢和燃料电池综合系统，利用太阳能转化的电能提供岛上生活用电，并用于电解水制备氢燃料电池。二是设计耐超常严苛服役条件的新材料。这类材料具有耐高/低温、抗氧化、耐磨损、高韧性、耐腐蚀、抗辐照、耐高压等优点，能够突破武器系统与平台在航空、航天、海洋、极地等领域的应用瓶颈，一直是材料发展的重点和难点方向。例如，航天飞行器在进入和返回大气层时面临摩擦烧蚀，局部温度高达1200℃以上，对外层热防护材料提出严峻挑战。美国 X-43A、X-51A、HTV-2、X-37B 等系列高超声速飞行器的鼻锥和机翼前缘已基本采用碳碳复合材料，可在约 2000℃高温下重复使用。火箭低温推进剂的温度十分接近绝对零度，对储存材料耐寒脆性要求极高。美国空间探索技术公司（SpaceX）的"猎鹰"9号火箭液氧贮箱采用的复合材料气瓶，环境使用温度可达 -207℃，内部承载液氢的温度则达到 -269℃。又如，水下压强与水深密切相关，水深每增加 10m，压强提高 0.1GPa（约 1 个大气压），只有耐高压、高韧性的材料才能在这种极端环境中正常服役。我国"蛟龙"号深海载人潜水器采用钛合金耐压壳体，实现在马里亚纳海沟试验区成功下潜 7000 多米，承受压强高达约 70GPa。三是制造极端尺寸的高精密/超高精密产品。一体成型极大尺寸制造、保留纳米特性的极微尺寸制造等"两极化"制造技术是近年来先进制造技术的主要研究和应用方向。大尺寸制造如大尺寸 3D 打印，具有结构致密、性能可靠、轻质经济等优点，尤其适用于航空航天领域。NASA 利用选区激光熔化 3D 打印技术生产出火箭发动机的涡轮泵，蓝源公司采用 3D 打印技术制造出 BE-4 火箭发动机低壳体、涡轮、喷嘴、转子等大型零部件，我国自主研制的大幅面选区激光熔化设备 BLT-S600，成形尺寸达 600mm×600mm×600mm，成为世界首例三向成形尺寸均超过 500mm 的大尺寸四激光金属增材制造设备。微小尺寸制造是突破产品设计和性能极限的重要技术途径。美国 DARPA、能源部重点推进的原子级精密制造技术，目的是从原子层面入手研制微纳机械设备，生产具有原子尺寸特性的微米、毫米级产品。DARPA "具有可控微结构架构的材料"项目通过优化设计材料微结构，制造高强轻质的超级材料和兼具多种特性的全能材料。美国休斯研究实验室已开发出纳米级微晶格金属材料，重量仅为碳纤维的十分之一，但仍具有很强的柔韧性，曾被波音公司称为"史上最轻的金属材料"。

（三）以融合交叉的汇聚思想创新变革能源、材料和制造研用化模式

从技术发展史看，重大科技创新突破往往源于学科、技术之间的融合交叉，融合一体化成为当前和未来一个时期前沿科技领域发展的必然趋势。信息、生物等领域的新技术、新理念与能源、材料、制造技术的融合渗透，将孕生出新的能源、材料、制造技术与研发应用模式，引发技术重大突破和技术体系的深刻变革。一是融合大数据、人工智能、物联网、高性能计算、5G、云计算等新兴信息技术，能源、材料、制造技术呈现分布式、数字化、敏捷化、智能化发展态势。微电网采用先进的互联网信息、区块链等技术，实现能源生产和应用的智能化匹配与分布式协同运行，推动能源互联发展。我国在张北试验基地建成微电网系统，并顺利完成 24h 连续孤网运行，实现百千瓦级并网/孤网无缝切换。美军已在阿富汗驻地部署测试了一套微电网系统，并在基地完成全面推广与覆盖。材料基因组利用高性能计算及分析、大数据等技术，实现高通量计算、高通量实验、材料数据库等核心要素的建设与组合运用，推动材料技术从传统重复试错实验向数字化设计生产的发展模式转变。美国空军在其《全球地平线：美国空军全球科技愿景》规划中对材料基因组技术提出了未来 15 年发展计划，在 2022 年前完成建模仿真工具及辅助设计研发，2027 年前实现建模仿真辅助验证。敏捷制造集成 5G、虚拟现实、数字孪生、现代信息管理等技术，重点建立可重构制造系统，通过快速重组或更新系统结构及其组成单元，以改变和调整系统功能与生产能力，实现产品按需敏捷设计、敏捷开发、敏捷制造。二是融合合成生物学、微生物学、基因编辑等生物技术，能源、材料、制造技术实现绿色化、经济化、特性化、智能化发展。生物能源利用微生物学、先进萃取提炼工艺

等技术，从自然原生物质直接或间接获取可再生清洁能源，将大大降低对传统能源的依赖，革新武器系统的能源供给模式。美国陆军已在直升机等所有空中平台上完成生物燃料应用验证，海军在"大绿色舰队"演习中的水面主战平台和舰载机已全面使用生物—化石混合燃料，其中生物燃料比例达50%以上，空军F-22战斗机和C-17大型运输机等平台也已完成生物燃料试飞，平台速度和性能未受到影响。生物材料"师法自然"，充分借鉴自然生物的结构特征、本能优势，设计制造出具有特异性能或超强功能的新材料，将为未来武器系统创新发展赋生赋能。美国加州大学受鱿鱼水下潜伏与防追踪能力启发，在普通细菌体内培养出鱿鱼外皮中决定这种能力的结构蛋白，并由此制备出700~1200nm波段的隐身活性涂层，有望用于军事系统的隐身蒙皮。美国马里兰大学利用低成本工艺将木材直接处理成一种超强高韧的结构材料，其韧性、刚度、硬度、抗冲击性等力学性能均超过木材10倍，拉伸强度更是高达587MPa，与钢材相近，在军事航空航天等领域展现巨大应用前景。生物制造运用仿生学、合成生物学、增材制造等先进技术，通过人工设计制造或对现有自然生物系统进行再造，生产出具有特殊功能的生物学组件、设备和平台，将突破传统理化制造方式，有望推动新一轮产业革命。新加坡和以色列合作开发出一种具有高伸缩性、高分辨率、优异生物相容性的生物水凝胶，拉伸可高达1300%，可直接用于3D打印生物结构和组织器官，将对战场有效救治和伤病良好恢复产生重要影响。

（四）以绿色节能的环保理念有效引领能源、材料和制造持续化发展

21世纪以来，绿色、低碳、节能、环保成为全球共同关注的时代议题，世界各国都在寻求将这种理念与科技紧密结合，致力于从能源、材料、制造等基础性前沿技术的源头推动可持续发展。在绿色能源方面，一是寻求利用替代传统化石能源的新能源。美国《清洁能源制造计划》、俄罗斯《2030年前俄罗斯能源战略》、日本《能源革新战略2030》、我国《"十三五"国家科技创新规划》《国家创新驱动发展战略纲要》等重要规划计划强调将太阳能、风能、生物质能、地热能、海洋能、氢能等作为未来主要能源供给方式。二是捕获固化温室气体，合成新型燃料。英国利用锡和二氧化铈掺杂镍基催化剂制成的新型超级催化剂，能够同时回收二氧化碳和甲烷，并转化为人工天然气，可用作燃料和化工原料，同时降低温室气体过载。美国能源部开发出二氧化碳捕集、储存和利用一体化技术，实现在低温低压下将捕获的二氧化碳有效转化为氢气和一氧化碳的合成气。实验表明，该技术在25℃和0.28MPa条件下达到最高转化率70%。在绿色材料方面，经济、无害、可循环利用的新材料和替代材料是材料技术的一大发展主题。韩国开发的无污染环保型水性高分子半导体墨水，可广泛用于制备晶体管、图像传感器、光电极等多种光电子器件。日本研发出兼具P/N型高载流子迁移率的氮化亚铜（Cu_3N）半导体，可替代碲化镉、铜铟镓硒等有毒昂贵材料，有望用于绿色低成本薄膜光伏电池。在绿色制造方面，绿色制造是提高材料利用率、降低能耗、减少污染和碳排放的必由之路。德国《绿色技术德国制造2018》、我国《"十三五"国家科技创新规划》《中国制造2025》《"十三五"先进制造技术领域科技创新专项规划》等将绿色制造列为重要发展事项，运用先进制造理念和技术着力推动绿色制造渗透、覆盖传统制造业。绿色制造的核心是绿色设计，将环境性能作为产品的设计目标和出发点，要求实现低消耗、可回收、再利用、可降解。例如，武器装备再制造以废旧零部件为对象，通过修复或升级的方法使其性能不低于甚至超过原有水平，可大大延长装备使用寿命，提高装备技术性能和附加值。

二、领域前沿技术遴选方法与选取原则

（一）遴选方法

国防前沿技术涉及范围较宽、识别难度较大，需要综合运用战略情报、归纳萃取、专家问卷等方

式，从不同角度进行技术汇集、识别选择、评估研判。在此基础上，构建出兼具科学性和可操作性的遴选与评估方法流程（图4.1），针对能源、材料、制造三个领域分别遴选形成国防前沿技术清单。

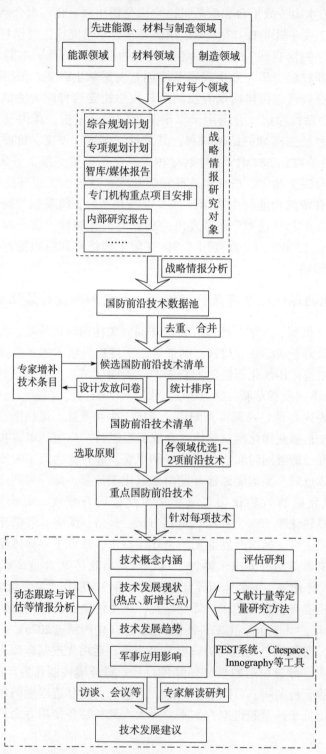

图 4.1　先进能源、材料和制造领域前沿技术识别与研判的方法流程

1. 多视角战略情报分析，汇聚潜在前沿技术数据池

聚焦前沿技术最可能出现的规划计划、智库报告、媒体评论、项目安排等多类型研究载体，从中提取前沿技术方向，建立前沿技术数据池。一是国内外主要国家和军队层面近些年发布的综合规划计划，如美国空军《全球地平线：美国空军全球科技愿景》中提出发展微电网、小型自持核反应

堆等能源技术，我国《"十三五"国家科技创新规划》中布局发展太阳能光伏、生物质能、氢能、智能电网、燃料电池等能源技术。二是国内外主要国家和军队层面近些年发布的专项规划计划，如俄罗斯《2030年前材料与技术发展战略》谋划发展智能材料、金属间化合物、高温金属材料、聚合物材料、纳米结构复合材料和涂层等材料技术，我国《新材料产业发展指南》提出发展石墨烯、金属及高分子增材制造材料、智能仿生与超材料、液态金属、新型低温超导材料、纳米材料、超高温结构陶瓷、金属基复合材料等材料技术。三是国外知名智库或媒体发表的研究报告或预测评论，如美国大西洋理事会《下一个浪潮：4D打印与可编程物质世界》认为4D打印技术是未来发展重点，《麻省理工学院技术评论》将3D打印技术列为十大突破性技术之一。四是国外典型机构重点安排的科研项目，如DARPA"从原子到产品"项目主要发展原子级精密制造技术，美国陆军研究实验室（ARL）"电力和能源合作技术联盟"项目旨在发展燃料电池技术，俄罗斯先期研究基金会（ARF）"极耐热结构材料和涂层"项目侧重发展极端环境材料技术。五是我国代表性科研主体近年来研究形成的重要成果，如中国工程院"能源新技术战略性新兴产业重大行动计划研究"提出发展智能电网与储能、模块化小型核反应堆、太阳能发电、生物质能、地热能等能源技术，中国科学院"中国至2050年先进制造科技发展路线图"布局发展智能制造、绿色制造等制造技术。综上所述，累计汇集潜在前沿技术342项（附件1）。

2. 统筹归纳萃取，梳理凝练候选国防前沿技术清单

针对获得的前沿技术数据池，首先进行去重处理，然后对颗粒度较小、内涵相近的技术进行合并，如"增材制造技术""3D打印技术""4D打印技术"统一为"增材制造技术"，"超高温结构陶瓷""金属基复合材料"等统一为"极端环境材料"。最终，整理形成候选国防前沿技术共62项，其中先进能源领域候选技术20项，新材料领域候选技术24项，先进制造领域候选技术18项（附件2）。

3. 专家问卷评价，确定国防前沿技术清单

国防前沿技术具有前瞻性、先导性、探索性或颠覆性（"四性"）等特点，从技术源头角度可将其划分为基础前沿技术和应用前沿技术。这里将具有"四性"中至少一个特性的技术，认定为前沿技术。其中，前瞻性：面向未来10~30年长远发展目标，代表世界高技术前沿的发展方向，有利于抢占未来战略竞争制高点和竞争博弈主动权。先导性：技术突破将带动国防科技相关领域的创新发展，引领国防和军队建设的赶超超越。探索性：具有新概念、新原理、新机理的重大技术，不是现有技术的简单"延长线"。颠覆性：从潜在应用效果看，能催生新式武器装备或大幅提升现有武器装备效能，形成新质作战能力，甚至可以开辟一个全新军事应用领域；从技术实现途径看，可以是基于新概念、新原理的原始创新技术，多项技术融合集成产生的新技术，或现有原理和技术的创新应用。

据此采用简化德尔菲法设计专家问卷（附件3），面向清华大学、北京大学、哈尔滨工业大学、北京航空航天大学、国防科技大学、厦门大学、上海交通大学等多家高校，每个领域设置50份问卷，每家高校发放150份，共发放问卷1050份，回收841份，回收率80.1%。参与问卷调查的专家，主要从相关专业领域具有副高级以上职称、参加科研教学工作的博士、博士后、已完成开题的在读博士等科研一线技术专家或管理专家中选取（图4.2），确保专家的判断尽可能科学反映相关领域的前沿发展方向和趋势。经专家打分评价，每项技术都得到一个综合分数，体现该技术的重要程度。

（二）选取原则

选取前沿技术是一项相对复杂的科学工程，需要统筹考虑技术发展实际和研管主体需求，避免因主观行为或单一维度测度而造成较大偏差。一是考虑技术重要程度原则。技术重要程度基本体现了相关领域专家的技术认知水平，在一定程度上反映了技术的综合重要性（附件4）。二是考虑当前重点突破紧迫性原则。技术在当前或近期如需要重点突破，则表明其对提高作战能力、形成新能力较为重要，也说明技术成熟度较高（附件5）。三是考虑未来前瞻部署重要性原则。技术在近期较难获得实质突破，

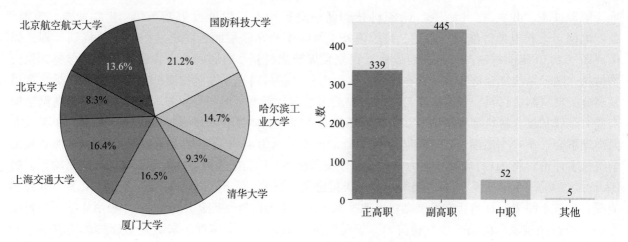

图 4.2 问卷专家所在单位和职称分布情况

技术成熟度也不高,但从长远来看,技术在未来竞争中能够形成显著优势(附件 5)。综合上述原则,最终选取太阳能燃料电池、拓扑绝缘体、液态金属、原子级精密制造等四项技术为先进能源、材料和制造领域的代表性前沿技术。

三、重点前沿技术发展分析

(一)太阳能燃料电池

1. 概念内涵

太阳能燃料电池作为一种新型绿色可再生能源,近年来受到世界主要国家的高度重视和积极研发。这种电池是利用太阳能转化获得中间化学能源,进而转化产生电能的特殊燃料电池。与太阳能电池相比,太阳能燃料电池因中间过程储存的化学能可按需转化释放电能,所以克服了由于气象条件变化带来的产能间歇过长和波动较大的难题。与燃料电池相比,太阳能燃料电池利用由太阳能转化得到的化学燃料,不仅来源丰富而且纯度也较高。

按照太阳能转化的中间化学能种类不同,太阳能燃料电池主要分为太阳能氢燃料电池和太阳能碳氢化合物燃料电池。其中,太阳能氢燃料电池利用太阳能转化获得中间化学能源氢气,进而将氢气直接以电化学反应方式转化为电能加以利用,产物只有水,具有能量转化效率高、存储灵活、无污染等特点,是太阳能燃料电池发展的主要方向。太阳能碳氢化合物燃料电池是太阳能燃料电池的另一个研究方向,利用太阳能转化获得中间碳氢化合物,如甲烷、乙醇等,进而将其以电化学反应的方式转化为电能。两类燃料电池基本可满足不同应用场景下的能源需求,提高能量综合利用效能。

太阳能氢燃料电池采用分解水制氢获得氢原料,燃料纯度高,制备过程无污染,工艺设备简单,可直接供燃料电池使用。其中,氢燃料获取技术途径主要有三种:一是太阳能电解水制氢。该方法是利用太阳能电池聚集的电能提供外加电压,通过电极将水分解成氢气和氧气,是目前最为成熟的方法,制氢效率和速率高,但能量转化效率低,耗费电能较大。二是太阳能光催化制氢。其技术原理是将掺杂催化剂的透明半导体材料(如掺杂铂的二氧化钛纳米颗粒)放入水中,在太阳光照射下,无须外加电压就可实现制氢,但这种方式的制氢效率很低。三是太阳能光电解水制氢。该方法综合利用前两种制氢技术原理,采用光电阴极取代传统的电阴极,降低电解水制氢所需的电压,可以兼顾制氢速率和能量转化效率,是近年来新兴的一种制氢方式。太阳能碳氢化合物燃料电池工作过程较为复杂,还需要捕获二氧化碳参与反应,且碳氢化合物燃料的化学能在转化为电能过程中,产物除水外,还会造成二氧化碳等温室气体排放量增加,因此这类燃料电池一般只在特定情况下使用。

2. 发展现状

1972 年,日本东京大学藤岛昭和本多健一利用二氧化钛电极在光照条件下首次实现分解水制氢。此后,世界各国开始致力于研发高效、稳定的光电材料以转化利用太阳能,近年来不断取得实质性进展。

一是探索研究太阳能光电化学机理,为太阳能燃料电池的制备提供理论支撑。

如图4.3所示,光电化学制取太阳能燃料主要包括以下过程:①半导体吸收一定能量的太阳光,激发电子至导带,同时在价带留下空穴;②光生电子与空穴在内部或表面缺陷处发生复合;③光生电子或空穴转移至表面;④光生电子参与还原反应,将水还原为氢气或者将二氧化碳还原为化合物$C_xH_yO_z$,同时空穴参与氧化反应。入射光能量必须大于禁带宽度才能激发电子,窄禁带有利于提高太阳光的利用效率。大部分光生电子会经过程②消耗无法参与反应,因此抑制过程②并促进过程③是提高光催化活性的关键。同时,导带电势必须高于电子受体,才能传递电子。2019年1月,中国科学院兰州化学物理研究所联合中国科学技术大学首次利用同步辐射X射线光电子能谱(SI-XPS),不仅直接观察到单原子Pt/C_3N_4催化剂在光催化水裂解过程中的电荷转移和键合演化,也首次观察到Pt-N键裂解到形成Pt-O键的过程,以及相应的C=N双键重构过程,从而全面深入地掌握了光电化学(PEC)的水分解机理。2020年7月,中国科学院大连化学物理研究所李灿院士团队通过探测Au纳米二聚体/TiO_2纳米体系空间电荷分布,发现表面等离子激元空穴局域在Au/TiO_2界面。通过调控Au二聚体的分离间距,揭示了耦合效应在表面等离子激元催化剂中局域电荷浓度的关键作用。结合理论计算模拟,定量地分析了等离激元电荷浓度与表面电磁场分布的关系。结果显示,这种在催化活性位点积累的电荷能够将光催化水氧化反应活性提升一个数量级。

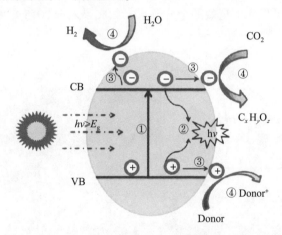

图4.3 光电化学制取太阳能燃料原理示意图

二是深入研究光电阴极半导体材料的种类选择、形貌控制、结构设计与制备工艺,不断提升太阳能燃料电池的综合性能。

太阳能燃料电池在将光能转化为化学能过程中需要具备以下条件:一是能量转化效率高于10%;二是氢气或其他碳氢燃料产生速率足够高,以达到工业生产要求;三是具有一定的稳定性,能够连续工作数天以上;四是经济成本可承受。因此,选取同时具备较高光电转化效率和适合分解水的氧化还原势的半导体材料是研究重点和创新点。光电转化效率与半导体材料的禁带宽度密切相关,对于单结电池而言,禁带宽度处于1.7~2.2eV的材料是最优选择。氧化还原势则由材料的禁带带缘位置决定。理论研究发现,铜铟镓硒、磷化镓、氧化亚铜等少数材料同时具有适宜的禁带宽度和足够的氧化还原势,可作为光电极半导体候选材料。

2015年5月,德国赫尔姆茨研究所设计制造出一种新型薄膜复合光电阴极,用于光电解水制氢,如图4.4所示。这种新型电极是以共蒸发得到的铜铟镓硒作为光活性材料,外面包覆掺杂有纳米级铂颗粒的二氧化钛薄膜,利用先进工艺制备而成。新型电极的结构自下而上包括:最底层为玻璃基板,主要提供力学支撑;第二层为金属钼薄膜,主要提供电子导电性;第三层为铜铟镓硒半导体光电活性层,其功能是吸收太阳光中的可见光,产生电压;最顶层为具有良好透光性能的铂掺杂二氧化钛包覆膜,它与铜铟镓硒活性层形成异质结,加速电子—空穴对的分离,提高光—氢转化效率,同时保护铜铟镓硒活性层不被氧气氧化和酸性腐蚀，掺杂的铂纳米颗粒还可以作为催化剂，加速氢的析出。实验结果表明，这种电极可以吸收80%的可见光，转化产生0.5V的电压和38mA/cm²的电流。光电压和光电流的产生使氢气在达到热力学析氢电位之前即析出，有效降低了电解水制氢所需的外加电压，从而提高能量转化效率和产氢速率。根据实验数据推算，该电极的光—氢转化效率可达18%，电极中铜铟镓硒光电活性层中每个产氢位点的产氢速率最高可达690个氢分子/s。另外，测试结果显示，由于二氧化钛保护层的作用，铜铟镓硒光电活性层的稳定性大幅提高，可使该电极的稳定运行时间超过25h。2015年7月，荷兰艾恩德霍芬理工大学采用纳米压印技术和金属有机化学气相沉积技术，将选定的纤锌矿磷化镓（WZ GaP）材料设计成500nm×90nm（长度×直径）的纳米线栅格阵列结构，用来制造光电阴极。与平面结构相比，这种纳米线栅格阵列结构比表面积更高，且可降低入射光的反射率，从而提高光吸收效率。而且，采用这种栅格阵列所需材料更少（仅是平面结构的万分之一），可大大降低成本和重量。同时，这种栅格阵列还进行了表面钝化修饰，不仅提升了稳定性，也减弱了表面载流子复合，从而提高短路电流，降低析氢电位。实验结果表明，产氢量相对于平面结构光电阴极可提高10倍。2020年7月，瑞典林雪平大学采用在立方碳化硅上生长石墨烯的方法，制备得到一种新型石墨烯基光电极，可在太阳光照射的情况下将二氧化碳转化为燃料。该光电极可与铜、锌或铋等金属制成的阴极相结合，从而选择性生成不同燃料，如甲烷、一氧化碳、甲酸等。值得一提的是，在高效光催化分解水方面，我国苏州大学设计构建出一种非金属碳纳米点——氮化碳纳米复合材料催化剂，提出高效完全分解水新机制，实现可见光下高效的全分解水，该成果入选2015年度"中国科学十大进展"。

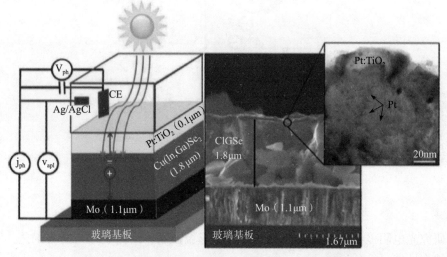

图4.4 铜铟镓硒新型电极的原理示意图和电子显微镜照片

三是创新设计"人工树叶"，另辟蹊径搭建太阳能燃料电池系统。

"人工树叶"（或"人造树叶"）的核心是模仿植物光合作用，一种途径是通过添加化学催化材料，在一定电压下将水高效电解为氧气，同时产生质子和电子，质子与电子可以结合生成氢气，如图4.5所示；另一种途径是利用阳光将水、二氧化碳转化成氧气和碳水化合物类生物质燃料。在上述过程中所需的电能，将由内置太阳能电池供给。2010年，在美国能源部资助下，加州理工学院和劳伦斯·伯克利国家实验室牵头成立了人工光合系统联合研究中心（JCAP），该中心致力于建立一套完整的人工光合系统，利用太阳能、水和二氧化碳制取燃料，目的是将能量转化效率提升到10%。至2015年10月，该中心首次使用高效、安全、集成的"人工树叶"太阳能系统分离水分子并制造出了氢气燃料，实现将10%的太阳能转化为化学能。该系统主要由光电阳极、光电阴极和塑料隔膜组成，其中塑料隔膜是关键，可以保证氧气和氢气的分离，防止共混致发生爆炸。此外，为避免该系统的砷化镓光电阴极锈蚀失活，研究人员还在其表面涂覆了一定厚度的氧化钛保护层。2015年，美国哈佛大学艺术与科学学院、哈佛医学院和威斯生物工程研究所设计研发出一种利用细菌将太阳能转化为液体燃料的

"人工树叶"系统,其主要原理是利用光催化将水分解为氢气和氧气,然后借助这种细菌将二氧化碳加氢转化为液体燃料异丙醇。2016年,哈佛大学丹尼尔·诺塞拉团队开发了一种能将太阳能、二氧化碳和水转化为乙醇或异丙醇等液体燃料的"人工树叶"系统,采用低成本钴、镍等金属化合物以及磷酸盐作为电极催化材料,具有催化效率高、使用寿命长等优点。该系统在使用高纯二氧化碳的条件下,能够捕捉10%的太阳能用于将二氧化碳转化为燃料,远高于自然界植物的光合作用效率(1%),系统的能量转化效率可达到10%,这项研究成果标志着人工光合产能未来有望取代化石燃料。2017年,哈佛大学罗兰研究所与斯坦福大学联合构建了一套由廉价金属镍和钴等材料组成的"人工树叶"系统。在模拟自然光照的条件下,以锂离子电化学调控的氧化钴催化剂将水分子氧化,释放出氧气和质子,同时完全分散的镍单原子催化剂能够高效地将质子注入二氧化碳分子中,还原得到一氧化碳燃料。这种催化剂大大提升了二氧化碳还原反应的选择性,其催化效果可与金、银等贵金属催化剂相媲美,整个过程太阳能转化率达到12.7%,是自然界叶片转化效率的30倍以上。

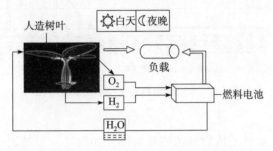

图4.5 "人工树叶"工作原理示意图

四是太阳能燃料合成项目持续推进,加速太阳能燃料电池工业化应用。

2013年,德国奥迪公司借助斯图加特太阳能燃料公司的水电解和甲烷化等先进技术,通过转化利用太阳能和风能,将水电解产生氢气,然后将氢气与二氧化碳催化还原得到甲烷,能够同时满足1500辆奥迪新型天然气汽车的能源需求。2018年11月,依托中国科学院大连化学物理研究所李灿院士团队的核心技术,国内首个液态太阳能燃料合成示范工程项目进入启动阶段。该项目全称"二氧化碳加氢合成甲醇中试和工业化示范工程",主要由太阳能光伏发电、电解水制氢、二氧化碳捕集及二氧化碳加氢合成甲醇四大系统单元组成。项目建成后将利用太阳能发电进行电解水制氢,氢气和二氧化碳反应合成甲醇等燃料及化学品,同时实现二氧化碳减排和碳资源可持续利用。2018年,芬兰国家技术研究中心和拉彭兰塔理工大学使用二氧化碳和太阳能生产可再生燃料和化学品,目标是生产200L燃料和其他烃类化合物,目前已形成端对端的小型示范规模。该示范装置包括4个独立的单元:太阳能发电厂、从空气中分离二氧化碳和水的设备、电解水制氢设备,以及用于从二氧化碳和氢气生产液体燃料的微结构化学反应器。

为多维度研究太阳能燃料电池技术发展现状,运用FEST系统的多维可视化模块及Citespace、Innography等工具对该技术发展时序、研究热点、国家(地区)/机构分布、核心人才团队、基金来源等进行文献计量和专利分析,数据检索情况如表4.1所列。

表4.1 太阳能燃料电池相关论文和专利检索情况

检索来源	检索策略	检索年段/年	检索时间	检索数量/篇	备注
Web of Science核心合集	主题:(photoelectrode) AND 主题:("water splitting" or "hydrogen production" or "CO_2 reduction" or "carbon dioxide reduction")	1986—2020	2020.07.15	2077	
Innography专利数据库	(photoelectrode) AND ("water splitting" or "hydrogen production" or "CO_2 reduction" or "carbon dioxide reduction")	1981—2020	2020.07.15	232	经INPADOC同族合并

(1) 发展时序分析

图 4.6 为太阳能燃料电池技术的发展时序图，该图统计了太阳能燃料电池在不同年份发文数量的变化过程。由图可知，太阳能燃料电池技术从 2009 年起呈现线性陡增式发展趋势（2020 年的发文量为不完全统计数据，不做参考，下同），表明近年来该技术始终保持较高的研究热度。另外，从表 4.1 可以看出，太阳能燃料电池技术的论文量明显多于专利量，说明该技术总体处于基础研究阶段。

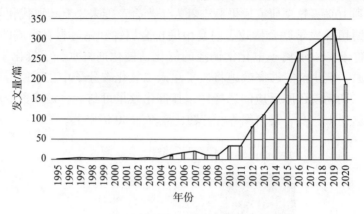

图 4.6　太阳能燃料电池技术发展时序图

(2) 技术重热点挖掘

文献关键词或主题词是文献核心内容的浓缩和凝练，如果某一关键词/主题词在某一研究领域的文献中出现频率较高，反映该关键词/主题词是该领域的研究热点。为挖掘太阳能燃料电池技术的研究热点，以文献关键词作为研究对象，基于 Citespace 软件的可视化功能构建关键词共现网络图谱，建立不同技术点的关联图，通过节点间连线分析技术点之间的关系和共现强度，从而提炼出该技术的研究热点。在网络图谱中，每个节点代表一个关键词，节点大小代表关键词出现的频次，用来衡量关键词的热度，节点越大越趋向于成为研究热点；节点之间的连线代表关键词之间联系的紧密程度，连线越粗表示关键词之间共现强度越大，技术点之间的联系越紧密。

由图 4.7 可知，光阳极、光电极、水分解、产氢、薄膜等节点较大，说明这些关键词在文献中出现频次高，且它们与其他关键词之间的连线数量较多较粗，说明这些词与其他关键词共现频率较大。因此，上述关键词代表了当前太阳能燃料电池技术的研究热点。

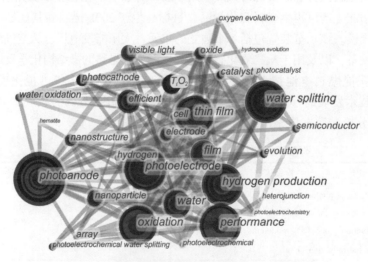

图 4.7　太阳能燃料电池研究文献关键词共现网络

为直观比较中美两国在太阳能燃料电池技术方面的研发实力，以科技论文产出为主要依据，分析了两国在原子层沉积、光阴极、薄膜、水分解、产氢、光阳极等重热点方向的发文量，如图 4.8 所示。

由图可知，中美在太阳能燃料电池技术方面的总发文量分别为767篇和435篇，中国占据较为明显的优势。在重热点方向方面，中国也多数优于美国，反映了中国在这些方向的布局研发较为活跃，但在利用原子层沉积技术制备电极材料上还弱于美国。

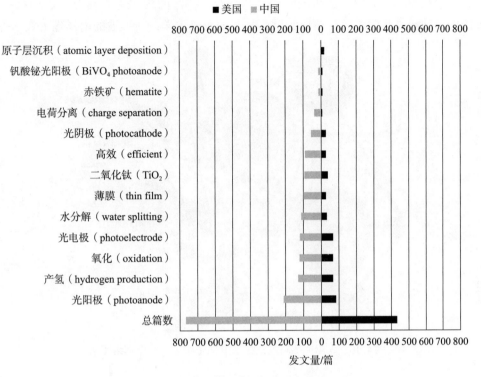

图4.8 中美太阳能燃料电池技术对比分析旋风图

此外，为考察太阳能燃料电池技术的当前应用情况，利用Innography工具对相关专利进行计量分析，得到专利主题词分布图和排序数据，如图4.9所示。其中，水分解、产氢、二氧化钛、可见光响应、光传感器、光阳极、纳米等主题词在技术专利中出现频次高，对应的技术点包括光电解水制氢、采用二氧化钛制备光电极、可见光响应等，代表了当前太阳能燃料电池技术专利中的应用热点。

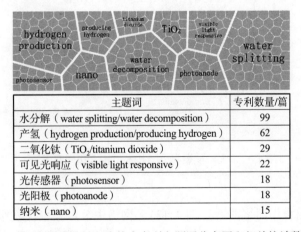

主题词	专利数量/篇
水分解（water splitting/water decomposition）	99
产氢（hydrogen production/producing hydrogen）	62
二氧化钛（TiO$_2$/titanium dioxide）	29
可见光响应（visible light responsive）	22
光传感器（photosensor）	18
光阳极（photoanode）	18
纳米（nano）	15

图4.9 太阳能燃料电池技术专利主题词分布图和相关统计数据

(3) 国家（地区）/机构分布

建立国家（地区）/机构间的合作网络图谱，网络中节点大小代表国家（地区）/机构的发文数量，节点越大说明发文量越多，节点间的连线反映国家（地区）/机构之间的合作关系强度，连线越粗说明两者合作越频繁，联系越紧密。由图4.10国家（地区）合作网络图谱可知，中国、美国、德国、韩国、日本等国节点较大,且处于网络图谱中心,说明这些国家(地区)在太阳能燃料电池技术方面的发文数量较多,位于国际前列。从图4.11可以看出,该技术代表研究机构主要包括中国的中国科学院、苏州大学、南京大学、西安交通大学,美国的可再生能源国家实验室、劳伦斯·伯克利国家实验室、斯坦福大学、加州理工大学、加州大学伯克利分校,德国的亥姆霍兹研究中心柏林材料与能源有限公司,韩国的浦项科技大学、首尔国立大学,日本的东京大学,新加坡的南洋理工大学等。

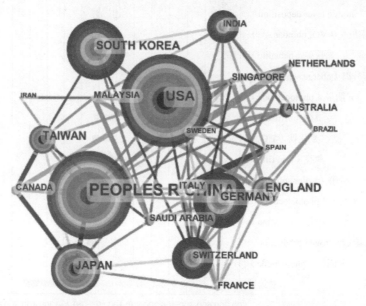

图4.10　太阳能燃料电池技术国家(地区)合作网络图谱

图4.11　太阳能燃料电池技术机构合作网络图谱

(4)核心人才团队

建立研究文献中作者的合作网络图谱(图4.12),网络中节点大小代表作者的发文数量,节点越大说明发文量越多,节点间的连线反映作者之间的合作关系强度,连线越粗说明两者合作越频繁、联系越紧密,并对图谱按照时间线进行聚类分析,如图4.13所示。由图4.12作者合作网络图谱可知,太阳能燃料电池技术核心人才团队主要包括日本东京大学Kazunari Domen团队、德国赫尔姆茨研究所Roel Van De Krol团队和Fatwa F. Abdi团队,以及美国波士顿学院王敦伟团队等。图4.13的时间线视图中节点表示作者发表第一篇相关论文的时间,节点间连线则表示作者之间的合作关系,从图中可以看出,德国赫尔姆茨研究所Roel Van De Krol团队和Fatwa F. Abdi团队的发文与合作密切度较高。

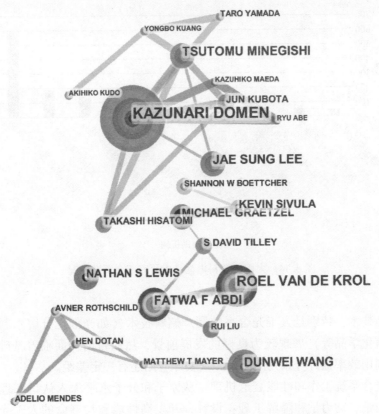

图 4.12　太阳能燃料电池技术研究人员合作网络图谱

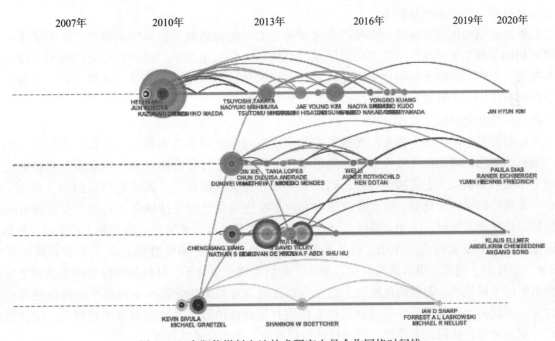

图 4.13　太阳能燃料电池技术研究人员合作网络时间线

(5) 基金来源分析

图 4.14 为文献基金来源分析图谱，图中横轴代表来自各个国家的基金资助机构，纵轴代表不同机构发文数量。由图可知，太阳能燃料电池技术的主要研发基金来源于中国的国家自然科学基金、国家 973 计划、中央高校基本科研业务费专项，美国的能源部基金、国家自然科学基金，日本的文部省基金，德国的国家研究基金等。

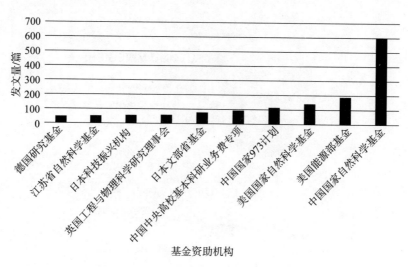

图 4.14 太阳能燃料电池技术研究基金资助情况

3. 发展趋势

太阳能燃料电池技术，特别是人工光合系统制产燃料技术（如光催化分解水制氢、固定二氧化碳制碳氢燃料或高价值化学品等）展现较为良好的发展前景，然而目前仍面临着基础理论发展、材料组件选用、能量转换利用效率提升等系列问题，距离实际应用还有一定差距。

一是探明人工光合系统工作和性能衰退机理。从原子和分子水平深入认识和理解光合系统光电转化、传输过程、热力学、动力学和降解机理；设计、开发高性能和长寿命的人工光合系统组件，如高效、稳定、高活性的低成本催化剂，高选择性隔膜等；在材料和组分水平上进行耐久性仿真实验，以支撑最佳材料和组件的选择与制备。

二是通过控制催化剂微环境，提升产物选择性和太阳能到燃料的整体转化效率。在分子水平上探测、理解和调控催化剂活性位点周围局部区域的结构、组分和动力学，以调控反应过程中关键化学键生成和断裂的步骤，进而影响催化反应化学路径；探索和控制催化剂与载体、光吸收剂、电解质及其他组分的相互作用；了解催化剂活性位点微环境如何影响反应物、产物、电子和质子输运，最终如何影响产物选择性和能燃转化效率。

三是在时间和空间尺度上将太阳光激发和化学反应两个过程有机衔接。目前，大多数人工光合系统制产燃料的方法都将太阳光吸收激发和随后的化学转化两个过程分离开来，但实际上完整的人工光合系统工作流程是涵盖了上述两个过程。因此需要加强相关基础研究，如光与物质的相互作用、强电子耦合、光诱导的结构变化等，将光吸收激发和化学反应转化过程直接耦合，有助于全面理解人工光合系统的工作机理，指导人工光合系统设计开发，实现更高效率的光捕集、激发和太阳能到燃料转化。

四是调谐复杂现象的相互作用，提升多组件集成的人工光合系统性能。人工光合系统由多组件（阴阳极、催化剂、隔膜、电解质等）耦合集成，如何实现众多分子、材料和组件性能的高效集成是人工光合系统的关键挑战，而仅简单地将上述单个组件叠加可能无法发挥与本身单个组件单独存在时同等的效能。因此需要围绕多组件集成及其相互作用开展原理机理、预测模型等基础研究，促使组件的协同设计成为可能，从而助力高效、高选择性和长寿命人工光合系统开发。

4. 军事价值

未来智能化战争，作战方式、武器装备甚至战场环境都将发生根本性变化，特别是大量无人作战装备将逐步替代作战人员运用于广阔的战场空间，将对军事能源保障产生重大影响。太阳能燃料电池由于具有微型高效、可靠稳定、安全、持久等优点，在未来无人作战、单兵作战、太空作战和分布式作战等军事场景中将发挥重要作用。图 4.15 构建了"技术应用×军事场景"二维矩阵，展示了该技术已经应用或可能应用的领域，以及这些应用对当前和未来军事场景的支撑情况。

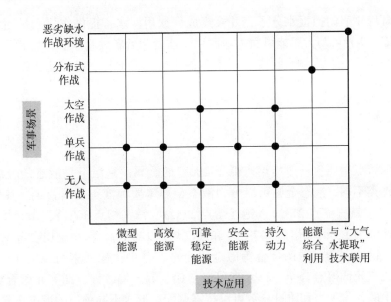

图 4.15 太阳能燃料电池技术军事价值分析

一是太阳能燃料电池将使无人作战更具持久性，且能满足无人装备小微型化需求。一方面，无人装备往往需要持久投入战场发挥作用，特别是高空无人侦察机等侦察监视装备，更需要长期执行侦察警戒任务，对能源的持久性要求较高。另一方面，微型无人作战装备具备隐蔽性好、安全性高等优势，将在未来智能化战场发挥越来越重要的作用，但当动力系统等比例缩小体积后，能否提供充足的能源供给，成为制约微型无人装备作战半径，甚至决定作战效能发挥的关键因素。太阳能燃料电池可将太阳能源源不断转化为无人装备所需电能，使无人装备可以持久应用于战场。同时，太阳能燃料电池具有比能量密度高的特点，可为微型无人装备提供充足能源，满足无人作战装备小微型化、长续航滞空等需求。

二是太阳能燃料电池将使单兵作战具备更高的灵活机动性，受能源的制约更小。单兵是战场作战的重要组成部分，在战时需要携带大量杀伤、传感、导航、通信等信息化装备来完成作战任务。为确保单兵保持良好的作战效能，需要在野战条件下向其所携带的信息化装备提供连续、安全、可靠、有效和满足技术要求的电能。太阳能燃料电池由于具有高效、可靠、稳定、安全、便携等优点，使之能满足单兵作战能源需求，为单兵更好执行作战任务提供保障。

三是太阳能燃料电池将使太空作战能源保障难度大大降低。太空作战中需要远程操控天基武器系统，执行与敌太空正面对抗、对地面和空中目标远程打击等任务。天基武器系统的能源保障至关重要，保障难度也很大。太阳能燃料电池可将太空中无处不在的太阳能作为原生能源，将其转化为化学能加以存储利用，与太阳能电池联用为天基资产持续释能供能，大大降低人工太空补给能源的压力。

四是太阳能燃料电池将为分布式作战提供能源综合利用保障系统，降低对单一能源的依存度和战场能源风险。未来智能化战场作战力量高度分散，大量无人智能化作战装备广泛分布于战场空间，能量储备方式也将由集中储备向零散分布转变，传统的以油料为主的集中统一储备方式将逐步向多种能源并存的零散分布储备方式转变，以适应不同类型装备和作战场景的能源保障需求。太阳能燃料电池同其他能源具有较高的兼容度，可在未来能源智能指挥控制系统的操控下，对多种类型的能源储备进行统筹管理和使用，便于为广泛分布、灵活机动的作战装备提供能源补给，实现高效及时的军事能源保障。

五是太阳能燃料电池可与"大气水提取"装置组合使用，有望解决缺水作战环境下的用水和用电难题。水是太阳能燃料电池工作产能不可或缺的重要物质基础之一。在沙漠、戈壁、高山等恶劣环境下，由于缺少水源，太阳能燃料电池不能正常工作，从而难以保障作战能需，因此如何获取水源成为亟待解决的关键问题。DARPA 在 2021 财年新上"大气水提取"项目，目的是研发便携式低能耗空气制水系统，从大气环境中吸附捕捉水分子，并聚集成可饮用淡水，提供作战人员用水补给。项目如获成功，"大气水提取"装置可与太阳能燃料电池联用，前者为后者供给水源，后者为前者提供电能，建立起"大气抽水—电池产能—产物水收集再利用"的用水用能循环，确保恶劣缺水环境下持续自给执行作战任务。

（二）液态金属

1. 概念内涵

液态金属也称低熔点金属，一般指熔点低于200℃的金属，室温下呈液态的金属称为室温液态金属。按照组成元素种类不同，液态金属可以分为液态金属单质和液态金属合金。其中，液态金属单质包括汞（熔点-39℃）、钫（熔点27℃）、铯（熔点29℃）、镓（熔点30℃）、铷（熔点39℃）、钾（熔点63℃）、钠（熔点98℃）、铟（熔点157℃）和锂（熔点180℃）。液态金属合金主要有镓合金、铋合金，以及钠钾合金、钠铯合金、钠铷合金等碱金属合金。其中，镓元素可以与铟、铋、锡、铅、锌、铝等元素形成二元或三元低熔点合金，铋元素可以与铅、锡、镉、锌、铟等元素合金化生成低熔点合金。液态金属合金中的元素种类和质量分数可以按需调配，形成不同种类的液态金属。

液态金属兼具液体的流动性和金属的导电、导热等性能，且熔点低、沸点高，具有宽广的液相温度区间。在热性质方面，液态金属的熔点可以通过化学组分配比进行调节，沸点较高，可以在几千摄氏度内保持液态，导热性能优异，如镓的热导率约是水的50倍。在电性质方面，液态金属的导电性能优于非金属流体（如水等），同样可以通过成分配比进行调节。在磁性质方面，镓本身是非磁性的，但是优良的磁性纳米粒子载体，通过将铁磁纳米粉末分散在液态镓中，可以合成液态金属磁流体，在磁场的情况下，流体将显示磁性。在流体性质方面，液态金属作为一种流体，其润湿性在其应用中起着关键作用，主要取决于黏度和表面张力，液体镓具有较低的黏度和较高的表面张力，两个参数都随温度的升高而降低。在化学性质方面，镓在水或空气中稳定，可被浓盐酸溶解，此外，镓对铝等一些金属具有强腐蚀性。

2. 发展现状

从20世纪90年代末起，国外科学家开始重点研究镓合金，代替汞开展液态金属的机理探索和应用研究。镓无毒，在手掌上就可化为液态，合金性能稳定，具有良好的介电性能和热胀冷缩性能。通过加入其他元素，可形成镓合金来调节熔点。研究表明，当镓中加入铟元素，形成熔点低至零摄氏度以下的镓铟共晶合金，该合金可通过机械、电压等外部作用，对电路中镓铟液态金属的形貌、位置等进行控制，从而实现电路灵活设计与重构，颠覆了传统铜制电路灵活性不足且难以更改重构的缺点。液态金属的优异特性和良好前景引发多国高度关注和竞相部署。2012年，德国亥姆霍兹德累斯顿罗森道夫研究中心牵头成立液态金属研究联盟，投入2000万欧元用于液态金属技术的研究开发与推广应用。2016年12月，我国工业和信息化部、发展和改革委员会、科学技术部、财政部四部委联合发布《新材料产业发展指南》，指出加强液态金属基础研究与技术开发。2017年4月，我国科学技术部在《"十三五"材料领域科技创新专项规划》中将液态金属列为新型功能与智能材料领域发展重点。

一是探索发掘液态金属新的优异特性，极大拓宽了其应用范围。2019年11月，澳大利亚卧龙岗大学首次发现电压诱导的液态金属室温"类超流体"穿越现象。实验中，研究人员对浸没在氢氧化钠溶液中的镓铟锡合金液滴施加电压，液滴表面会迅速形成一层表面氧化物，且表面张力几乎降为零，由此获得"穿越"海绵体、金属、塑料网、餐巾纸等不同孔径多孔材料的能力。这种新特性有望应用于封闭系统内电子电路的修复或调整，并促进探索液态金属在流体状态的其他特性。2020年2月，清华大学与中国科学院理化技术研究所合作发明了一种轻质液态金属材料，其密度在$0.448\sim2.010\text{g/cm}^3$范围内可调，低密度取值甚至比水的密度还低。这种材料以镓铟共晶合金为基础，加入一种具有中间镂空结构的空心玻璃微珠，两种材料结合之后能有效减小材料密度，并且通过调整两种组分的占比，就能控制整体材料的密度。

二是液态金属在生物、电子、能源、制造等多个领域获得实验验证，正加紧迈向实用化。在液态金属神经连接与修复方面，2014年4月，中国科学院理化技术研究所与清华大学联合研究小组，首次报道了一种全新原理的液态金属神经连接与修复技术。研究人员将镓铟锡液态金属合金放置在断裂的牛蛙腓肠肌坐骨神经中，结果显示液态金属完美充当了临时"桥"，使大脑发出的电信号能传递到肌肉并返回大脑，效果几乎与未受伤的神经一样。同时，由于液态金属在X射线下具有很强的显影性，在完成神经修复之后很容易通过注射器取出体外，从而避免了复杂的二次手术。这项技术有望应用于人体外科神经修复，在手术治疗过程中帮助神经和肌肉保持接近未受伤的状态。

在液态金属天线方面，其具有频率可调、频带多宽、材料疲劳强度高、可自我修复、耐用性强、轻质小型化等优点，是液态金属技术的研究热点，目前美国研发实力较强，处于领先地位。2009年，美国科学家提出液态金属多频天线的概念。2011年，美国北卡罗莱纳州立大学首次研制出常温液态的镓铟共晶合金，并制备出在1.91~1.99GHz范围内频率可调的镓铟液态金属天线原理件，成功验证了技术可行性。2015年，该所大学又采用新的电压驱动模式，实现对合金形貌和位置的精准控制，研制出仅通过电压控制工作频率在0.66~3.4GHz范围内可调的镓铟液态金属天线。美军方对液态金属天线也给予了极大关注。2012年，美国空军研究实验室所属制造材料、传感器、航空航天系统等多部门联合启动液态金属天线应用研究项目，几年来取得了多项研究成果。例如，2015年，通过调整镓铟共晶合金组分，将其熔点降到-19℃。2016年，通过对镓铟合金成分进行优化，加入锡、硒、碲等元素，将其熔点进一步降到-28℃，基本满足了装备实际应用环境需求。2017年6月，又成功研制出在70MHz~7GHz范围内工作频率按需可调的液态金属天线原型，并证实该天线在实验室环境下能够有效完成任务。美国空军研究实验室下步计划寻求这种新型材料与传统半导体技术的集成方法，相关样机将加装在MQ-9"死神"无人机上进行演示验证，军方预计这种液态金属天线技术可能在未来7~10年部署到飞机上。

在液态金属印刷柔性电子方面，印刷电子是近年来兴起的一种先进电子制造技术，其原理在于利用传统的丝印、喷墨等印刷手段将导电、介电或半导体材料转移到基板上，从而制造出电子器件与系统。与传统的减材式电子制造方法相比，印刷电子技术在大面积、低成本、个性化、柔性化、低能耗、绿色环保等方面具有明显优势。然而，制约印刷电子技术发展的一个关键因素是导电墨水材料难以获取。近年来，液态金属电子打印技术逐渐兴起，为印刷电子技术提供了解决方案。2019年5月，清华大学与中国科学院理化技术研究所成功研发出一种液态金属电子纹身，可将液态金属"附身"到人体上，让人类化身"超级战士"。研究人员将室温液态镓基合金与固体镍金属微粒混合，制备出具有高黏度和可塑性的半液态金属材料（Ni-EGaIn）。利用这种半液态金属材料制作的电子纹身结构更为稳定，而且可以使用滚轮方便快捷地涂敷到皮肤上。这种液态金属电子纹身不仅使纹身图案具有电子电路功能，而且可以紧密贴合在皮肤表面，即使皮肤被拉伸扭曲，依然能够保持良好的电学性能。这种液态金属电子纹身制备方法简单，无须复杂的设备即可制备出大面积LED阵列、温度传感器、人机交互电路、体表加热电路、体表电极等任意图案及功能的电子纹身，在个性化医疗、可穿戴设备等领域展现良好应用前景。2019年8月，该联合研究团队又研发出一种基于磁性液态金属的多功能柔性电路，这种多功能柔性电路具有可修复、可降解以及可转印等功能。实验中，研究人员将特定质量分数的铁粉掺杂在镓铟合金中，配制成一种磁性液态金属浆料，在磁场作用下，将该浆料转印至涂覆有果糖胶水的PVA薄膜表面。研发过程中用到的磁性液态金属、PVA薄膜、果糖三种材料分别赋予该柔性电路可修复、可降解以及热转印等功能。2020年7月，澳大利亚皇家墨尔本理工大学利用液态金属印刷工艺，将低熔点铟锡合金制成厚度仅为几个原子的晶圆级ITO薄板，具有高导电性和柔韧性，且吸收的可见光比单层和双层石墨烯减少80%~90%，有望应用于柔性光电设备。

在液态金属软体机器人方面，其克服了传统机器人体型庞大、结构刚性、行动不够灵活等缺点，不仅可制作机器人的柔性导线、执行器、电极系统，还可制成神经、肌肉、骨骼，将成为机器人发展的重要方向。2019年1月，清华大学、中国科学院理化技术研究所与中国农业大学联合发明了一种可实现超大尺度膨胀变形的全新液态金属复合材料，将可编程、可变形液态金属柔性智能机器人的实用化向前推进了一大步。这种材料主体由液态金属和硅胶制成，内部包含低沸点工质，可以被3D打印成任意形状。通过嵌入可编程的加热系统，利用这种材料能够制备出一系列新颖独特的概念型功能物件和柔性机器架构，如热敏响应致自由变形的软体章鱼、温控定向蠕动的软体动物，以及可抓取重物的柔性抓手等。

在液态金属核冷却方面，美、俄等发达国家可能选用极具潜力的液态金属冷却快中子反应堆技术，作为其第四代核反应堆系统的研发方案。该技术可以实现高水平的钚生产能力，并促进新的核燃料生产，提高核燃料闭式循环体系中废燃料的利用率，从而大大增强了核燃料基地的产能和安全系数。2017年4月，美国能源部阿贡国家实验室发布了《液态金属冷却反应堆技术路线图》，系统介绍了美国先进堆开发与部署的愿景和战略，重点分析了液态金属冷却堆的研发状况和技术成熟度，并在此基础上提出了液态金属冷却堆的研发需求和路线图。

在液态金属芯片冷却方面，高集成度计算机芯片随着工时增加，热管理障碍问题凸显，计算性能和可靠性也受到极大影响。传统的强化传热方法对复杂电子系统显得力不从心。近年来的研究发现，采用液态金属芯散热可大大降低芯片温度，延长芯片使用寿命，确保芯片持续有效运作，有望解决上述难题。

为多维度研究液态金属技术发展现状，运用FEST系统的多维可视化模块及Citespace、Innography等工具对该技术发展时序、研究热点、国家（地区）/机构分布、核心人才团队、基金来源等进行文献计量和专利分析，数据检索情况如表4.2所列。

表4.2 液态金属相关论文和专利检索情况

检索来源	检索策略	检索年段/年	检索时间	检索数量/篇	备注
Web of Science核心合集	主题：（"liquid metal" or "liquid alloy"）AND 主题：（"room temperature" or "low-melt *"）	1986—2020	2020.07.22	630	
Innography专利数据库	（"liquid metal" or "liquid alloy"）AND（"room temperature" or "low-melt *"）	1937—2020	2020.07.22	1624	经INPADOC同族合并

（1）发展时序分析

图4.16为液态金属技术的发展时序图，该图统计了液态金属在不同年份发文数量的变化过程。由图可知，液态金属技术发展始于1995年，1995—2008年间基本维持每年10篇左右发文量，从2009年起总体呈现稳步增长态势，表明近年来该技术关注度持续提升，体现了其良好发展前景。另外，从表4.2可以看出，液态金属技术的论文量低于专利量，说明该技术总体处于应用研究和技术开发阶段。

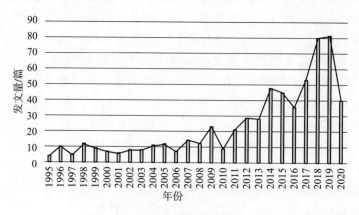

图4.16 液态金属技术发展时序图

（2）技术重热点挖掘

由图4.17可知，液态金属、合金、镓、纳米粒子、微结构等节点较大，说明这些关键词在研究文献中出现频次高,成为液态金属技术的研究热点。这些主关键词与其他关键词之间的连线数量较多较粗,说明其共现频率较大,研究相关度较高。例如,液态金属、室温、表面、微结构、行为、力学性质等具有较强的研究相关度,表明液态金属主要研究方向之一是探索发现室温下液态金属结构与性能的关系,以及微结构调控对材料性质和行为的影响。

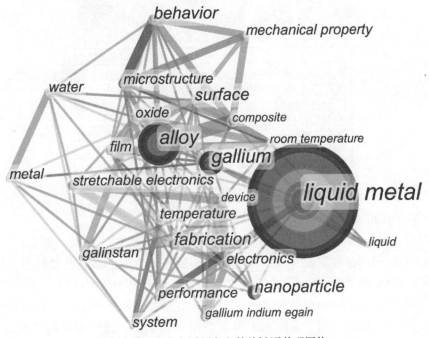

图 4.17 液态金属研究文献关键词共现网络

为直观比较中美两国在液态金属技术方面的研发实力,以科技论文产出为主要依据,分析了两国在液态金属合金、镓、纳米粒子、镓铟锡合金、镓铟合金、微结构等重热点方向的发文量,如图 4.18 所示。由图可知,中美在液态金属技术方面的总发文量分别为 197 篇和 195 篇,大致处于同一发展水平。两国在重热点方向方面有所侧重,中国致力于混合物成分调控、微结构调控等研究,美国则聚焦合金、可拉伸电子、表面氧化等研究。相比而言,中国在基础研究方面稍占优势,而在合金配制及应用方面还落后于美国,需在技术开发上进一步发力。

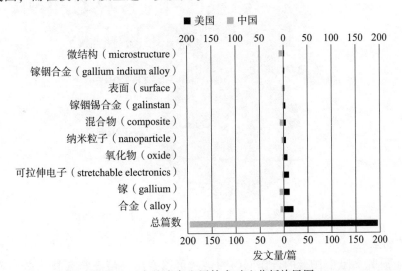

图 4.18 中美液态金属技术对比分析旋风图

此外,为考察液态金属技术的当前应用情况,利用 Innography 工具对相关专利进行计量分析,得到专利主题词分布图和排序数据,如图 4.19 所示。其中,熔点、热导、铝、复合材料、纳米、制备工艺、热耗散等主题词在技术专利中出现频次高，对应的技术点包括通过改变成分配比调控液态金属熔点、通过掺杂等手段提高液态金属导热性能、制备工艺等，代表了当前液态金属技术专利中的应用热点。

主题词	专利数量/篇
熔点（melting point）	111
热导（thermal conductivity/heat conduction）	83
铝（aluminium）	64
复合材料（composite material）	42
纳米（nano）	41
制备工艺（preparation process）	39
热耗散（heat dissipation）	33

图 4.19　液态金属技术专利主题词分布图和相关统计数据

（3）国家（地区）/机构分布

由图 4.20 国家（地区）合作网络图谱可知，中国、美国、德国、日本、澳大利亚等国节点较大，且处于网络图谱中心，说明这些国家（地区）在液态金属技术方面的发文数量较多，处于国际领先水平。图 4.21 对研究机构之间的合作情况进行分析发现，该技术代表研究机构包括中国的中国科学院、清华大学、中国科学院大学、中国科学技术大学、西北工业大学等，美国的空军研究实验室、得克萨斯州立大学奥斯汀分校、UES 公司、美国北卡罗莱纳州立大学等，澳大利亚的皇家墨尔本理工大学、卧龙岗大学、新南威尔士大学、莫纳什大学、昆士兰科技大学等，德国的亥姆霍兹德累斯顿罗森道夫研究中心、德累斯顿工业大学等，日本的大阪大学、东北大学等。

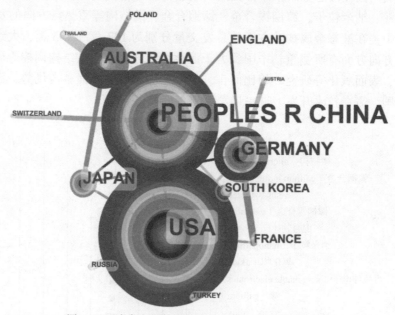

图 4.20　液态金属技术国家（地区）合作网络图谱

（4）核心人才团队

图 4.22 建立了研究文献中作者的合作网络图谱，可以看出，液态金属技术核心人才团队包括中国科学院理化技术研究所刘静研究团队、澳大利亚新南威尔士大学 Kourosh Kalantar-Zadeh 团队，以及美国北卡罗莱纳州立大学 Michael Dickey 团队等。图 4.23 对图谱按照时间线进行了聚类分析，可知中国科学院理化技术研究所刘静、王磊、杨小虎的发文和合作密切度较高。

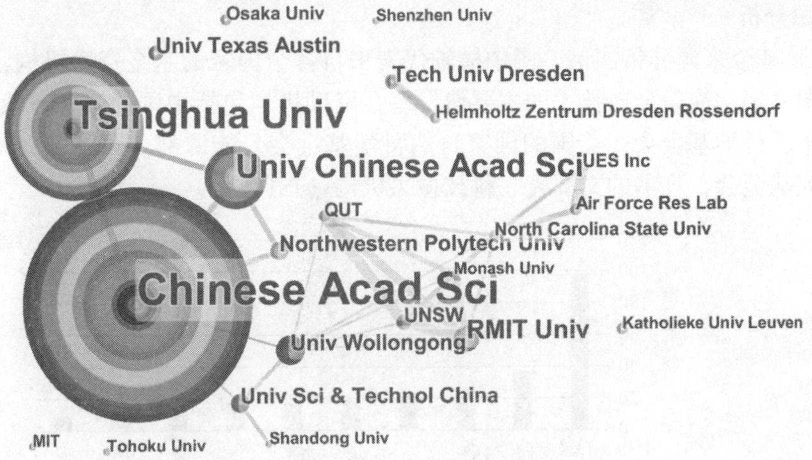

第四章 先进能源、材料和制造领域前沿技术识别与研判

图 4.21 液态金属技术机构合作网络图谱

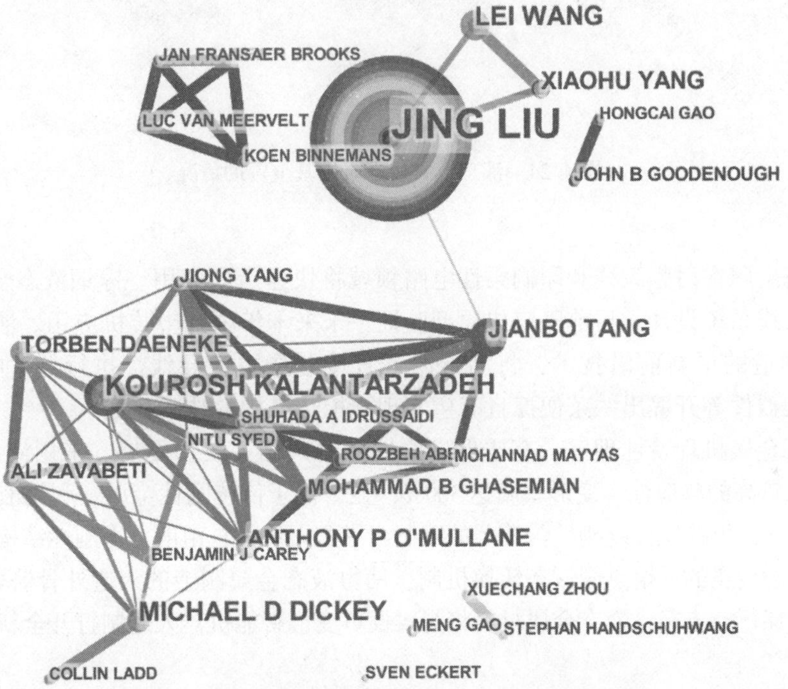

图 4.22 液态金属技术研究人员合作网络图谱

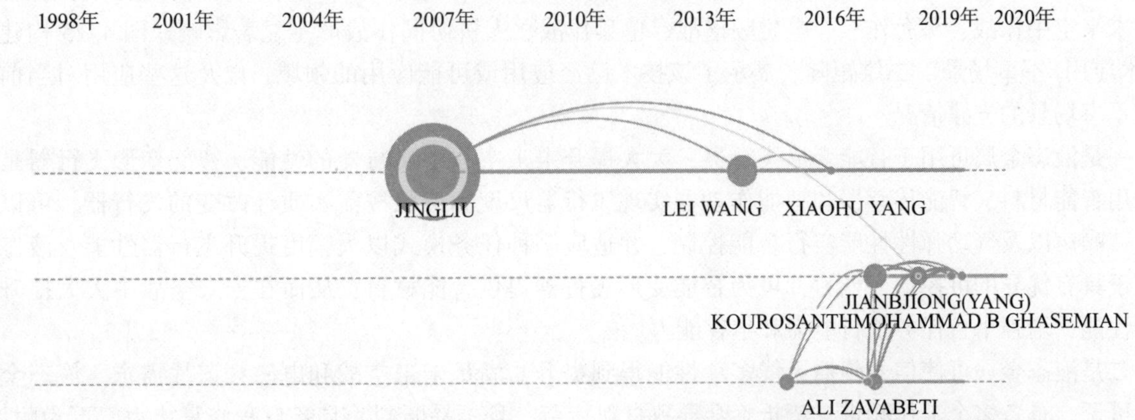

图 4.23 液态金属技术研究人员合作网络时间线

（5）基金来源分析

图4.24为文献基金来源分析图谱，图中横轴代表来自各个国家的基金资助机构，纵轴代表不同机构发文数量。由图可知，液态金属技术的主要研发基金资助机构包括中国的国家自然科学基金委员会、中国科学院、博士后科学基金会，美国的国家自然科学基金会、能源部、国防部，澳大利亚的研究委员会，德国的研究基金会，日本的文部省、科技振兴机构（JST）等。

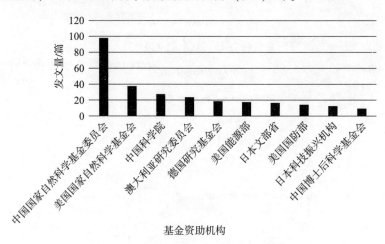

图4.24 液态金属技术研究基金资助情况

3. 发展趋势

一是镓铟液态金属在射频天线和印刷柔性电路领域将快速走向应用。镓铟液态金属天线频率可调，颠覆了传统军用天线系统设计，目前已完成原型验证，未来十年内有望装机应用。液态金属3D打印作为柔性电子器件制造的最新前沿技术，将为常温下直接制造柔性导线、执行器、电极系统、可穿戴式机械外骨骼的元器件等开辟出一条便捷且有望实现规模化应用的技术途径。

二是增进液态金属机理特性理解，有望促进柔性机器人相关技术发展。采用液态金属电极制造人工肌肉，可以确保较高的顺应性，变形率高达300%，显著优于传统刚性金属；利用液态金属制成的具有传感功能的神经系统，可摆脱传统刚性传感器的限制，搭配柔性多自由度、无刚性结构肌肉，与生物机体运动高度契合；液态金属的低熔点固液态转换机制，使得液态金属制造的人造外骨骼可按需转变成液态，实现在狭小的空间穿行。未来，液态金属材料将为柔性可变形智能机器人研制打开全新视野。

4. 军事价值

液态金属由于具有优异的可流动、电学、热学、磁学性能，在可变形柔性机器人、轻质外骨骼、可注射骨骼、可穿戴电子、深潜机器人、智能变形飞行器、液态金属天线等领域具有重要应用前景，将对未来空中作战、深海作战、电磁频谱战、单兵作战、人机协同作战产生显著影响。图4.25构建了"技术应用×军事场景"二维矩阵，展示了该技术已经应用或可能应用的领域，以及这些应用对当前和未来军事场景的支撑情况。

一是液态金属可用于智能变形飞行器，大大提升未来空战中飞行器的性能。智能变形飞行器是一种采用智能材料、智能传感器和智能作动器实现飞行器尺度和形状按需实质性改变的飞行器，可以对流动、噪声以及气动弹性性能实行智能控制，并适应多种任务模式以大幅度提升飞行器性能。液态金属由于具有优异的可控形变能力，可为智能变形飞行器提供智能材料，从而在未来空战中大大提升飞行器性能，增强平台任务执行能力和生存能力。

二是液态金属可使信号传播天线多项性能得到提升，满足未来空战和电磁频谱战需求。液态金属频率可调，具备多个工作频带，弯折不会导致材料疲劳，且不易断裂，具备自我修复能力，更为耐用，同时设计灵活、可重构，能够为整机系统减重，促使装备小型化，将有效提升未来空战和电磁频谱战的作战能力。

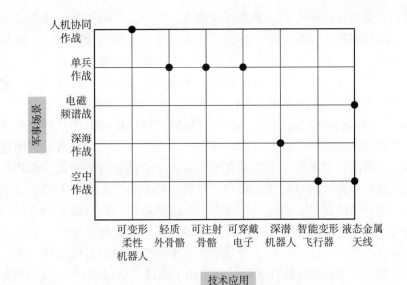

图 4.25　液态金属技术军事价值分析

三是液态金属为军用机器人制造提供了可变形材料，对人机协同作战和深海作战产生重要影响。液态金属可在"吞食"少量物质后，实现以可变形机器形态长时间高速、自主（无需外部电力）运动，从而为研制实用化智能马达、血管机器人、流体泵送系统、柔性执行器乃至更为复杂的液态金属机器人奠定理论和技术基础。这种机器人未来有望用于人机协同作战和深海作战，提升多域/跨域作战能力。

四是液态金属能够用于制造可穿戴电子和可注射骨骼，提高单兵综合战斗能力。液态金属具有快速成型和生物兼容等特点，能为可穿戴电子和可注射骨骼提供性能优异的材料，将对单兵通信、传感、体能和自修复等性能提升发挥重要作用，全面提升单兵作战能力，同时降低因伤救治不及时造成的人员死亡率。

（三）拓扑绝缘体

1. 概念内涵

拓扑绝缘体是一种呈现独特量子力学性质的新型材料，这种材料结构的体能态表现为绝缘性，而表面态则呈现出金属性，其中的电子在受到强烈的自旋轨道耦合作用下，会形成线性的能量色散关系，产生自旋动量锁定现象，从而导致不同自旋方向的电子朝着相反方向运动，不再受到背散射影响，实现电子无能耗高速输运，如图 4.26 所示。通俗来讲，拓扑绝缘体的内部与通常意义上的绝缘体一样是绝缘的，其表面或边界却处于导电的边缘态，因而被形象比喻为"长着绝缘体的骨头，披着带电的皮肤"。

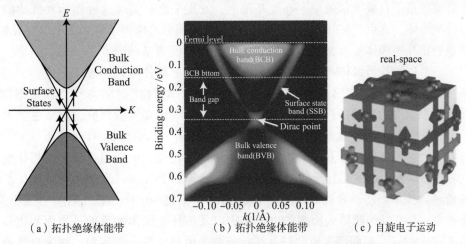

（a）拓扑绝缘体能带　　（b）拓扑绝缘体能带　　（c）自旋电子运动

图 4.26　拓扑绝缘体能带和自旋电子运动示意图

拓扑绝缘体包括二维拓扑绝缘体和三维拓扑绝缘体。其中，二维拓扑绝缘体又称量子自旋霍尔绝缘体，受时间反演对称性保护，存在螺旋边缘态，具有一维的无能隙边缘态。三维拓扑绝缘体是由二维拓扑绝缘体扩展而来，在边界具有二维的无能隙表面态。拓扑绝缘体绝大多数独特的性质来自于这种边缘态或表面态。这种边缘态或表面态的存在是由体能带的拓扑性质决定的，因此原则上不会像由表面势或悬挂键产生的表面态一样易于被边缘或表面处吸附、污染和破坏。

拓扑绝缘体作为一种新的物质态，突出表现为材料的内部存在能隙并且材料的表面存在无能隙拓扑边缘态。基于拓扑绝缘体的这种特点，其基本性质主要表现为：一是无背散射的输运行为。绝缘体的电阻源自其内部存在带隙，金属的电阻则来自电子与声子、杂质等的碰撞。在拓扑绝缘体中，表面态电子遇到杂质时仍会保持原来的方向继续移动，背散射被抑制，由此大大减少了电子与杂质间的碰撞，降低体系功耗。随着晶体管尺寸的进一步减小，电路中热耗散的问题十分严峻，如果用低功耗的拓扑绝缘体来传输电子，有望从根本上解决热耗散问题。二是自旋动量锁定。表面态的电子具有自旋动量锁定的性质，即在表面给定电子一初始动量后，电子会产生净的自旋极化，极化方向与动量方向严格垂直。自旋极化的表面态特性使拓扑绝缘体有望用于磁性自旋器件。三是高迁移率。通常情况下，普通导体的能量动量色散关系是非线性的，而拓扑表面态的能量动量色散关系是线性的，因此理想的拓扑绝缘体有着很高的迁移率，可以作为很好的电子传输沟道。理论上，拓扑绝缘体在半导体器件应用中运行速度快、截止频率高。四是反弱局域化效应。拓扑绝缘体的表面态电子具有自旋动量锁定的特征，这导致时间反演对称的两个相反闭合路径上电子的波函数会发生相消干涉，进而抑制表面电子的背散射现象。然而，若施加垂直磁场，时间反演对称性将被破坏，磁阻随之增加，因此在零磁场情况下磁阻存在一个极小值，这就是"反弱局域化"（weak anti-localization，WAL）效应。反弱局域化效应往往和体系中强烈的自旋轨道耦合作用相关。在量子扩散的条件下，电子总是保持着它的相位相干性。当发生量子相消干涉时，电导率增加，出现反弱局域化。在施加磁场后，相消干涉被破坏，电导率较小，因此在零场下出现电导的极大值。五是量子振荡。在强磁场下，能带会分立成量子化的朗道能级。随着磁场的变化，态密度会发生周期性的调整，这就是产生量子振荡的原因。在三维变角度的磁输运中，即使拓扑绝缘体有体态的参与，振荡也能有选择性地将二维的金属性表面态提取出来。通过分析振荡数据，可以获得表面态的很多参数，如费米能级的位置、贝利相位、表面态二维的载流子浓度等。

2. 发展现状

1980 年，德国慕尼黑理工大学物理学家冯·克利青（K. von Klitzing）在高迁移率的二维硅基场效应二极管中发现了量子化的霍尔电导，即整数量子霍尔效应，该系统可被看作人们认识到的第一种拓扑绝缘体。2006 年，美国斯坦福大学华裔物理学家张首晟团队针对半导体能耗与散热问题，开创性提出了基于电子自旋的量子自旋霍尔效应，在此基础上，发现了能够实现这种新运动规律的一类新奇量子材料——拓扑绝缘体。此后，拓扑绝缘体受到广泛关注和研究，取得了许多重要研究成果。

一是持续推进拓扑绝缘体基础特性、材料制备及理论验证等基础研究。美国、欧盟、日本等科技强国陆续制定了一系列拓扑绝缘体相关研发计划，致力于开展拓扑绝缘体基础研究。美国能源部、国家自然科学基金会、DARPA 等部门相继布局实施"介观动力学结构"（Meso）、"凝聚态物理与材料物理研究"等项目计划，大力推动拓扑绝缘体基础特性、基础理论和实验研究。欧盟主要通过第七框架计划（FP7）资助拓扑绝缘体研究，其中 2010—2014 年间累计投入金额达 3100 多万欧元。德国德意志研究联合会设立了"拓扑绝缘体：材料—基础特性—器件"优先发展项目，旨在从拓扑绝缘体材料改进、基础特性和器件结构、新的拓扑绝缘体材料和新概念等三个方面寻求重大突破。日本学术振兴会在其"世界一流科学技术创新研究资助计划"（FIRST）中安排 30.99 亿日元启动"强相关量子科学"项目，研究重点之一是拓扑绝缘体表面态的电子结构以及拓扑绝缘体的界面、表面和边界态。我国发展拓扑理论始于"十一五"期间部署的"拓扑结构及数学模型仿真"等项目，国家自然科学基金委员会在物理 I 领域增设"拓扑绝缘体材料制备及物性研究"方向，拓扑绝缘体研究也被列入"单量子态的探测及相互作用"重大研究计划。此后,"功能关联电子材料及其低能激发与拓扑量子性质的调控研究""功能关联电子材料及其拓扑量子性质的调控与应用""超导—拓扑绝缘体低维异质结构的制备和物性""新型低维体系量子输运和拓扑态的研究""拓扑与超导新物态调控""分子基功能碳材料新型拓扑结构的基础与前沿研究"等一大批项目获得科学技术部、国家自然科学基金委员会、中国科学院持续支持。

2006年以来,张首晟团队先后成功预言了基于量子自旋霍尔效应的二维拓扑绝缘体——CdTe/HgTe/CdTe量子阱结构,以及基于传统Ⅲ-Ⅴ族半导体的二维拓扑绝缘体——AlSb/InAs/GaSb/AlSb量子阱结构,其中前者是首个被实验验证的时间反演不变二维拓扑绝缘体。2009年,张首晟团队又与中国科学院物理研究所方忠团队合作,通过第一性原理计算理论预言了第二类三维拓扑绝缘体(Bi_2Se_3、Bi_2Te_3和Sb_2Te_3),这些材料结构简单、稳定、易合成、体能隙较大,可获得高纯度样品,是材料物理领域的重大进展。2013年,清华大学薛其坤团队联合中国科学院物理研究所和美国斯坦福大学在《科学》杂志上发文,利用分子束外延法生长出高质量Cr掺杂$Bi_2(Se_xTe_{1-x})_3$拓扑绝缘体薄膜,在量子反常霍尔效应被提出130多年后首次在实验中发现,具有里程碑意义,该效应可能在未来电子器件中发挥特殊作用,用于制备低能耗高速电子器件。2018年,日本理化研究所与东京大学合作利用金属有机分子束外延技术制备出高品质单晶钛酸铕($EuTiO_3$)薄膜,并发现了新的反常霍尔效应(反常霍尔效应会随着磁化表现出各种不同的数值),该成果将有助于更好地掌握磁性半导体中电子的量子输运行为,同时也有望通过电门来控制反常霍尔效应,验证和实现全新的自旋电子学功能。2020年,复旦大学和中国科学技术大学首次在本征磁性拓扑绝缘体$MnBi_2Te_4$中观测到量子反常霍尔效应,为未来本征材料体系中拓扑物理的研究开辟了新思路。

二是大力加强拓扑绝缘体电子结构调控、器件开发、超导转变等应用基础研究。DARPA"介观动力学结构"项目在器件研究和验证方面取得了系列研究成果,如设计出基于拓扑绝缘体的场效应晶体管,验证了由磁开关控制的拓扑绝缘体晶体管,研制出首个门可调拓扑绝缘体表面态热电器件的初始原型等。2017年,澳大利亚墨尔本皇家理工大学研究发现,拓扑绝缘体可用于超薄全息电子器件,将平面电子器件和全息影像技术有机结合,在光学成像、数据存储、信息安全等领域展现应用潜力。2018年,上海技术物理研究所设计了一种微纳天线集成Bi_2Se_3太赫兹探测器,实现了室温下快速高响应率的太赫兹探测。2018年11月,美国麻省理工学院报道了由电场效应引起的单层拓扑绝缘体WTe_2本征超导电性;同月,加拿大英属哥伦比亚大学发现门控电压能够诱导单层WTe_2拓扑绝缘体向超导状态转变。这两支团队同时发现单层二维WTe_2由拓扑绝缘体向超导体转变的不同方法,首次在拓扑非平庸体系实现绝缘体—超导量子态的连续调控,提供了在单一材料(而非目前的混合结构)中开发拓扑超导器件的理论方案,为未来拓扑量子器件的研发开辟出全新技术途径。我国国家重点研发计划"量子调控与量子信息"重点专项支持启动了"拓扑量子材料、物性及器件研究"项目,2017年该重点专项又扩展了拓扑材料及其相关研究内容,增设"新型二维层状非常规超导体的探索与机理""拓扑磁性结构及其异质结的输运和器件""拓扑复合小量子体系中的自旋、电荷调控""拓扑量子材料电子结构的调控和器件开发"四个研究方向,进一步强化拓扑绝缘体基础与应用基础研究。

三是不断探索新的拓扑绝缘体材料和新概念,拓展新应用。近年来,科学家通过持续挖掘新的拓扑绝缘体材料形态、发现新的拓扑绝缘体概念、开辟新的应用领域,不断丰富拓扑绝缘体的基础理论和应用探索。2018年,日本东京理工大学制备了一种新型拓扑绝缘体锑化铋(BiSb),该材料同时具有自旋霍尔效应和高导电性,被视为当时性能最好的纯自旋电源,标志着拓扑绝缘体有望取代现有存储器技术实现工业应用,加速开发高密度、超低功耗和超快速非易失性存储器。2018年11月,美国伊利诺伊大学香槟分校和西班牙巴塞罗那科技学院在无序原子线中观察到安德森拓扑绝缘体,该发现将使未来研究无序拓扑系统的量子临界性成为可能,并有助于未来对强相互作用拓扑流体的研究。2019年,日本东京大学和东京工业大学首次验证弱拓扑绝缘体碘化铋$β-Bi_4I_4$能够产生高度定向的自旋电流,有助于奇异量子现象和新型自旋电子技术的进一步研究。2019年,澳大利亚卧龙岗大学通过耦合拓扑绝缘体$SnSb_2Te_4$和Te掺杂石墨烯制作复合材料，有望为高倍率能量存储领域研究提供借鉴。2019年，浙江大学和新加坡南洋理工大学合作构建出世界上首个三维光学拓扑绝缘体，首次将三维拓扑绝缘体从费米子体系扩展到玻色子体系，可能应用于三维拓扑光学集成电路、拓扑波导、光学延迟线、拓扑激光器等领域。2019年，南京大学物理学院万贤纲教授团队在《自然》杂志上报道了其通过使用对称指标全面搜索拓扑材料，发展了一套非常高效的拓扑材料预测方案。2020年，新加坡南洋理工大学与日本大阪大学联合研发出首款基于光子拓扑绝缘体的新型"拓扑保护"高速太赫兹互连芯片，不仅可以传输太赫兹波，还能产生11Gb/s的数据速率，并能支持4K高清视频的实时传输。该型芯片未来有望互连集成用于无线通信设备，将为6G通信提供每秒TB级的传输速率，比当前的5G通信要快10～100倍。

为多维度研究拓扑绝缘体技术发展现状，运用FEST系统的多维可视化模块及Citespace、Innography等工具对该技术发展时序、研究热点、国家（地区）/机构分布、核心人才团队、基金来源等进行文献计量和专利分析，数据检索情况如表4.3所列。

表4.3 拓扑绝缘体相关论文和专利检索情况

检索来源	检索策略	检索年段/年	检索时间	检索数量/篇	备注
Web of Science核心合集	主题："topological insulator"	2005—2020	2020.07.13	6172	
Innography专利数据库	"topological insulator"	2005—2020	2020.07.13	447	经INPADOC同族合并

（1）发展时序分析

图4.27为拓扑绝缘体技术的发展时序图，该图统计了拓扑绝缘体在不同年份发文数量的变化过程。由图可知，拓扑绝缘体于2008年迎来发展拐点，研究文献数量逐年快速攀升，2017年达到最高发文量，表明主要国家对该技术高度重视并重点布局，近年来发展迅猛，理论研究不断取得突破，正在加速向技术开发和实际应用推进。另外，从表4.3可以看出，拓扑绝缘体技术的论文量明显高于专利量，说明该技术总体处于基础研究阶段。

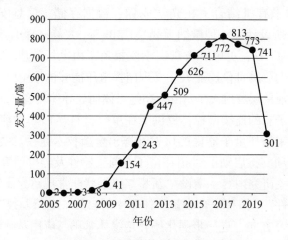

图4.27 拓扑绝缘体技术发展时序图

（2）技术重热点挖掘

由图4.28可知，拓扑绝缘体、表面态、单狄拉克锥、石墨烯、碲化铋（Bi_2Te_3）等节点较大，说明这些关键词在研究文献中出现频次高，代表了当前拓扑绝缘体技术的研究热点。这些主关键词与其他关键词之间的连线数量较多较粗，表明其共现频率较大，研究相关度较高。表面态是固体自由表面或固体间接口附近局部性的电子能态，拓扑绝缘体具备狄拉克锥形式的表面态（图4.26），这一特性是材料性质和应用的根本所在。石墨烯同样具备狄拉克锥能带结构，如何将石墨烯转化为拓扑绝缘体的特殊状态成为近年来主要研究方向之一。

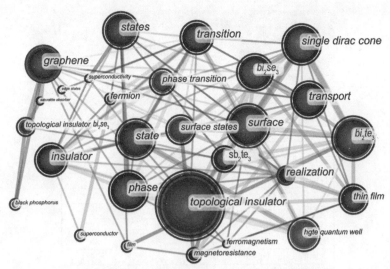

图4.28 拓扑绝缘体研究文献关键词共现网络

为直观比较中美两国在拓扑绝缘体技术方面的研发实力,以科技论文产出为主要依据,分析了两国在拓扑绝缘体、单狄拉克锥、Bi_2Te_3、石墨烯、表面态等重热点方向的发文量,如图4.29所示。由图可知,中美在拓扑绝缘体技术方面的总发文量分别为1981篇和2002篇,大致处于同一发展水平。其中,中国在拓扑绝缘体、单狄拉克锥、Bi_2Te_3、石墨烯等方面稍占优势,美国则在表面态、传输、相等方面居于领先。

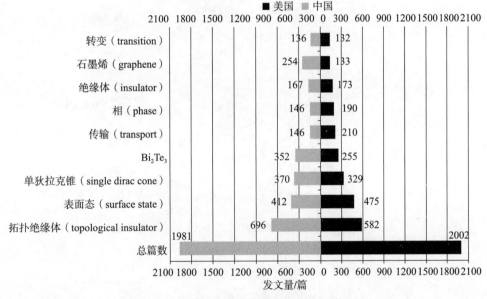

图4.29 中美拓扑绝缘体技术对比分析旋风图

此外,为考察拓扑绝缘体技术的当前应用情况,利用Innography工具对相关专利进行计量分析,得到专利主题词分布图和排序数据,如图4.30所示。其中,自旋轨道、绝缘体材料、石墨烯、铋、自旋流等主题词在技术专利中出现频次高,代表了当前拓扑绝缘体技术专利中的应用热点。目前这些热点研究方向大多处于实验室研究阶段,距离实用化还有较大差距。

(3)国家(地区)/机构分布

由图4.31国家(地区)合作网络图谱可知,美国、中国、日本、德国、俄罗斯等国节点较大,且处于网络图谱中心,说明这些国家(地区)在拓扑绝缘体技术方面的发文数量较多,位于国际前列。图4.32对研究机构之间的合作情况进行分析发现,该技术代表研究机构包括中国的中国科学院、清华大学、南京大学、量子物质科学协同创新中心,日本的东京大学、东北大学,美国的斯坦福大学、麻省理工学院,俄罗斯的国家科学院,德国的维尔茨堡大学等。

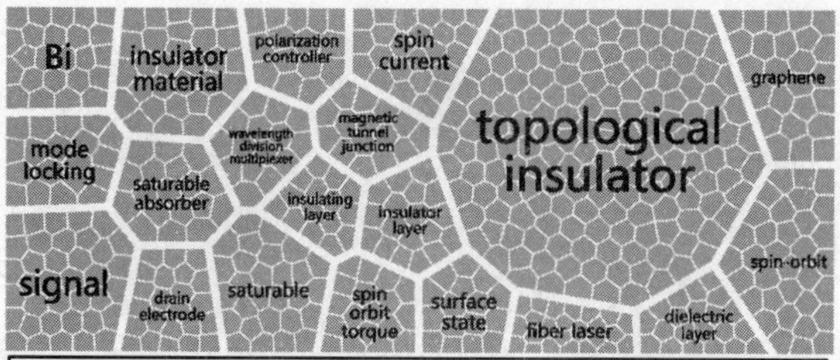

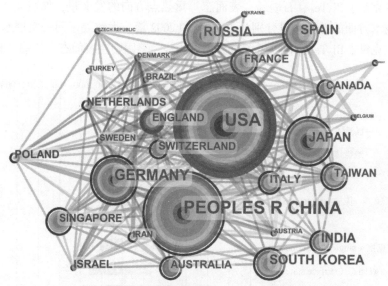

主题词	专利数量/篇
拓扑绝缘体（topological insulator）	160
信号（signal）	37
自旋轨道（spin-orbit）	34
绝缘体材料（insulator material）	30
可饱和（saturable）	28
石墨烯（graphene）	25
铋（Bi）	25
自旋流（spin current）	24
光纤激光（fiber laser）	24
漏极（drain electrode）	23

图 4.30　拓扑绝缘体技术专利主题词分布图和相关统计数据

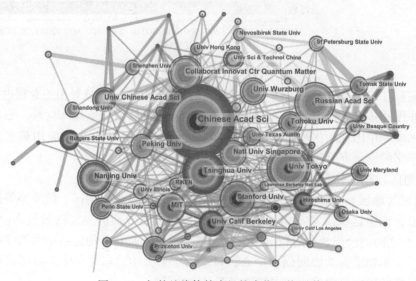

图 4.31　拓扑绝缘体技术国家（地区）合作网络图谱

图 4.32　拓扑绝缘体技术机构合作网络图谱

（4）核心人才团队

图 4.33 建立了研究文献中作者的合作网络图谱，可以看出，拓扑绝缘体技术核心人才团队包括薛其坤—何柯（清华大学）—张首晟合作团队、西班牙多诺斯蒂亚国际物理中心 E. V. Chulkov 研究团队、深圳大学张晗研究团队以及日本电力工业中央研究所 Yoichi Ando 研究团队等。图 4.34 对图谱按照时间线进行了聚类分析，可知合作密切度较高的团队主要包括清华大学薛其坤、何柯团队和马旭村、常翠祖团队，西班牙多诺斯蒂亚国际物理中心 E. V. Chulkov、S. V. EREMEEV 团队和西班牙巴斯克大学 M. M. Otrokov 团队，以及深圳大学张晗团队和湖南大学赵楚军团队。

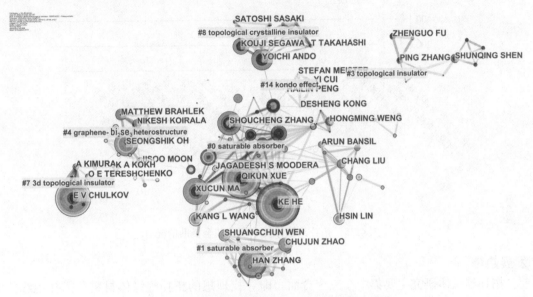

图 4.33　拓扑绝缘体技术研究人员合作网络图谱

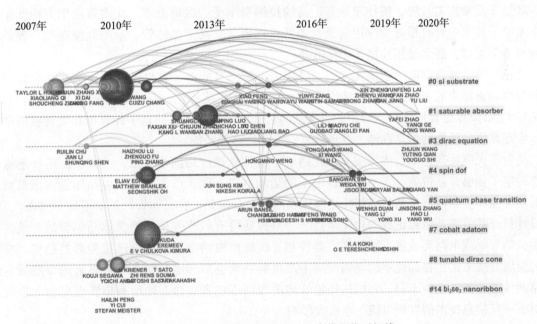

图 4.34　拓扑绝缘体技术研究人员合作网络时间线

（5）基金来源分析

图 4.35 为文献基金来源分析图谱，图中横轴代表来自各个国家的基金资助机构，纵轴代表不同机构发文数量。由图可知，拓扑绝缘体技术的主要研发基金资助机构包括中国的国家自然科学基金委员会、973 计划，美国的国家自然科学基金会、能源部、国防部，日本的文部省、科技振兴机构，德国的研究基金会，俄罗斯的基础研究基金会等。

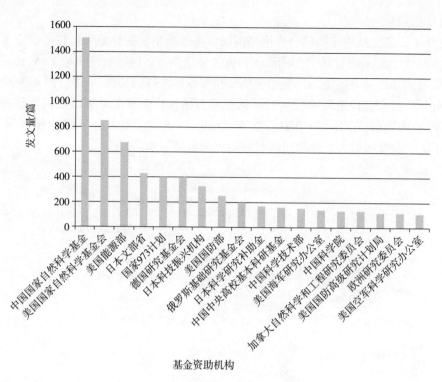

图 4.35 拓扑绝缘体技术研究基金资助情况

3. 发展趋势

目前，拓扑绝缘体研究主要集中在三个方面，即寻找理想的拓扑绝缘体材料、拓扑绝缘体相关物理学研究、拓扑绝缘体应用研究。在理论研究方面，拓扑绝缘体对探索和发现新奇物理现象具有重要意义，如量子反常霍尔效应、拓扑超导态、马约拉纳费米子、磁单极等。在实际应用方面，拓扑绝缘体在未来电子技术中具有很好的应用前景，如低损耗输运、高速晶体管、新型低能耗电子器件、抗干扰自旋电子学器件，甚至是拓扑量子计算机等。

一是拓扑绝缘体自旋电子学快速发展，可应用于新型自旋电子器件。拓扑绝缘体具有强自旋轨道耦合和自旋动量锁定的表面态，无须施加磁场便能够实现自旋极化，有望颠覆传统铁磁性材料。因此，建立拓扑绝缘体/铁磁异质结构，可用于研发新的自旋电子器件、拓扑量子计算机和大规模电学逻辑电路等，实现高容错低能耗信息存储、逻辑运算、量子计算等功能。

二是电子无能耗高速输运优势明显，在纳电子器件领域应用前景突出。一方面，拓扑绝缘体金属表面态的电子能够穿越带隙，且不同自旋电子的运动方向不同，可作为场效应晶体管沟道材料，用于制备低功耗晶体管器件。虽然目前拓扑绝缘体表面态没有带隙，在晶体管制备中不易"关断"，但通过创新设计打开其表面态带隙正成为攻关重点，一旦成功将有效改善拓扑绝缘体晶体管的开关特性。另一方面，随着集成电路集成度不断提高，器件和导线规模向纳米尺寸发展已成为必然趋势。对于目前使用的金属导线来说，在如此小的空间尺度上产生的巨大电阻和电容将会导致显著的发热效应，对集成电路的性能和能耗极为不利。利用拓扑绝缘体的表面态或者边缘态输运有望实现完全无损耗高速输运，对下一代信息技术的发展可能产生重大影响。

三是利用拓扑表面态的特殊性质，构建拓扑绝缘体光电子器件。拓扑绝缘体具备很宽的吸收光谱，当受到外界圆偏振光激发时产生自旋极化的光电流或者发射自旋极化的光电子，有利于光电探测器、光热电器件、光波导、光电阴极器件、激光器等拓扑绝缘体光电子器件的研发。例如，利用拓扑绝缘体研制的宽光谱光电探测器，具有响应速度高、响应时间快和响应波段宽（从紫外到太赫兹波段）等优势；部分拓扑绝缘体是很好的热电材料，在非均匀光辐照下将产生光热电效应，可作为光热电器件的材选；基于拓扑绝缘体表面态光电子的可操控特性，可将其应用于光电阴极器件研发；拓扑绝缘体具有低饱和强度、宽波段非线性吸收、高损伤阈值等优点，是一种优异的可饱和吸收体，可用于制备光纤激光器和固体激光器。此外，拓扑绝缘体被视为一种新的微波光子材料，有望用于研发新型独特光学器件，如被动锁模体、Q开关、光限幅器等。

四是有望实现拓扑量子比特，为未来量子计算技术发展奠定基础。量子计算的最大挑战是实现量子比特，即创建足够强大的逻辑单元，以尽可能低的误码率和免干扰性来承载和执行各项指令。物理学家推测，三维拓扑绝缘体可能成为量子计算量子位的候选材料，用于创建可有效减少误差和信息损失的量子比特。美国哈佛大学于2019年首次证明利用强电子相互作用的单拓扑材料可能用于拓扑量子计算，并设计出一种具有强相关性电子相互作用的新型拓扑材料，验证了该材料可将量子信息编码成一种拓扑保护状态，同时降低外部环境噪声对量子比特的影响。

五是基于良好导电性和柔性特性，构建拓扑绝缘体透明电极。传统的氧化铟锡（ITO）透明电极质地较脆、易碎，不适合应用于柔性器件中。近年来研究发现，基于拓扑绝缘体纳米结构的柔性透明电极具备优异的性能，包括良好的导电性、优异的红外光区透过率、极佳的机械柔性以及很强的化学稳定性等，可满足电容触摸屏、液晶显示器、太阳能电池等领域的应用要求。

六是研发拓扑绝缘体热电材料，获得更高的热电转化效率。拓扑绝缘体一般由重元素组成，重元素构成的材料具有很高的热电优值。因此，拓扑绝缘体通常具有较高的热电优值，能够作为良好的热电材料。目前拓扑绝缘体的热电性能尚有待进一步增强，已有研究表明，将拓扑绝缘体的厚度减薄到纳米尺度，可有效提高拓扑绝缘体的热电转化效率。

拓扑绝缘体的发现与探索极大丰富了凝聚态物理研究领域，在很多领域展现出良好的应用前景。然而，拓扑绝缘体仍处于实验室基础研究阶段，还需要解决拓扑绝缘体材料生长的精确控制、性能优化、批量制备、集成封装以及应用兼容性等诸多问题。

4. 军事价值

拓扑绝缘体是一种极具潜力的前沿材料，其独特的物理特性可能用于现有装备以提质增效，也可能用于设计下一代全新作战平台，有望改变未来战争战术战法，在难以预测的未来未知中占据一席制胜之地。图4.36构建了"技术应用×军事场景"二维矩阵，展示了该技术已经应用或可能应用的领域，以及这些应用对当前和未来军事场景的支撑情况。

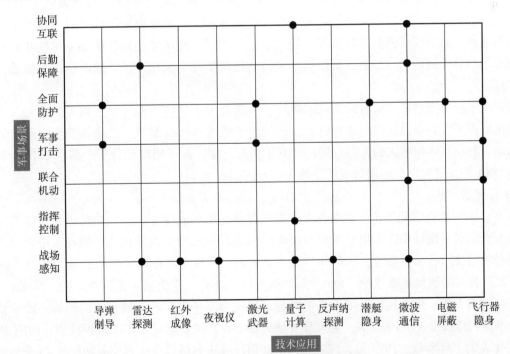

图4.36 拓扑绝缘体技术军事价值分析

一是拓扑绝缘体可用于光电子器件领域，将对武器系统性能提质增效。拓扑绝缘体优异的光电性能决定其能够用于新型光电子器件研发，在处理速度和响应时间上较传统光电子器件具有显著提升，应用领域包括导弹制导、雷达探测、红外成像、夜视仪等，将在战场全维感知、精准保障、精确打击、以攻代防等方面产生重要影响。

二是拓扑绝缘体可用于研制激光武器，打造攻防一体新型作战力量。拓扑绝缘体具有宽带可饱和吸收特性，可能在高能性激光武器研制方面展现巨大应用潜力，构建面—陆—空—天跨域激光攻防网络，实现对近全范围内的重要或高价值目标进行定点精准毁瘫以及对来袭的导弹或飞行器进行干扰拦截，提升精确打击和防空反导能力。

三是拓扑绝缘体可用于量子计算，提升战场全局联动能力。基于拓扑绝缘体的高容错拓扑量子计算设备，将对战场复杂情报、大数据信息实时提取、稀疏样本建模分析、大规模计算等发挥重要作用，实现把握战场全局态势，提高指挥控制效率，推动战场互联协同。

四是拓扑绝缘体可用于反声纳探测设备，重新发挥海战装备突袭效果。由于拓扑绝缘体内部是典型的绝缘体而表面能像导体一样传导电流，这种特殊结构可将声波引导在材料表面一定区域内进行单向传播，起到很好的隔音效果，并能阻挡声波的散射，从而为对抗声纳探测和装备隐身提供全新手段，在侦察与反侦察、隐身与反隐身较量中重新确立"盾"的优势，对敌形成战术突袭。

五是拓扑绝缘体可用于电磁通信和隐身，将对综合作战能力增益发挥重要作用。作为一种新的光学—微波吸收材料，拓扑绝缘体能够创新应用于微波通信、信号处理和数据保护、电磁屏蔽、潜艇隐身、飞机隐身等领域，为现有武器系统和平台进一步赋能，有望确立电磁频谱优势，为提升综合作战能力提供重要支撑。

（四）原子级精密制造

1. 概念内涵

根据美国《高产能纳米系统技术路线图》的定义，原子级精密制造（Atomically Precise Manufacturing，APM），是在程序设计可控条件下，能够实现原子级精密结构和元器件生产的一切制造技术。其中，原子级精密结构是指具有特定原子排列的结构。原子级精密制造利用了自组装技术的相关理念，其主要目的是通过计算机程序控制原子的并行与自动化组装，从而实现分子级别的"制造单元"长程有序。通俗地讲，原子级精密制造技术可在特定工作环境下，使用复杂的高频纳米尺度机械设备等手段，实现原子和分子的传动与组装，制造出精密的结构模型甚至实用产品，因此也被形象地称为"盒子里的工厂"。

目前，原子级精密制造主要有两条技术途径：一是基于探针的"硬"原子级精密制造，利用扫描隧道显微镜或原子力显微镜在物质或材料表面进行原子精度修饰或刻蚀；二是基于生物的"软"原子级精密制造，利用活体细胞内的天然程序化"分子机器"生产原子精度的分子产品，如DNA折纸纳米技术，将DNA在溶液中自组装以形成所需的3D分子结构。

2. 发展现状

1959年，美国物理学诺贝尔奖获得者理查德·费曼（Richard Feynman）在其题为《极微小尺度下仍大有可为》的著名演讲中，指出在极微小尺度层面进行物质和结构操控的可能性，引发研究人员对原子级精密制造技术的深入思考。1981年，科学家引入"活性分子的机械约束运动"概念，确立了原子级精密制造技术的现代基础理论。1986年，"纳米技术之父"埃里克·德雷克斯勒（K. Eric Drexler）在其著作《创造引擎》中首次给出纳米技术概念，被视为原子级精密制造理论的产物，此后原子级精密制造技术得到广泛关注。1990年，美国IBM研究中心首次演示验证了原子操控技术，使用35个氙原子拼出了IBM的字母形状。1993年，该中心又借助扫描隧道显微镜在铜表面成功操纵48个离散铁原子组成圆圈，因其能够像栅栏一样围住圈内处于铜表面的自由电子，而被称为"量子围栏"。此后，许多研究团队也相继验证了操控原子形成预设结构的可行性。例如，我国科学家利用这种技术操控原子写出"中国"二字，并通过排列原子绘制出中国轮廓地图。美国国家标准与技术研究院（NIST）还开发出了"自主原子组装仪"，能以完全自动化的方式实现原子按照设计要求排列。2000年以来，原子级精密制造技术日益受到重视，展现良好发展态势。

一是以规划制定为牵引，指导原子级精密制造技术系统发展。2007年，在埃里克·德雷克斯勒等资深专家指导下，美国巴特尔研究院、Foresight研究院、韦特家庭基金会、太阳微系统公司、Zyvex实验室联合一批知名高校、企业、国家实验室，制定出首份原子级精密制造技术路线图——《高产能纳米系统技术路线图》，对其概念界定、制造工艺、建模设计与表征、元器件与系统产品、应用潜力等进行了详细论述，为原子级精密制造技术的研发前景指明了方向，并倡议成立专门机构尽快立项研究，推动该技术加速发展与实用化。2013年，埃里克·德雷克斯勒又主导完成了《21世纪的纳米技术解决方案》，该报告重点阐述了纳米技术的发展历程及其面临的全球性挑战、原子级精密制造技术特别是高产量原子级精密制造技术的突破对加快先进纳米技术发展步伐的重要影响等。2016年12月，美国能源部能源效率与可再生能源办公室所属先进制造办公室发布《2017—2021财年多年项目规划》，将于2030年前在"小企业创新研究计划"持续资助下，研发突破系列新型工艺和技术，实现商用规模原子级精密产品的批量生产。

二是以布局项目为抓手，推动原子级精密制造技术深层次多维度突破。美国将原子级精密制造技术视为下一代颠覆性技术，DARPA、能源部等重点研发管理机构通过安排一系列创新项目，致力从基础理论、制造途径、工艺设备、产品生产等方面促进原子级精密制造技术发展落地。DARPA于2014年9月启动"从原子到产品"（A2P）项目，旨在开发新材料的集成组装方法，使制成的材料、组件和系统仍能保持其纳米尺寸的材料特性，并缩减产品制造周期和成本。该项目的研究重点是将纳米尺度的物质成分组装为微米级原材料，进而制备毫米级组件或材料，最后再利用传统工艺加工成所需产品。2015年12月，DARPA选取10家机构同步开展A2P项目的先期研究，一是开发单个系统内纳米级原料生产毫米级产品的制造工艺，由Embody、Draper、Voxtel三家公司负责，其中Embody公司重点制定一系列能够治疗战士和运动伤病患并使其恢复到受伤前表现的全新技术规范，旨在降低50%治疗成本；Draper公司研发利用DNA自组装的方法编结亚微米级导线，旨在实现具有更高能效的便携式无线电射频系统，能够将一个给定信道的信息传输量提高10倍以上；Voxtel公司联合俄勒冈州立大学研发一种高效、快速、低成本的基于流体的制造工艺，旨在模拟从原子直接制造复杂跨尺度多材料组分产品的能力。二是研究光学超材料组装技术，由波士顿大学、圣母大学、休斯研究实验室、PARC公司四家单位负责，其中波士顿大学重点研发一种原子喷墨技术，可在纳米精度上喷涂原子，用于制备可调光学超材料；圣母大学致力于设计和构建光学超材料，并通过原子全息诱捕法对大量功能构件的光学"小平片"进行组装，实现结构按需设计、性能自定义的光学超材料快速制备；休斯研究实验室研发一种能使多种材料体系具有可调红外反射率的技术，该工艺制备的材料可实现全入射角均具有高达98%的红外反射率；PARC公司负责构建一台数字化微组装工艺"打印机"，所使用的"喷墨"为微米尺度的原材料颗粒，输出的"图像"为厘米级或者更大尺寸的组装材料。三是研发灵活通用的组装工艺，由Zyvex实验室、斯坦福国际研究院、哈佛大学三家机构负责，其中Zyvex公司探索利用一种自上而下的制造方法，该工艺可在原子级精度上进行定制设计与升级，制备具有纳米功能的微尺度装置；斯坦福国际研究院研发磁悬浮微型工厂，用于组装和连接微米级与毫米级组分或元件，以制备超强韧性的材料、超快速率的电子元器件和超高性能的传感器等；哈佛大学利用二维叠层工艺和折叠组装的方法，制造任意复杂形状和毫米尺度的外科手术工具等立体设备。

美国能源部能源效率与可再生能源办公室于2018年1月在其"新兴研究探索基金"计划支持下，斥资3500万美元部署24个项目用于开展先进制造创新技术先期研究。其中，"用于高产能原子级精密制造的扫描隧道显微镜控制系统创新""以DNA链置换驱动的DNA折纸工具和材料""利用'分子乐高'开发纳米尺度的原子级精密金属催化剂""在硅基衬底上自动制造二维原子级精密耐用器件""用于三维原子级精密刻蚀的自由基工具"5个项目重点推进原子级精密制造的应用探索研究,包括基于反馈控制型微机电系统的高速原子级精密制造、基于自装配DNA折纸原理的材料打印设备、分子模块化组装高性能催化剂、自动化可编程氢去钝化系统、基于扫描探针显微镜和自由基精刻的三维结构制备等,如表4.4所列。

表4.4 美国能源部原子级精密制造项目基本情况

序号	项目名称	项目概述	核心技术	项目周期	项目经费/万美元	承研机构
1	用于高产能原子级精密制造的扫描隧道显微镜控制系统创新	利用高精度工程微制造技术,将分子组装显微镜尖端的工作速度提高100~1000倍,推动原子级精密制造在清洁能源领域广泛应用	开发一种微机电系统(MEMS)平台技术,以支持基于扫描探针显微镜的高速原子级制造。首先,该技术用于将目前的单尖端氢去钝化光刻(HDL)速度提高1000倍以上,实现二维原子级精密纳米器件的产业化制造。最终,该技术将用于制造三维原子级精密材料、功能部件和设备	2018—2021年	241.79	得克萨斯大学达拉斯分校 Zyvex实验室 国家标准与技术研究院
2	以DNA链置换驱动的DNA折纸工具和材料	设计与构建数十亿台原子级精密二维分子打印机,实现数万亿原子级精密产品制造能力,推动原子级精密制造加速发展	研发由自装配DNA折纸制成的打印机,可利用DNA链置换在空间上进行定位,并同时激活数万亿个用于增材制造的打印头	2018—2021年	121.52	达纳法伯癌症研究所 哈佛大学 牛津大学
3	利用"分子乐高"开发纳米尺度的原子级精密金属催化剂	利用独特的分子构造模块和相关软件工具,设计出原子级精密结构,以提升聚酯制备的化学反应速率,实现显著改善化工产业的能源利用效率	"分子乐高"模块可被组装成催化剂,将大大提高可生物降解聚酯塑料的产速和产量。"分子乐高"的关键特征是成对存在的酰胺键,可确保催化剂分子结构稳定	2018—2020年	79.58	天普大学

续表

序号	项目名称	项目概述	核心技术	项目周期	项目经费/万美元	承研机构
4	在硅基衬底上自动制造二维原子级精密耐用器件	设计并验证一种二维原子级精密材料，依托扫描隧道显微镜从硅基衬底上取出氢原子，并利用涂层工艺原位引入其他原子。该成果将有力推动原子级精密制造在量子计算、纳米电子计算设备等领域的应用	开发一种晶体表面处理技术，使扫描隧道显微镜尖端可从硅表面上敲除氢原子，失去氢原子的位点获得活性，而能够键接掺杂元素（左图）。目的是创新研发自动化可编程氢去钝化系统，该系统是面向具有原子级精密硅上掺杂原子阵列（右图中圆点）的半导体制造的关键步骤	2018—2021年	245.75	Zyvex实验室 国家标准与技术研究院 3D外延科技有限公司
5	用于三维原子级精密刻蚀的自由基工具	研发可抓取和替换分子的高性能原子级灵敏工具，实现精准构建原子级精密结构，推动原子级精密制造广泛应用于清洁能源领域	上图显示了设想的机械化学反应，其重点是利用高活性自由基原子工具，从扫描探针显微镜尖端顶部硅原子簇上移除一个原子。具体步骤：①用紫外线照射三维材料的表面分子；②经过旧化学键断裂和新化学键形成而产生一个原子自由基（步骤2顶端位置）；③显微镜尖端接近到活性分子只有十分之几纳米的距离；④活性分子与显微镜尖端上的一个原子形成稳定化学键，同时该原子被拉离原子簇	2018—2020年	100	加利福尼亚大学洛杉矶分校

三是以技术进展为驱动，加快原子级精密制造技术实际应用进程。在世界主要国家前瞻部署推动下，原子级精密制造技术得到快速发展，理论、工艺、产品不断创新产出。美国Zyvex实验室早在2010年前即着手开展原子级精密制造技术研究，设计提出自动氢去钝化光刻工艺，开辟了一种新的技术途径。2012年，该实验室在DARPA技术合同和得克萨斯大学新兴技术基金共同资助下，成功研发出自动化扫描隧道显微镜成像分析技术，可清晰识别原子排列、悬挂键、点阵空位、表面污染等，被视为原子级精密制造的关键技术之一。2018年1月，在美国空军研究实验室和DARPA支持下，得克萨斯大学达拉斯分校和Zyvex实验室合作研究了扫描隧道显微镜的局部势垒高度效应，并开发出新型扫描隧道显微镜扫描仪（图4.37），可实现4mm×4mm×4mm三维扫描范围，步进精度为1nm，对显微镜精准测量和控制原子级结构具有重要作用。2018年5月，加拿大阿尔伯塔大学利用机器学习技术优化了原子级精密制造工艺并实现自动化，将有望实现大规模生产更快、更小、更环保、低功耗的新型电子设备，可使智能手机在两次充电间工作数月，使计算机速度提高100倍，耗用能量则减少99.9%。2019年9月，我国凝聚态物理国家研究中心高鸿钧团队首次实现了原子级石墨烯精准可控折叠，构筑出一种新型的准三维石墨烯纳米结构，该结构由二维旋转堆垛双层石墨烯纳米结构与一维类碳纳米管结构组成。研究团队通过扫描探针操控技术实现了5项突破：一是石墨烯纳米结构能够进行原子级精准折叠与解折叠；二是同一石墨烯结构可沿任意方向反复折叠；三是设计出堆叠角度精确可调的旋转堆垛

双层石墨烯纳米结构；四是构建出准一维碳纳米管纳米结构；五是构造出双晶石墨烯纳米结构的可控折叠及其异质结。该技术可用于折叠其他新型二维原子晶体材料和复杂的叠层结构，进而制备出功能纳米结构及其量子器件，对未来量子计算等领域应用具有重要意义。

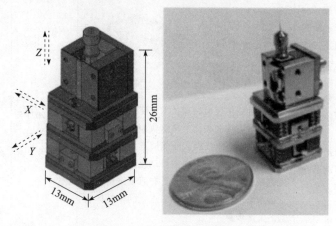

图 4.37　由 Zyvex 实验室研发的扫描隧道显微镜扫描仪

为多维度研究原子级精密制造技术发展现状，运用 FEST 系统的多维可视化模块及 Citespace、Innography 等工具对该技术发展时序、研究热点、国家（地区）/机构分布、核心人才团队、基金来源等进行文献计量和专利分析，数据检索情况如表 4.5 所列。

表 4.5　原子级精密制造相关论文和专利检索情况

检索来源	检索策略	检索年段/年	检索时间	检索数量/篇	备注
Scopus 数据库	主题："atomically precise manufacturing" or "atomically precise structure" or "atomically precise material" or "atomically precise device"	1999—2020	2020.07.13	57	
Innography 专利数据库	"atomically precise manufacturing" or "atomically precise structure" or "atomically precise material" or "atomically precise device"	1999—2020	2020.07.13	12	经 INPADOC 同族合并

（1）发展时序分析

图 4.38 为原子级精密制造技术的发展时序情况，反映了原子级精密制造研究文献在不同年份发文数量的变化过程。由图可知，原子级精密制造文献量整体较小，表明该技术处于研究前沿，尚在理论实验阶段。随着主要国家重视和投资力度不断加强，2017 年以来的发文量明显增多，越来越多的机构和团队投入到该技术研究，有望近几年取得实质性突破。

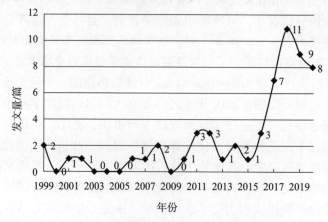

图 4.38　原子级精密制造技术发展时序图

(2) 技术重热点挖掘

原子级精密制造是研究纳米尺度、原子级精度、晶体原子结构的成形成性新技术和新方法，涉及纳米材料、精密制造等研究领域。由图 4.39 可知，原子、原子级精密、石墨烯、晶体原子结构、晶体材料、纳米技术等节点较大，说明这些关键词在研究文献中出现频次高，成为原子级精密制造技术的研究热点。这些主关键词与其他关键词之间的连线较为密集、线宽较粗，表明其共现频率较大，研究相关度较高。例如，网络图中的密度泛函理论、光刻、原子力显微镜、结合能等词显示了原子级精密制造技术的理论层面研究，锂离子电池、量子计算机、二氧化碳捕获、人造膜等词则代表了原子级精密制造技术的应用层面研究。

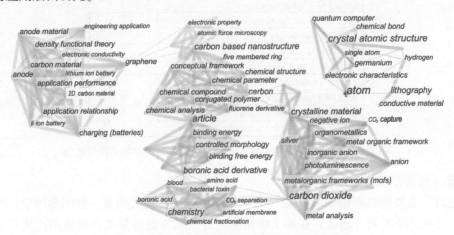

图 4.39 原子级精密制造研究文献关键词共现网络

为直观比较中美两国在原子级精密制造技术方面的研发实力，以科技论文产出为主要依据，分析了两国在半导体、石墨烯、二维碳材料等 Top10 重热点方向的发文量，如图 4.40 所示。由图可知，中美在原子级精密制造技术方面的总发文量分别为 20 篇和 27 篇，美国较中国略占优势。在重热点方向方面，两国各有优劣，但总体上美国强于中国，尤其在扫描隧道显微镜、硅、石墨烯纳米带、纳米技术等研究方向。原子级精密制造技术是一项十分前沿的技术，近些年才逐渐获得关注，中国虽然较美国起步稍晚，但差距不大，只要持续加大投入研发力度，就有可能实现赶超领跑。

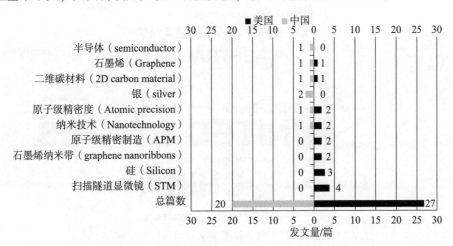

图 4.40 中美原子级精密制造技术对比分析旋风图

此外，为考察原子级精密制造技术的当前应用情况，利用 Innography 工具对相关专利进行计量分析，得到专利主题词分布和排序数据，如图 4.41 所示。其中，分子工具、晶格结构、显微镜、纳米管、单分子层、富勒烯、晶体表面等主题词在专利中出现频次高，代表了当前原子级精密制造技术专利中的应用热点。

主题词	专利数量/篇
分子工具（molecular tool）	3
晶格结构（lattice structure）	3
惰气环境（inert environment）	3
显微镜（microscopy）	3
纳米管（nanotubes）	3
单分子层（monolayer）	3
富勒烯（fullerene）	3
超高真空（ultra-high vacuum）	3
晶体表面（crystalline surface）	3
可控分子（controlled molecular）	3

图4.41　原子级精密制造技术专利主题词分布图和相关统计数据

（3）国家（地区）/机构分布

国家（地区）合作网络图谱如图4.42所示，美国、中国、澳大利亚、德国等国节点较大，位于网络图谱中心，说明这些国家（地区）在原子级精密制造技术方面的发文数量较多，代表了该技术研究的核心力量，并形成了美国—加拿大—瑞士—沙特阿拉伯、中国—瑞典、澳大利亚—德国—英国—意大利等跨国合作团队。图4.43根据发文量提取了具体研究机构，可以看到原子级精密制造技术研究的代表机构主要包括美国的Zyvex实验室、桑迪亚国家实验室、得克萨斯大学达拉斯分校，澳大利亚的新南威尔士大学，以及我国的安徽大学、苏州大学等。

图4.42　原子级精密制造技术国家（地区）合作网络图谱

（4）核心人才团队

建立研究文献中作者的合作网络图谱，如图4.44所示。由图可知，原子级精密制造技术研究的核心人才团队包括美国Zyvex实验室的J. N. Randall、J. H. G. Owen团队，美国印第安纳大学的J. B. Ballard团队，中国安徽大学的M. Zhu、X. Kang、S. Wang合作团队以及澳大利亚新南威尔士大学的M. Y. Simmons团队等。

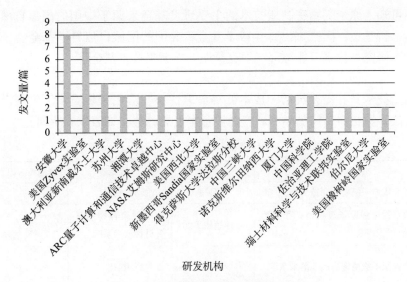

图 4.43　原子级精密制造技术研发机构

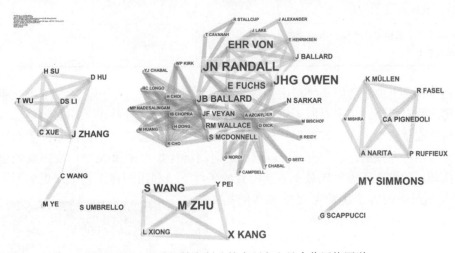

图 4.44　原子级精密制造技术研究人员合作网络图谱

(5) 基金来源分析

图 4.45 为文献基金来源分析图谱，图中横轴代表来自各个国家的基金资助机构，纵轴代表不同机

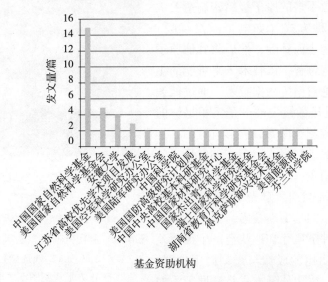

图 4.45　原子级精密制造技术研究基金资助情况

构发文数量。由图可知，原子级精密制造技术的主要研发基金来源于中国的国家自然科学基金、科学院、中央高校基本科研基金、国家杰出青年科学基金，美国的国家自然科学基金会、DARPA、空军科学研究办公室、陆军研究办公室、能源部、得克萨斯大学新兴技术基金等。

3. 发展趋势

原子级精密制造技术具有工艺灵活、成本低等显著优势，应用领域宽广、发展潜力巨大，其未来可能出现的制造方法、原材料、产品类型、产品质量等发展趋势，如表4.6所列。

表4.6 原子级精密制造当前及预期的能力水平

阶段	制造方法	原材料	产品类型	产品所含原子数	产品质量/g
第一层级（~2022年）	探针阵列式原子级精密制造 人工聚合物增强原子级精密高产能纳米系统+可控组装	小分子 单体结构单元	三维结构材料 耐受性聚合物基复合材料纳米系统	— 10^8	 10
第二层级（~2032年）	固体增强原子级精密高产能纳米系统	小分子	工程耐用系统	10^9	10
第三层级（~2037年）	可扩展原子级精密高产能纳米系统阵列+定向组装	小分子	宏观尺寸复杂系统	10^{10}	10^2
更高层级（2037年之后）	规模化原子级精密高产能纳米系统阵列生产体系	小分子	大型复杂系统	10^{26}	10^3

一是自下而上和自上而下的原子级精密制造技术将并举发展。自下而上的技术方法重在设计，通常是利用某种模式的自组装，实现对原子级单元进行装配制造。这种技术采用热力学原理，可构建出原子级物体的最小能量构型，即在按需设计的自组装过程中，将会以最小的能量配置来生产产品。自上而下的技术方法则重在控制，这种控制可以通过定向能量（如电子束光刻）或图案创建（如光刻或纳米压印）来实施，能够在不需要以最小能量配置的条件下，利用同样工艺生产更多不同尺寸和形状特征的产品。自下而上的方法优势主要体现在能耗低、生产速度快，自上而下的方法则能够按照意图自由控制每个原子所处的位置，且能够形成共价键稳定结构。两类技术方法都可以实现原子级精密产品的制造，成为当前和未来一段时期的主要研究路线。

二是系统推进氢去钝化光刻核心技术发展。氢去钝化光刻技术是目前为数不多的原子级精密制造关键核心技术，通常采用某种方式（如电子激发解吸）将特定位置的氢原子从硅表面移除，然后将其他原子精密地沉积在所需的特定位置。该技术未来可能的主要支撑技术包括：一是绝对精度图案技术，通过低偏压（2~6V）下扫描隧道显微镜尖端电子沉积足够的能量破坏硅—氢键来完成刻蚀图案（图4.46）；二是闭环光刻技术，可对图案进行写入、检查和度量，并能校正未去钝化部分的图案；三是数字光刻技术，氢去钝化光刻工艺所用的抗蚀剂、曝光/自显影等几乎所有过程都是数字化的；四是尖端技术，显微镜尖端在场发射器的高偏压条件下尺寸和形状会产生很大差异，需要研发可复现且耐用的成像与光刻两用尖端；五是硅原子层外延技术，采用外延方式将硅原子添加

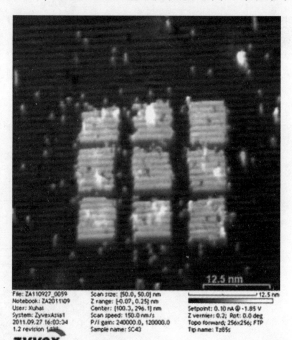

图4.46 利用低偏压氢去钝化光刻工艺（4nA、4V和5mC/cm的线剂量）操控形成的9个5nm×5nm正方形规则图案的电镜图片

到硅表面的特定位置，并以绝对精度重复此操作，最终创建出三维结构；六是表面防护技术，利用硅表面镀膜（如 1nm Al_2O_3）减阻硅氧化，确保在实际任务环境中能够保持尺寸和特性。目前，氢去钝化光刻工艺还仅仅适用于从硅表面精确移除氢原子的场景，下步将在此基础上优化突破原子层外延和原子层沉积等相关技术，将原子级精密制造拓展应用于其他材料系统。

三是原子级精密制造技术虽然前景诱人，但也面临较大的风险和不确定性。原子级精密制造技术能够实现利用原材料快速组装制备出宏观物体的能力，其影响将是无法估量的。但也要看到，原子级精密制造技术存在较大的政治、军事、社会、伦理等风险，一些学者甚至对该技术的可行性提出质疑。美国科学院在其报告《支撑大规模制造的特定位点化学技术的可行性》中指出，原子级精密制造技术的可行性和发展路径尚不明确，其化学反应周期、误差率、工作速度和热力学效率目前还无法进行可靠预测。从理论上讲，原子级精密制造技术使得批量生产高精度武器成为可能，甚至引发大国间的军备竞赛。如自主纳米机器人，可在无人监督的情况下秘密潜入消除目标，从而导致武装冲突的门槛大大降低。美国全球灾难风险研究所研究认为，原子级精密制造技术也可用于生产经济高效的微型相机，从而导致大规模监视活动高发频发，生活隐私、军事秘密等受到极大影响。原子级精密制造技术还可以通过提高算法计算速度来加快超人工智能的发展，诱发人工智能的系列潜在风险。未来，原子精密制造技术的研究重点包括推进基础理论和技术途径不断完善、制定体系全面的发展战略和路线图、发展相关技术差异化抵消原子精密制造技术带来的潜在风险、控制研发成本等。

4. 军事价值

原子级精密制造技术能够实现高性能、高精度、低成本、零污染产品的高效批量生产，产品应用涵盖航天、电子、能源、生物等诸多领域，作为纳米科学研究加速迈向纳米技术实用化进程的关键支撑技术，有可能引发第四次技术革命。图 4.47 构建了"技术应用×军事场景"二维矩阵，展示了该技术已经应用或可能应用的领域，以及这些应用对当前和未来军事场景的支撑情况。

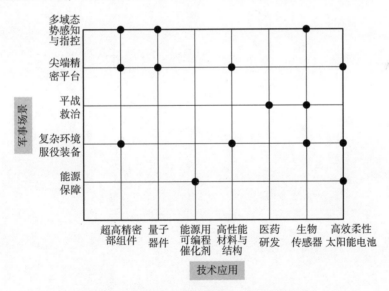

图 4.47　原子级精密制造技术军事价值分析

一是利用原子级精密制造技术生产的超高精密部组件、高性能结构和下一代电子器件，将深刻变革武器装备研发模式和未来作战样式。原子级精密制造具有产品精度极高、性能特异、生产周期短等优点，对传统制造技术和亚原子以上尺度制造技术必将构成颠覆，形成新的制造范式，如超高精密结构的精度约为 0.1nm，生产效率高达每秒百万次操作，可容纳 10 亿个中央处理器的平板计算机等。超高精密部组件和轻质高强结构可用于复杂环境服役装备，催生尖端精密武器平台，以量子器件为代表的下一代电子器件具有优异的量子特性且耗能减少 99%～99.9%，将拓宽量子计算、量子通信、量子探测等应用极限，未来将在多域/跨域态势感知、指挥控制、精确打击等全系作战领域发挥重要作用，甚至有可能演化出新的作战样式。

二是原子级精密制造可用于研制高效柔性太阳能电池和可编程催化剂，有效提升军用能源保障能力。当前，军用化石能源和新能源存在消耗快、生产慢、利用率不高等问题。相比之下，原子级精密柔性太阳能电池则可能具有更高的光电转换效率、更长的释能续航时间和更快的能量转换速度，可编程催化剂能够在极低耗能条件下实现化学反应速率提高 10 倍，从而进一步提升产能效率，未来将为现有和下一代武器装备持续输出能力提供坚实的能源保障。

三是原子级精密制造也可用于生物传感器、医药等生物制品研发，将为作战平台和人员效能提供关键支撑。原子级生物传感器可能具有更为灵敏的侦察、探测、通信等能力，通过定点和机动组网部署，将实现对全战场无死角态势感知，支撑指战人员决策实施作战任务。此外，生物传感器也能够作为作战人员生理体征的监测器，有利于其在复杂危险环境中实时掌握身体状况。原子级精密制造技术研发的特效医药，有可能打造出突破体能极限的超级士兵，也可对人员平战时伤病快速救治发挥重要作用。

附件 1 先进能源、材料和制造领域前沿技术梳理

领域	类别	名称	国家/机构	形成时间	前沿技术方向（候选）
能源	综合规划计划	全球地平线：美国空军全球科技愿景	美国空军	2013年6月	1. 微电网 2. 小型自持核反应堆
		先进技术投资计划	美国海军陆战队	2017年4月	3. 智能化供电与热管理
		技术与创新未来：英国2030年的增长机会	英国	2010年	4. 生物质能 5. 微型发电技术 6. 核裂变/核聚变 7. 燃料电池 8. 氢能 9. 智能电网 10. 太阳能 11. 风能 12. 海洋和潮汐发电 13. 碳捕集和封存
		2016年度防卫技术中长期展望	日本	2016年8月	14. 能量无线传输
		美国海军科学技术战略	美国海军	2015年	15. 便携式太阳能电池 16. 燃料电池 17. 低能耗海水淡化 18. 高能量密度电力系统和新型配电技术
		NASA战略技术投资计划	美国NASA	2017年	19. 放射性同位素电源系统 20. 电源效率技术
		"十三五"国家科技创新规划	国务院	2016年7月	21. 太阳能光伏 22. 太阳能热利用 23. 风能 24. 生物质能 25. 地热能 26. 海洋能 27. 氢能 28. 先进核能 29. 智能电网 30. 燃料电池
		国家创新驱动发展战略纲要	中共中央、国务院	2016年5月	31. 核能 32. 太阳能 33. 风能 34. 生物质能 35. 氢能 36. 燃料电池

续表

领域	类别	名称	国家/机构	形成时间	前沿技术方向（候选）
能源	智库报告/媒体评论	为赢得2030年优势所需技术与创新驱动	美国国防科学委员会	2013年10月	37. 核能源电池
		2035年联合作战环境：对抗与无序世界中的联合部队	美国参联会	2016年7月	38. 生物燃料 39. 新型核聚变 40. 太阳能
		2025年前可能改变生活、企业与全球经济的12项颠覆性技术	美国麦肯锡研究院	2013年5月	41. 太阳能光伏电池 42. 风能发电 43. 海浪能发电
		MIT技术评论	美国麻省理工学院	2010年以来	44. 太阳能光伏电池 45. 固态电池 46. 超高效太阳能 47. 太阳能微电网 48. 超级电网 49. 液态金属电池 50. 智能并网发电 51. 太阳能燃料电池
	专项规划计划	2050能源技术路线图	欧盟	2011年12月	52. 智能电网 53. 碳捕集与封存 54. 核聚变
		能源革新战略2030	日本	2015年	55. 可再生能源
		《2030年前俄罗斯能源战略》	俄罗斯	2009年8月	56. 核能 57. 太阳能 58. 风能 59. 水能
		清洁能源制造计划	美国能源部	2012年3月	60. 风能 61. 太阳能 62. 地热能 63. 电池 64. 生物燃料
		NASA技术路线图之空间电源与能量存储领域	美国NASA	2015年7月	65. 空间电源与能量存储技术
		《中国制造2025》重点领域技术创新绿皮书——技术路线图（2017）	国家制造强国建设战略咨询委员会、中国工程院战略咨询中心	2017年	66. 太阳能电池 67. 锂电池 68. 燃料电池
		能源发展"十三五"规划	发展和改革委员会	2016年12月	69. 风能 70. 太阳能 71. 生物质能 72. 地热能 73. 海洋能
		中国至2050年能源科技发展路线图	中国科学院	2009年6月	74. 太阳能 75. 太阳光伏 76. 风能 77. 生物质能 78. 地热能 79. 海洋能 80. 氢能 81. 天然气水合物

续表

领域	类别	名称	国家/机构	形成时间	前沿技术方向（候选）
能源	项目安排		俄罗斯先期研究基金会（ARF）	2013年以来	82. 高能凝聚材料 83. 大容量电能存储器 84. 小型便携发电机 85. 生物质热能转化电力技术
			美国DARPA	2014财年以来	86. 生物燃料（"生物燃料"项目） 87. 便携式光伏（"替代电源"项目）
			美国海军研究实验室		88. 天基太阳能（"天基太阳能"项目）
			美国NASA		89. 太阳能电池（"极端环境太阳能"项目） 90. 薄膜太阳能电池（"膜航天器"项目）
			美国陆军研究实验室		91. 放射性同位素电源（"单兵和平台动力系统用材料"项目） 92. 燃料电池（"电力和能源合作技术联盟"项目） 93. 单兵电源系统（"电力和能源合作技术联盟"项目） 94. 高温和高功率密度电源（"电力和能源合作技术联盟"项目）
	研究报告	能源新技术战略性新兴产业重大行动计划研究	中国工程院	2019年	95. 智能电网与储能 96. 模块化小型核反应堆 97. 风能 98. 太阳能发电 99. 生物质能 100. 地热能
材料	综合规划计划	"十三五"国家科技创新规划	国务院	2016年7月	101. 先进电子材料 102. 材料基因工程 103. 纳米材料与器件 104. 先进结构材料 105. 先进功能材料
		国家创新驱动发展战略纲要	中共中央、国务院	2016年5月	106. 纳米材料 107. 石墨烯
		第五期科学技术基本计划	日本	2016年1月	108. 信息通信材料 109. 纳米材料 110. 环境材料 111. 生命科学材料
		美国陆军研究实验室技术战略（2015—2035）	美国陆军研究实验室	2014年4月	112. 高应变率和防弹材料 113. 新型含能材料
	专项规划计划	新材料产业"十三五"发展规划	工业和信息化部、发展和改革委员会、科学技术部、财政部	2016年	114. 纳米材料 115. 生物材料 116. 智能材料 117. 超导材料

续表

领域	类别	名称	国家/机构	形成时间	前沿技术方向（候选）
材料	专项规划计划	新材料产业发展指南	工业和信息化部、发展和改革委员会、科学技术部、财政部	2016年12月	118. 石墨烯 119. 金属及高分子增材制造材料 120. 形状记忆合金 121. 自修复材料 122. 智能仿生与超材料 123. 液态金属 124. 新型低温超导材料 125. 低成本高温超导材料 126. 纳米材料 127. 极端环境材料（如超高温结构陶瓷、金属基复合材料等）
		中国制造2025	国务院	2015年5月	128. 超导材料 129. 纳米材料 130. 石墨烯 131. 生物基材料
		《中国制造2025》重点领域技术创新绿皮书——技术路线图（2017）	国家制造强国建设战略咨询委员会、中国工程院战略咨询中心	2017年	132. 石墨烯 133. 3D打印用材料（低成本钛合金粉末、铁基合金粉末、高温合金粉末等） 134. 超导材料 135. 智能仿生与超材料（柔性智能材料、可控超材料等）
		"十三五"材料领域科技创新专项规划	科学技术部	2017年4月	136. 先进电子材料（第三代半导体材料、高端光电子与微电子材料等） 137. 材料基因工程（多层次跨尺度设计技术、高通量制备技术、高通量表征技术、材料大数据技术） 138. 纳米材料与器件 139. 先进结构与复合材料 140. 新型功能与智能材料（稀土功能材料、先进能源材料、高性能膜材料、功能陶瓷；超导材料、智能/仿生/超材料、极端环境材料）
		中国至2050年先进材料科技发展路线图	中国科学院	2009年6月	141. 能源材料 142. 信息材料 143. 碳材料 144. 金属材料 145. 陶瓷材料 146. 高分子材料 147. 复合材料
		未来10年中国学科发展战略——材料科学	国家自然科学基金委员会、中国科学院	2011年	148. 耐极端苛刻服役条件的材料 149. 高能量转换效率与存储材料 150. 高效催化材料 151. 新型光电子材料（低维材料、微纳电子/光子材料） 152. 高密度存储材料 153. 多层次多尺度复合材料 154. 量子信息材料 155. 超材料 156. 微纳电子学/光子学材料 157. 低维碳基纳米材料 158. 新型能源材料

续表

领域	类别	名称	国家/机构	形成时间	前沿技术方向（候选）
材料	专项规划计划	"变革和规划未来的材料设计"计划（DMREF）	美国国家自然科学基金会	2012年10月	159. 新型轻质刚性聚合物 160. 飞机引擎和电厂用高耐久度多层材料 161. 基于自旋电子学的新数据存储技术 162. 热电转换复合材料 163. 新型玻璃 164. 生物膜材料 165. 特种硬质涂层技术
		材料基因组计划战略规划	美国国家科学技术委员会	2014年6月	166. 生物材料 167. 催化剂 168. 树脂基复合材料 169. 关联电子材料（如高温超导体、自旋电子材料、磁性材料、巨磁阻材料、拓扑绝缘体） 170. 光电材料 171. 能源材料 172. 轻质结构材料 173. 有机电子材料（如碳基柔性电子材料） 174. 聚合物
		NASA技术路线图之材料、结构、力学系统与制造领域	美国NASA	2015年7月	175. 轻质结构材料 176. 材料计算设计 177. 柔性材料系统 178. 极端环境服役材料 179. 特种材料
		2030年前材料与技术发展战略	俄罗斯	2014年1月	180. 智能材料 181. 金属间化合物 182. 高温金属材料（如单晶耐热超级合金） 183. 聚合物材料 184. 纳米结构复合材料和涂层（如含铌复合材料）
		欧洲冶金计划	欧盟	2014年9月	185. 空间和核系统用新型耐热合金 186. 基于超导合金的高效电源线 187. 可将废热转化为电的热电材料 188. 生产塑料和药物的新型催化剂 189. 用于医疗移植的生物相容性金属 190. 高强度磁系统
		液态金属研究联盟	德国	2012年	191. 液态金属
		材料基因组计划	美国	2011年	192. 材料基因组技术
		未来增长动力计划	韩国	2011年	193. 新一代半导体 194. 纳米弹性元件 195. 生态材料 196. 生物材料 197. 高性能结构材料
		未来新兴技术石墨烯旗舰计划科技路线图	欧盟	2014年2月	198. 石墨烯（重点研究方向包括新兴传感技术与生物学的融合、面向射频应用的无源组件、高频电子学）
		纳米与材料科学技术研发战略	日本文部科学省	2018年6月	199. 纳米材料
		中远期碳纤维计划AP-G 2016	日本东丽公司	2014年2月	200. 高性能碳纤维

续表

领域	类别	名称	国家/机构	形成时间	前沿技术方向（候选）
材料	智库报告/媒体评论	国防2045：为国防政策制定者评估未来的安全环境及影响	美国战略与国际研究中心	2015年11月	201. 纳米材料
		《2025年前可能改变生活、企业与全球经济的12项颠覆性技术》	美国麦肯锡研究院	2013年5月	202. 石墨烯 203. 碳纳米管 204. 纳米材料 205. 智能材料
		MIT技术评论	美国麻省理工学院	2017年以来	206. 材料高速发现 207. 石墨烯 208. 超材料
		技术与创新未来：英国2030年的增长机会	英国	2010年	209. 碳纳米管 210. 石墨烯 211. 超材料 212. 纳米材料 213. 智能材料
	项目安排		英国技术战略委员会（TSB）	2013年以来	214. 轻质材料与结构 215. 电、磁、光功能材料和超材料 216. 智能与多功能材料、器件和结构 217. 自然与生物材料 218. 靶向输送系统的新材料 219. 材料多尺度建模、非破坏性评估、全寿命周期预测建模
			美国DARPA	2014财年以来	220. 功能材料与结构（"多功能材料与结构"项目） 221. 新型半导体材料（"超越摩尔定律—材料"项目） 222. 结构材料与涂层（"结构材料与涂层"项目） 223. 微纳材料（"微结构可控材料"项目） 224. 能量转换材料（"能量转换材料"项目） 225. 高压材料（"延伸固体"项目） 226. 计算材料（"作战平台材料开发"） 227. 超材料（"光与物质相互作用起源"项目） 228. 智能结构材料（"工程活性材料"项目） 229. 复合材料（"复合多种材料螺旋桨全尺寸演示验证"项目）
			美国空军研究实验室	2013年以来	230. 陶瓷基复合材料（"自适应发动机技术发展"项目） 231. 光子材料（"蓝色系统生存能力激光材料"项目）
			美国海军研究实验室	2013年以来	232. 超疏水材料（"高耐磨超疏水材料研制"项目）

续表

领域	类别	名称	国家/机构	形成时间	前沿技术方向（候选）
材料	项目安排		美国陆军研究实验室	2013年以来	233. 极端环境服役材料（"极端动态环境下的材料"项目） 234. 宽带隙材料（Ga2O3、AlN等，"量子科学与工程中的新型固体材料和色心"项目） 235. 二维半导体材料（"量子科学与工程中的新型固体材料和色心"项目） 236. 超高含能材料（"单兵和平台动力系统用材料"项目） 237. 高储能材料（"单兵和平台动力系统用材料"项目）
			美国NASA	2013年以来	238. 复合材料（"可展开复合帆桁"项目） 239. 热防护材料（"热防护系统建模"项目）
			俄罗斯先期研究基金会（ARF）	2013年以来	240. 极耐热结构材料和涂层 241. 基于超高分子聚乙烯的新型超轻高强材料
	研究报告	新材料产业发展重大行动计划研究	中国工程院	2019年	242. 智能材料 243. 仿生材料 244. 超材料 245. 低成本增材制造材料 246. 新型超导材料 247. 极端环境材料 248. 石墨烯材料 249. 超宽禁带半导体材料
	其他	国家纳米技术计划 光电子计划 先进材料与工艺过程计划	美国		250. 生物材料 251. 信息材料 252. 纳米材料 253. 极端环境材料 254. 材料计算科学
		第六框架计划 欧盟纳米计划	欧盟		255. 催化剂 256. 光学材料和光电材料 257. 有机电子学和光电学 258. 磁性材料 259. 仿生学 260. 纳米生物材料 261. 超导体 262. 复合材料 263. 生物医学材料 264. 智能纺织原料
制造	综合规划计划	未来展望	联合国千年项目	2015年	265. 3D/4D打印 266. 原子级精密制造
		数字战略2025	德国	2016年3月	267. 3D打印技术
		先进技术投资计划	美国海军陆战队	2017年4月	268. 增材制造（3D打印）技术

续表

领域	类别	名称	国家/机构	形成时间	前沿技术方向（候选）
制造	综合规划计划	2016—2045年新兴科学技术趋势重要预测综合报告	美国陆军	2016年4月	269. 增材制造技术
		"十三五"国家科技创新规划	国务院	2016年7月	270. 网络协同制造 271. 绿色制造 272. 智能装备与先进工艺 273. 光电子制造关键装备 274. 智能机器人 275. 增材制造 276. 激光制造 277. 制造基础技术与关键部件 278. 工业传感器
		国家创新驱动发展战略纲要	中共中央、国务院	2016年5月	279. 智能制造 280. 增材制造 281. 再制造
	智库报告/媒体评论	国防2045：为国防政策制定者评估未来的安全环境及影响	美国战略与国际研究中心	2015年11月	282. 增材制造技术
		2025年前可能改变生活、企业与全球经济的12项颠覆性技术	麦肯锡研究院	2013年5月	283. 3D打印技术
		MIT技术评论	麻省理工学院	2010年以来	284. 微型3D打印
		下一个浪潮：4D打印与可编程物质世界	美国大西洋理事会	2014年5月	285. 4D打印技术
	专项规划计划	韩国3D打印产业振兴计划（2017—2019年）	韩国	2016年	286. 3D打印技术
		国防制造技术规划	美国国防部	2014年6月	287. 数字制造技术 288. 先进轻质金属制造技术
		先进材料连接与成形技术路线图	美国	2017年6月	289. 先进焊接变形控制系统 290. 焊接材料研究用下一代预测工具 291. 先进高效熔敷工艺 292. 异质材料连接工艺 293. 成形工艺的实时测量、预测和控制 294. 铝、钛、镁和钢等金属热成形技术 295. 轻质金属锻造技术
		制造业白皮书2018	日本	2018年5月	296. 自动化与数字化融合制造
		绿色技术德国制造2018：德国环境技术图集	德国	2018年	297. 绿色制造技术
		中国机械工程技术路线图	中国机械工程学会	2016年	298. 成形制造技术 299. 精密与超精密制造技术 300. 高速加工技术 301. 微纳制造技术 302. 增材制造技术 303. 智能制造技术 304. 绿色制造技术 305. 再制造技术 306. 仿生制造技术
		特种加工技术路线图	中国机械工程学会特种加工分会	2016年	307. 特种加工技术（放电加工技术、电化学加工技术、激光加工技术）

续表

领域	类别	名称	国家/机构	形成时间	前沿技术方向（候选）
制造	专项规划计划	中国制造2025	国务院	2015年5月	308. 智能制造 309. 增材制造 310. 绿色制造
		"十三五"先进制造技术领域科技创新专项规划	科学技术部	2017年5月	311. 增材制造 312. 激光制造 313. 智能机器人 314. 极大规模集成电路制造装备及成套工艺 315. 新型电子制造关键装备 316. 高档数控机床与基础制造装备 317. 智能装备与先进工艺（智能制造、精密与超精密加工等） 318. 制造基础技术与关键部件 319. 工业传感器 320. 智能工厂 321. 网络协同制造 322. 绿色制造
	项目安排		英国技术战略委员会（TSB）	2013年以来	323. 涂层技术 324. 表面工程技术 325. 纤维纺织技术
			俄罗斯先期研究基金会（ARF）	2013年以来	326. 极端服役条件下材料制造技术 327. 超高声速飞行器大尺寸部件无缝联接技术 328. 数字化制造技术
			美国DARPA	2014财年以来	329. 3D打印（"材料加工与制造"项目） 330. 增材制造（"开放制造"项目） 331. 原子级精密制造（"从原子到产品"项目） 332. 低温薄膜沉积工艺（"材料合成局部控制"项目） 333. 微纳制造（"微工厂"项目，"开放制造"子项目） 334. 材料制造一体化技术（"变革设计"项目） 335. 数字化制造（"自适应车辆制造"项目）
			美国NASA	2013年以来	336. 增材制造技术（"先进制造技术"项目） 337. 近净成形技术（"先进近净成形技术"项目）
	研究报告	高端装备制造业发展重大行动计划研究	中国工程院	2019年	338. 智能制造技术 339. 增材制造技术 340. 再制造技术
		中国至2050年先进制造科技发展路线图	中国科学院	2009年6月	341. 智能制造技术 342. 绿色制造技术

附件2　先进能源、材料和制造领域候选前沿技术清单

领域	候选前沿技术
能源	1. 微电网技术
	2. 智能电网技术
	3. 超级电网技术
	4. 生物质能
	5. 微型发电技术
	6. 高性能燃料电池技术
	7. 太阳能燃料电池技术
	8. 核能源电池技术
	9. 固态电池技术
	10. 液态金属电池技术
	11. 纳磁电池技术
	12. 高效致密电源技术
	13. 模块化小型核反应堆
	14. 低能耗海水淡化技术
	15. 高能量密度电力系统和新型配电技术
	16. 空间电源与能量存储技术
	17. 大容量电能存储技术
	18. 高效能量传输与互联技术
	19. 多源集成与结构化电源技术
	20. 无线能量传输技术
材料	21. 纳米材料
	22. 智能材料
	23. 新型碳材料（石墨烯、碳纳米管等）
	24. 超材料
	25. 超导材料
	26. 新型装甲防护材料
	27. 液态金属
	28. 极端环境材料
	29. 3D打印用材料（金属材料、高分子材料等）
	30. 材料基因组工程技术
	31. 高能量转换效率与存储材料
	32. 微纳电子/光子材料
	33. 高密度存储材料
	34. 多层次多尺度复合材料
	35. 新型能源材料
	36. 拓扑绝缘体

续表

领域	候选前沿技术
材料	37. 柔性电子材料
	38. 特种材料
	39. 高性能碳纤维
	40. 高压材料
	41. 二维半导体材料
	42. 超宽禁带半导体材料
	43. 超高含能材料
	44. 高熵耐温材料
制造	45. 增材制造技术
	46. 网络协同制造
	47. 激光制造技术
	48. 数字制造技术
	49. 微纳制造技术
	50. 智能制造技术
	51. 再制造技术
	52. 原子级精密制造技术
	53. 仿生/生物制造技术
	54. 异质材料连接工艺
	55. 轻质金属锻造技术
	56. 精密与超精密制造技术
	57. 自动化与数字化融合制造
	58. 特种加工技术
	59. 表面工程技术
	60. 材料设计制造一体化技术
	61. 柔性集成制造
	62. 基于新能量的制造技术（高能束、特殊能场等制造技术）

附件3 先进能源（材料、制造）领域重点前沿技术方向调查问卷

尊敬的专家：

根据研究需要，项目组对先进能源（材料、制造）领域具有前瞻性、先导性、探索性、颠覆性（"四性"）的重点技术方向进行识别与研判，并围绕哪些技术需要当前重点突破、哪些技术需要未来前瞻部署等方面提出发展建议，特邀请您参加此次问卷调查。

项目组前期梳理了近年来国内外政府、科研院所、高校、智库、新媒体发布的关于国防前沿技术的规划计划、咨询报告、项目安排及主要观点等，形成了先进能源（材料、制造）领域的候选技术清单。请您填写调查问卷，<u>在"熟悉程度""'四性'特征突出程度"下选打√。如果"'四性'特征突出程度"选择很突出或突出，那么请您研判该技术是需要近期重点突破还是需要中远期前瞻部署，在"当前重点突破""未来前瞻部署"的选项下选打√</u>。如有其他您认为具有"四性"特征的技术，请在下面的空行填写，也可另附页。

关于"四性"的说明：①**前瞻性**。面向未来10~30年长远发展目标，代表世界高技术前沿的发展方向，有利于抢占未来战略竞争制高点和竞争博弈主动权。②**先导性**。技术突破将带动国防科技相关领域的创新发展，引领国防和军队建设的赶超超越。③**探索性**。具有新概念、新原理、新机理的重大技术，不是现有技术的简单"延长线"。④**颠覆性**。从潜在应用效果看，能催生新式武器装备或大幅提升现有武器装备效能，形成新质作战能力，甚至可以开辟一个全新军事应用领域；从技术实现途径看，可以是基于新概念、新原理的原始创新技术，多项技术融合集成产生的新技术，或现有原理和技术的创新应用。

衷心感谢您对国防科技事业的长期关心和支持！

专家姓名					工作单位					
职务/职称					联系电话					
序号	前沿技术方向 （候选，以先进能源领域为例）	熟悉程度				"四性"特征 突出程度				当前 重点突破	未来 前瞻部署
		很熟悉	熟悉	较熟悉	不熟悉	很突出	突出	较突出	不突出		
1	微电网技术										
2	智能电网技术										
3	超级电网技术										
4	生物质能										
5	微型发电技术										
6	高性能燃料电池技术										
7	太阳能燃料电池技术										
8	核能源电池技术										
9	固态电池技术										
10	液态金属电池技术										
11	纳磁电池技术										
	……										

附件4 先进能源（材料、制造）领域前沿技术评分统计结果

本章采用第一章中介绍的经典专家调查法计算流程，并按照专家意见，对熟悉程度和重要程度等级进行赋权，如表 4.7 所列。候选前沿技术清单的重要性指数计算结果如表 4.8 所列。

表 4.7 熟悉程度和重要程度等级权重值

熟悉程度	很熟悉	熟悉	较熟悉	不熟悉
权重	$\alpha_1 = 1$	$\alpha_2 = 0.75$	$\alpha_3 = 0.25$	$\alpha_4 = 0$
重要程度	很重要	重要	较重要	不重要
权重	$\beta_1 = 1$	$\beta_2 = 0.75$	$\beta_3 = 0.25$	$\beta_4 = 0$

表 4.8 候选前沿技术清单重要性指数排序

领域	候选前沿技术	技术重要性指数
能源	模块化小型核反应堆	0.85375
	大容量电能存储技术	0.81761
	核能源电池技术	0.806818
	空间电源与能量存储技术	0.806298
	高性能燃料电池技术	0.802989
	高效能量传输与互联技术	0.795732
	智能电网技术	0.758255
	无线能量传输技术	0.742063
	多源集成与结构化电源技术	0.735646
	太阳能燃料电池技术	0.734426
	高效致密电源技术	0.718254
	高能量密度电力系统和新型配电技术	0.714286
	纳磁电池技术	0.705645
	固态电池技术	0.699803
	微型发电技术	0.698502
	微电网技术	0.676702
	超级电网技术	0.64951
	低能耗海水淡化技术	0.644048
	液态金属电池技术	0.611511
	生物质能	0.562706
材料	微纳电子/光子材料	0.820313
	智能材料	0.794183
	新型能源材料	0.772159
	极端环境材料	0.767806
	超材料	0.759202
	柔性电子材料	0.754
	多层次多尺度复合材料	0.738323
	纳米材料	0.732673

续表

领域	候选前沿技术	技术重要性指数
材料	高能量转换效率与存储材料	0.72739
	高密度存储材料	0.727134
	新型装甲防护材料	0.718623
	超宽禁带半导体材料	0.706336
	3D 打印用材料（金属材料、高分子材料等）	0.701484
	新型碳材料（石墨烯、碳纳米管等）	0.696768
	高性能碳纤维	0.68401
	材料基因组工程技术	0.674198
	特种材料	0.670755
	超高含能材料	0.667808
	高熵耐温材料	0.666667
	二维半导体材料	0.651274
	超导材料	0.634783
	拓扑绝缘体	0.632653
	高压材料	0.584635
	液态金属	0.527273
制造	微纳制造技术	0.820791
	精密与超精密制造技术	0.786932
	基于新能量的制造技术（高能束、特殊能场等制造技术）	0.783951
	智能制造技术	0.775556
	原子级精密制造技术	0.753268
	增材制造技术	0.744213
	仿生/生物制造技术	0.740706
	激光制造技术	0.725138
	材料设计制造一体化技术	0.724026
	数字制造技术	0.711172
	异质材料连接工艺	0.706954
	特种加工技术	0.694728
	表面工程技术	0.690096
	网络协同制造	0.677778
	轻质金属锻造技术	0.668689
	自动化与数字化融合制造	0.665746
	柔性集成制造	0.64678
	再制造技术	0.643595

附件5 前沿技术当前和未来发展判断统计结果

一、统计说明

每项技术的"当前重点突破"和"未来前瞻部署"由专家判断,其值为当专家认为该技术的"四性"特征很突出或突出时统计得到的得分。为便于比较,这里将得分值进行归一化处理。

二、统计结果

领域	候选前沿技术	当前重点突破	未来前瞻部署
能源	高性能燃料电池技术	89.21%	10.79%
	大容量电能存储技术	82.96%	17.04%
	微电网技术	82.05%	17.95%
	高效能量传输与互联技术	81.13%	18.87%
	固态电池技术	81.00%	19.00%
	智能电网技术	80.00%	20.00%
	低能耗海水淡化技术	78.15%	21.85%
	太阳能燃料电池技术	73.73%	26.27%
	多源集成与结构化电源技术	73.68%	26.32%
	模块化小型核反应堆	68.46%	31.54%
	无线能量传输技术	67.57%	32.43%
	高效致密电源技术	66.98%	33.02%
	高能量密度电力系统和新型配电技术	65.85%	34.15%
	空间电源与能量存储技术	65.35%	34.65%
	微型发电技术	61.86%	38.14%
	液态金属电池技术	61.54%	38.46%
	核能源电池技术	54.24%	45.76%
	生物质能	52.69%	47.31%
	超级电网技术	39.53%	60.47%
	纳磁电池技术	23.19%	76.81%
材料	新型装甲防护材料	88.60%	11.40%
	3D打印用材料(金属材料、高分子材料等)	83.45%	16.55%
	纳米材料	83.43%	16.57%
	高性能碳纤维	83.33%	16.67%
	新型碳材料(石墨烯、碳纳米管等)	79.31%	20.69%
	微纳电子/光子材料	79.31%	20.69%
	极端环境材料	79.26%	20.74%
	高能量转换效率与存储材料	77.94%	22.06%

续表

领域	候选前沿技术	当前重点突破	未来前瞻部署
材料	特种材料	76.47%	23.53%
	柔性电子材料	75.00%	25.00%
	高密度存储材料	73.21%	26.79%
	多层次多尺度复合材料	73.02%	26.98%
	新型能源材料	70.00%	30.00%
	超宽禁带半导体材料	63.89%	36.11%
	高压材料	57.14%	42.86%
	超高含能材料	56.73%	43.27%
	超材料	55.26%	44.74%
	材料基因组工程技术	54.76%	45.24%
	高熵耐温材料	54.21%	45.79%
	超导材料	53.15%	46.85%
	二维半导体材料	48.51%	51.49%
	液态金属	39.56%	60.44%
	智能材料	37.37%	62.63%
	拓扑绝缘体	26.09%	73.91%
制造	轻质金属锻造技术	91.03%	8.97%
	激光制造技术	86.96%	13.04%
	增材制造技术	85.71%	14.29%
	自动化与数字化融合制造	85.15%	14.85%
	精密与超精密制造技术	82.54%	17.46%
	特种加工技术	78.50%	21.50%
	表面工程技术	77.32%	22.68%
	异质材料连接工艺	76.84%	23.16%
	数字制造技术	76.11%	23.89%
	微纳制造技术	75.38%	24.62%
	材料设计制造一体化技术	70.54%	29.46%
	网络协同制造	67.06%	32.94%
	柔性集成制造	67.06%	32.94%
	智能制造技术	64.58%	35.42%
	再制造技术	60.29%	39.71%
	基于新能量的制造技术（高能束、特殊能场等制造技术）	51.33%	48.67%
	仿生/生物制造技术	38.32%	61.68%
	原子级精密制造技术	33.03%	66.97%

专题篇

第五章　基于定量模型的人工智能芯片技术专题研究

第六章　脑机接口技术专题研究

第七章　量子计算技术专题研究

第八章　高效高能激光器技术专题研究

第九章　超级计算领域顶尖机构与学者挖掘分析

第十章　基于专利视角的芯片供应链初步分析

第五章　基于定量模型的人工智能芯片技术专题研究

人工智能芯片作为算法、算力、数据运用实现的核心物理载体，已成为人工智能发展水平的重要衡量标准。为深入把握人工智能芯片领域发展实景，本章运用 FEST 系统分析该领域面临的重点技术问题以及目前具有创意和价值的解决方案。

一、概念与内涵

（一）基本概念

目前关于人工智能芯片（AI 芯片）尚没有一个严格统一的定义。世界知名智库国际治理创新中心（CIGI）将其定义为"通过对传统微处理器和计算机系统的专门设计，从而实现支持人工智能应用的一类协处理器"。从广义上讲，只要能够运行人工智能算法的芯片都可以被视作人工智能芯片；从狭义来说，人工智能芯片是指针对人工智能算法做了特殊加速设计的芯片。在产业界，人工智能芯片也称为"人工智能加速器""深度学习加速器""神经引擎""神经处理器"等。本章采用《人工智能芯片技术白皮书（2018）》给出的定义，即面向人工智能应用的芯片都可以称为人工智能芯片。

（二）知识体系

人工智能芯片经历着初级、发展、进阶、未来四个阶段，呈现出代际发展特点。为便于开展后续研究，本章以主题词方式构建了人工智能芯片领域的知识体系，如表 5.1 所列。

表 5.1　基于主题词的人工智能芯片领域知识体系

类别	主题词
人工智能芯片 AI Chip（Artificial Intelligence Chip） 人工智能计算芯片（AI Computing Chip） 人工智能加速器（AI Accelerator） 人工智能硬件（AI Hardware）	
基于冯·诺依曼架构的通用处理器 （初级阶段）	• 中央处理器 CPU（Central Processing Unit） • 图形处理器 GPU（Graphics Processing Unit） • 通用图形处理器 GPGPU（General-Purpose Graphics Processing Unit） • 现场可编程门阵列 FPGA（Field Programmable Gate Array） • 数字信号处理（器）DSP（Digital Signal Processing，Digital Signal Processor）
专用集成电路 （发展阶段）	• 领域专用架构 DSA（Domain Specific Architecture） • 专用集成电路 ASIC（Application Specific Integrated Circuit） • 专用标准产品 ASSP（Application Specific Standard Parts，Application Specific Standard Product）
可重构计算技术 （进阶阶段）	• 可重构计算架构（Reconfigurable Computing Architecture） • 软件定义芯片（Software Defined Chip）
未来前沿芯片技术 （未来阶段）	• 存内处理（器）PIM（Processing in Memory，Processor in Memory） • 存内计算 CIM（Compute-in-Memory，In-Memory Computation，In-Memory Computing） • 近内存计算（Near-memory Computing） • 光子芯片（Photonic Chip） • 硅光子芯片（Silicon Photonic Chip） • 量子芯片（Quantum Chip） • 量子计算芯片（Quantum Computing Chip）

续表

类别	主题词
未来前沿芯片技术 （未来阶段）	• 类脑芯片（Brain-inspired Computing，Brain-inspired Chip） • 类脑智能（Brain-inspired AI） • 神经形态计算（Neuromorphic Computing） • 神经形态芯片（Neuromorphic Chip） • 边缘智能芯片（Edge AI Chip） • 边缘智能计算（Edge Computing Chip）
其他	• 片上网络 NoC（Network-on-Chip） • 片上系统 SoC（System-on-Chip） • 片上堆栈存储器（Stacked Memory on Chip） • 多芯片模块组 MCM（Multi-Chip Module） • Chisel 语言 Chisel（Constructing Hardware In a Scala Embedded Language） • 编译器（Compiler） • 芯粒（Chiplet） • 晶圆（Wafer） • 同步电路（Synchronous Circuit） • 异步电路（Asynchronous Circuit） • 循环神经网络 RNN（Recurrent Neural Network） • 卷积神经网络 CNN（Convolution Neural Network） • 深度神经网络 DNN（Deep Neural Network） • 脉冲神经网络 SNN（Spiking Neural Network） • Transformer 模型（Transformer） • 感知（Perception） • 计算（Compute） • 存储（Storage） • 通信（Communication） • 控制（Control） • 行为树（Behavior Tree） • 贝叶斯（Bayesian） • 机器学习（Machine Learning） • 数据挖掘（Data Mining）

二、现状与趋势

（一）发展现状

当前，不同技术架构阵营的人工智能芯片各有优势和劣势，处于不同的发展阶段。

一是基于 CPU 的技术阵营，代表企业有英特尔。CPU 虽然在机器学习领域的计算大大减少，但是不会完全被取代，英特尔推出针对深度学习算法的最新至强处理器系列产品，在兼顾成本和性能的情况下，依然发挥着不小的作用。二是基于 GPU 的技术阵营，代表企业有英伟达和高通。英伟达针对深度学习算法，推出 Tesla V100 GPU 计算卡；高通 Zeroth 平台基于 GPU 实现。GPU 主要从事并行计算，比 CPU 运行速度快，比其他处理器芯片价格低。三是基于 DSP 的技术阵营，以铿腾（Cadence）和新思科技（Synopsys）为代表。利用传统 DSP 来适配神经网络较成熟的产品，如 Synopsys 公司的 EV 处理器、Cadence 公司的 Tensilica Vision P5 处理器和 CEVA 公司的 XM4 处理器等。但三者都是针对图像和计算机视觉的处理器 IP 核，应用领域有一定的局限性。四是基于 FPGA 的技术阵营，代表企业有赛灵思（Xilinx）和 Altera，两者共同占有 85% 的市场份额。英特尔收购 Altera 公司后，采用最新的 CMOS

节点工艺制造 FPGA 芯片，先进工艺将带来性能提升。五是基于 ASIC 的技术阵营，以谷歌、寒武纪为代表。谷歌推出的 ASIC 类芯片张量处理单元 TPU 为专用的逻辑电路，单一工作，速度非常快，但成本高，并且当前为谷歌公司专用，还不是市场化产品。六是基于神经形态芯片架构的技术阵营，以 IBM 为代表。目前，IBM 的真北芯片用三星 28nm 低功耗工艺技术，由 54 亿个晶体管组成的芯片构成有 4096 个神经突触核心的片上网络，实时作业功耗仅为 70mW。但该芯片实现产业化还需要生态系统配合，包括模拟器、编程语言等工具，短期内商业化可能性极小。

人工智能芯片作为中美科技竞争博弈的焦点之一，本章还梳理了中美人工智能芯片研制的对比数据，如表 5.2 所列。

表 5.2 中美部分代表性人工智能芯片对比

类型	企业归属国	设计企业	AI 芯片	节点/nm	制造商
GPU	中国	景嘉微	JM7200	28	未知
	美国	AMD	Radeon Instinct	7	台积电
		英伟达	Tesla V100	12	台积电
FPGA	中国	易灵思	Trion	40	中芯国际
		高云半导体	LittleBee	55	台积电
		紫光同创	Titan	40	未知
	美国	英特尔	Agilex	10	英特尔
		赛灵思	Virtex	16	台积电
ASIC	中国	寒武纪	MLU100	7	台积电
		华为	Ascend 910	7	台积电
		地平线机器人	Journey 3	16	台积电
		云天励飞	NNP200	22	未知
	美国	Cerebras	Wafer Scale Engine	16	台积电
		谷歌	TPU v4	7/5（估计）	台积电
		英特尔	Habana	16	台积电
		特斯拉	FSD computer	10	三星

（来源：美国安全与新兴技术中心根据公开信息整理）

（二）发展趋势

一是通用化人工智能芯片。人工智能技术随着深入发展，将会应用于越来越多的领域，目前针对特定领域（如图像识别、语音识别等）的专用智能芯片不具有较高的通用性，通用化人工智能芯片研究成为必然趋势。

二是单芯片集成多个运算核。随着人工智能算法复杂度的提高，对智能芯片的计算处理能力要求越来越高，智能芯片向多核、众核方向发展，以期通过多个运算核的协同实现更高性能。

三是新的存储器件以及新的计算模式。铁电存储器（FeRAM）、相变存储器（PCM）、自旋转矩磁性存储器（ST-MRAM）等新型存储器件，具有比静态存储器（SRAM）更快的存储速度、更低的功耗。新型计算模式，如近内存计算，将计算和存储更紧密地联系在一起；存内计算，直接在存储器内进行计算[①]，无须数据传输。

---

① 2022 年 8 月，斯坦福大学的工程师发布了一款新颖的电阻式随机存取存储器（RRAM）芯片。该芯片特点是在内存内进行 AI 处理，消除计算单元和内存单元之间的分离，虽然体积很小，但是效率很高。研究成果发表在《自然》杂志上。

四是完善的生态环境支持。基于传统冯·诺依曼架构的 CPU、GPU、DSP、FPGA 等已经形成了完善的指令集、操作系统、编译器、编程语言等生态支撑，目前基于类脑智能芯片还未形成完善的生态支持，这也是未来人工智能芯片的发展方向。

三、问题与方案

（一）研究工具与方法

1. 研究工具——FEST 系统

FEST 系统以 DSED（技术发现—技术遴选—技术评估—综合研判）一体化方法理论为基础，采用"1+6"设计架构（即模块化任务、科技态势库、多元知识库、方法模型库、多维可视化、专家网络库、连线研讨环境），构建了知识—机器—专家三大体系，同时综合运用 Spring Cloud Alibaba 微服务框架、OAG-BERT、TextRank、Transformer 等先进技术，实现了组件式任务流控制、新兴前沿与颠覆性技术量化识别、核心技术溯源分析、多维度技术评估与预警、报告自动生成、专家集智研讨、语音—文字实时转换等特色功能，助力"发现战略技术 & 研判技术战略"的理技融合式战略研究。

2. 研究方法

本章依托 FEST 系统方法模型库中部分定量分析模型，识别出人工智能芯片领域具有潜在颠覆性或前沿性的技术主题及其对应研究成果，同时从技术成熟度、技术差距、领先研究机构等角度对人工智能芯片进行了初步评估。

（1）定量分析模型

①颠覆性技术发现模型。

图 5.1 设计了基于突破性、创新性、技术扩散度、技术影响力四个维度指标的熵权法融合算法，来甄别与筛选颠覆性技术。其中，突破性指标从引文结构出发，度量技术施引文献对其"学术先驱"的引用情况，从而识别出改变原有引用路径的科技发表物；创新性指标通过计算引用数量以度量技术成果发表初期引起学术关注的程度；由于颠覆性技术通常具有直接或间接影响并应用于其他领域的潜质，通过技术扩散度指标来衡量该技术的施引文献涉及多领域的程度；技术影响力指标度量技术在发表后影响力巅峰时期的被引情况。

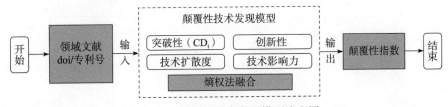

图 5.1　颠覆性技术发现模型流程图

②文献基前沿度发现模型。

图 5.2 给出了基于文献（论文或专利）的前沿技术发现模型流程，该模型旨在通过论文、专利数据的被引用量、被引时间跨度、被引量变化趋势来计算领域中具备一定影响力，且近年来学术影响力处于增长状态的前沿技术点。

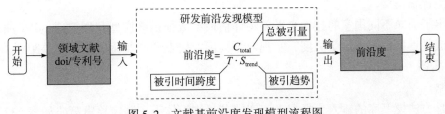

图 5.2　文献基前沿度发现模型流程图

③Fisher-Pry 技术周期预测模型。

图 5.3 给出了基于 Fisher-Pry 理论的技术周期预测模型流程，该模型面向论文、专利数据，设计和实现基于文献计量理论的技术成熟度评估和预测方法，拟合出技术成熟度曲线，从萌芽期、成长期、成熟期、衰退期四个阶段对技术成熟度进行预测。

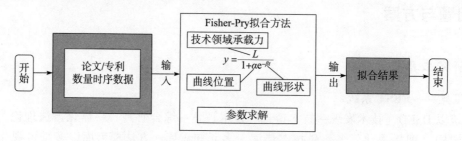

图 5.3　Fisher-Pry 技术周期预测模型流程图

④Hype Cycle 发展阶段预测模型。

图 5.4 建立了 Hype Cycle 技术成熟度曲线定量拟合模型，该模型仿照美国高德纳咨询公司的技术成熟度曲线（又称"技术炒作曲线"），通过算法设计计算模拟出泡沫期曲线（倒钟形曲线）和成熟期曲线（S 曲线），将两种曲线组合即可形成 Hype Cycle 曲线，可从触发期、期望膨胀期、幻灭期、复苏期、成熟期五个阶段对技术成熟度进行预测。

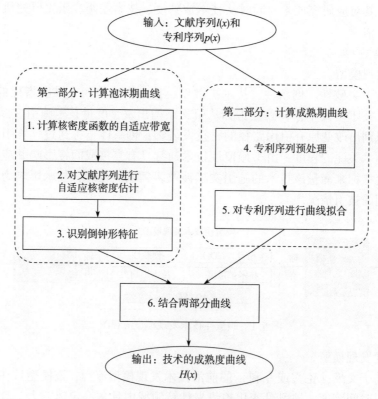

图 5.4　Hype Cycle 发展阶段预测模型流程图

⑤技术差距评估模型。

图 5.5 给出了面向不同国家的技术水平差距评估模型流程，该模型利用 Fisher-Pry 曲线的成熟度分级标准，基于成熟度指标进行定量测度，实现对不同国家研发和产业化成熟度的差距评估。

（2）数据准备

①检索策略。

检索策略是方法模型库的输入，根据人工智能芯片知识体系，制定检索策略如表 5.3 所列。

图 5.5　技术差距评估模型流程图

表 5.3　人工智能芯片领域检索策略

"Artificial Intelligence Chip" OR "AI Chip" OR "AI Computing Chip" OR "AI Accelerator" OR "AI Hardware" OR "Brain-inspired Computing" OR "Brain-inspired Chip" OR "Brain-inspired AI" OR "Neuromorphic Computing" OR "Neuromorphic Chip" OR "Edge AI Chip" OR ((CPU OR GPU OR GPGPU OR "General-Purpose Graphics Processing Unit" OR FPGA OR "Field Programmable Gate Array" OR "Digital Signal Processing" OR "Digital Signal Processor" OR "Domain Specific Architecture" OR ASIC OR "Application Specific Integrated Circuit" OR ASSP OR "Application Specific Standard Parts" OR "Application Specific Standard Product" OR "Reconfigurable Computing Architecture" OR "Processing in Memory" OR "Processor in Memory" OR "Compute-in-Memory" OR "In-Memory Computation" OR "In-Memory Computing" OR "Software Defined Chip" OR "Photonic Chip" OR "Silicon Photonic Chip" OR "Quantum Chip" OR "Quantum Computing Chip" OR "Edge Computing Chip" OR "Network-on-Chip" OR "System-on-Chip" OR "Multi-Chip Module" OR Chisel OR "Constructing Hardware In a Scala Embedded Language" OR Compiler OR Chiplet OR Wafer OR "Synchronous Circuit" OR "Asynchronous Circuit") AND (RNN OR "Recurrent Neural Network" OR CNN OR "Convolution Neural Network" OR DNN OR "Deep Neural Network" OR SNN OR "Spiking Neural Network" OR Transformer OR Perception OR Compute OR Storage OR Communication OR Control OR "Behavior Tree" OR Bayesian OR "Artificial Intelligence" OR "Machine Learning" OR "Data Mining"))

②检索结果。

方法模型库中收录的数据库主要有SCI、EI、重要国际会议论文、德温特世界专利索引（DWPI）等，这些数据根据分析模型要求进行了精细化处理和特殊标引。不限定成果（论文、专利）发布时间，2022年9月20日检索出人工智能芯片领域相关论文数为20155192条、专利数为41534142条。

（二）模型结果分析

1. 颠覆性技术主题及论文发现

通过颠覆性技术发现模型，甄别出人工智能芯片领域126项技术主题及相应论文（见本章附件1），表5.4列出了Top20结果。

表 5.4　人工智能芯片领域 Top20 颠覆性技术主题及相应论文

序号	技术主题	相应论文	发表时间/年	颠覆性指数
1	卷积神经网络（CNN）；数据流处理；深度学习；节能加速器；空间架构	Eyeriss: An Energy-Efficient Reconfigurable Accelerator for Deep Convolutional Neural Networks	2017	0.571648234
2	现场可编程门阵列（FPGA）；多核覆盖；超长指令集（VLIW）；单指令多数据（SIMD）；粗粒度可重构架构（CGRA）；3D环面；双精度浮点	Mitraca: A Next-Gen Heterogeneous Architecture	2019	0.494710607
3	图形处理器；动态能量模型；静态能量模型	An Architecture-Level Graphics Processing Unit Energy Model	2016	0.40405337
4	机器学习超级计算机	Dadiannao: A Machine-Learning Supercomputer	2014	0.40261135
5	可进化的硬件芯片	An Evolvable Hardware Chip for Prosthetic Hand Controller	1999	0.396798492

147

续表

序号	技术主题	相应论文	发表时间/年	颠覆性指数
6	众核网络接口	Manycore Network Interfaces for In-Memory Rack-Scale Computing	2015	0.364128838
7	数字信号处理（DSP）；FPGA；倒立摆；神经网络控制器；比例积分微分（PID）控制器；机器人手指	Hardware Implementation of a Real-Time Neural Network Controller with a DSP and an FPGA for Nonlinear Systems	2007	0.299662621
8	高效的乘法累加运算	A Fully Integrated Reprogrammable Memristor-CMOS System for Efficient Multiply-Accumulate Operations	2019	0.280250023
9	通用人工智能	Towards Artificial General Intelligence with Hybrid Tianjic Chip Architecture	2019	0.279564037
10	自动核型分析系统；分类；FPGA；人类染色体；科霍宁；神经网络；片上系统	A System on Chip for Automatic Karyotyping System	2017	0.249646218
11	模数转换器；模拟；存内计算；电阻式随机存取存储器（RRAM）；向量矩阵乘法（VMM）	A Fully Integrated Reprogrammable CMOS-RRAM Compute-In-Memory Coprocessor for Neuromorphic Applications	2020	0.240038781
12	基于纳米粒子的计算架构	Nanoparticle-Based Computing Architecture for Nanoparticle Neural Networks	2020	0.23876987
13	类脑智能；海马网络；动态振荡；神经形态工程	Scalable Implementation of Hippocampal Network on Digital Neuromorphic System Towards Brain-Inspired Intelligence	2020	0.236942189
14	尖峰神经网络；片上网络；架构模拟	Modelling Spiking Neural Network from the Architecture Evaluation Perspective	2016	0.236857463
15	内存处理；神经网络；非易失性；可重构架构；RRAM；三元内容寻址存储器	Liquid Silicon：A Nonvolatile Fully Programmable Processing-In-Memory Processor with Monolithically Integrated ReRAM	2020	0.231819848
16	片上光子学；相变材料；记忆；类脑计算；突触	On-Chip Phase-Change Photonic Memory and Computing	2017	0.231780431
17	基于峰值的学习；尖峰时间相关可塑性（STDP）；即时的；模拟超大规模集成电路；赢家通吃（WTA）；吸引子网络；异步；类脑计算	A Reconfigurable On-Line Learning Spiking Neuromorphic Processor Comprising 256 Neurons and 128k Synapses	2015	0.231036895
18	集成电路互连；片上系统；计算机架构；并行处理；训练；神经网络；片上互连；可重构互连；人工神经网络；片上网络；近内存计算	An Overview of Efficient Interconnection Networks for Deep Neural Network Accelerators	2020	0.230028884
19	集成电路互连；片上系统；硬件；内存管理；加速；云计算；存内计算；深度神经网络；神经网络加速器；片上网络；互连	A Latency-Optimized Reconfigurable NoC for In-Memory Acceleration of DNNs	2020	0.228524289
20	人工智能处理器；功能安全；ISO26262；多核架构	40-Tflops Artificial Intelligence Processor with Function-Safe Programmable Many-Cores for ISO26262 ASIL-D	2020	0.226834941

从表5.4中可以看出，人工智能芯片领域具有潜在颠覆性价值的技术包括多核覆盖架构、可进化硬件芯片、通用人工智能、存内计算、类脑智能、基于纳米粒子的计算架构、可重构互连、片上光子学、近内存计算等。

2. 前沿技术主题及论文和专利发现

通过文献基前沿度发现模型，从论文角度甄别出人工智能芯片领域200项技术主题及相应论文，从专利角度甄别出人工智能芯片领域61项技术主题及相应专利（限于篇幅，详细列表省略），表5.5、表5.6分别列出了相关论文和专利的Top20结果。

表5.5 人工智能芯片领域Top20前沿技术主题及相应论文

序号	技术主题	相应论文	发表时间/年	前沿度
1	并行卷积处理	Parallel Convolutional Processing Using an Integrated Photonic Tensor Core	2021	40
2	二进制权重；CMOS数字集成电路；基于事件的处理；分层片上网络；低功耗设计；神经形态工程；在线学习；尖峰神经网络；随机计算；突触可塑性	MorphIC：A 65-nm 738k-Synapse/mm^2 Quad-Core Binary-Weight Digital Neuromorphic Processor with Stochastic Spike-Driven Online Learning	2019	11
3	集成电路互连；片上系统；计算机架构；并行处理；训练；神经网络；片上互连；可重构互连；人工神经网络；片上网络；近内存计算	An Overview of Efficient Interconnection Networks for Deep Neural Network Accelerators	2020	9
4	基于FPGA的硬件加速器	An FPGA-Based Hardware Accelerator for CNNs Using On-Chip Memories Only：Design and Benchmarking with Intel Movidius Neural Compute Stick	2019	7
5	模拟集成电路；神经形态架构；泄漏集成和激发；65纳米CMOS；尖峰神经元；OTA；运算放大器；可调电阻；赢家通吃网络	An Accelerated Lif Neuronal Network Array for a Large-Scale Mixed-Signal Neuromorphic Architecture	2018	7
6	人工智能；监测；机器人传感系统；成像；温室；嵌入式传感；精准农业；传感和控制；智能传感	Enabling Precision Agriculture Through Embedded Sensing with Artificial Intelligence	2020	7
7	神经网络；电阻式随机存取存储器（RRAM）；片上学习；多层感知器（MLP）；神经形态计算	Sign Backpropagation：An On-Chip Learning Algorithm for Analog RRAM Neuromorphic Computing Systems	2018	7
8	脑电图；情绪识别；实时系统；人工智能；特征提取；卷积神经网络（CNN）；片上系统；情感计算	Development and Validation of an EEG-Based Real-Time Emotion Recognition System Using Edge AI Computing Platform with Convolutional Neural Network System-On-Chip Design	2019	6.5
9	设计；实验；表现；FPGA架构；卷积神经网络；优化；高性能计算；应用映射	Throughput-Optimized FPGA Accelerator for Deep-Convolutional Neural Networks	2017	6.2
10	块浮点（BFP）；卷积神经网络（CNN）加速器；现场可编程门阵列（FPGA）；三级并联	High-Performance FPGA-Based CNN Accelerator with Block-Floating-Point Arithmetic	2019	6.065307

续表

序号	技术主题	相应论文	发表时间/年	前沿度
11	非易失性存储器；公共信息模型（计算）；转矩；神经网络；内存管理；卷积；二元神经网络（BNN）；存内计算（CIM）；磁性随机存取存储器（MRAM）；预设；自旋轨道转矩（SOT）	Pxnor-BNN：In/With Spin-Orbit Torque MRAM Preset-XNOR Operation-Based Binary Neural Networks	2019	6
12	人工智能；手势识别；低功耗；压力传感器	Analog Sensing and Computing Systems with Low Power Consumption for Gesture Recognition	2021	5
13	相变材料；电力需求；随机存取存储器；反抗；数组；人工智能；存内计算（CIM）；非易失性存储器（NVM）；基于NVM的CIM（nvCIM）	Challenges and Trends Indeveloping Nonvolatile Memory-Enabled Computing Chips for Intelligent Edge Devices	2020	5
14	自组织地图；神经形态芯片；无监督学习；FPGA；视频监控	Somprocessor：A High Throughput FPGA-Based Architecture for Implementing Self-Organizing Maps and Its Application to Video Processing	2020	4.5
15	神经形态计算；模拟器；随机存取存储器	A System-Level Simulator for RRAM-Based Neuromorphic Computing Chips	2019	4.333333
16	内存处理；神经网络（NN）；非易失性；可重构架构；电阻式 RAM（RRAM）；三元内容寻址存储器	Liquid Silicon：A Nonvolatile Fully Programmable Processing-In-Memory Processor with Monolithically Integrated RERAM	2020	4
17	神经形态计算；监督学习；替代梯度学习；铁电场效应管；尖峰神经网络；尖峰神经元；模拟突触	Supervised Learning in ALL FEFET-Based Spiking Neural Network：Opportunities and Challenges	2020	4
18	基于纳米粒子的计算架构	Nanoparticle-Based Computing Architecture for Nanoparticle Neural Networks	2020	4
19	类脑智能；海马网络；动态振荡；神经形态工程	Scalable Implementation of Hippocampal Network on Digital Neuromorphic System Towards Brain-Inspired Intelligence	2020	4
20	嵌入式系统；人工智能；硬件加速；神经形态处理器；能量消耗	Energy Efficiency of Machine Learning in Embedded Systems Using Neuromorphic Hardware	2020	4

表5.6 人工智能芯片领域Top20前沿技术主题及相应专利

序号	技术主题	相应专利	发表时间/年	前沿度
1	非易失性存储器；非易失性存储单元阵列	Non-volatile memory computing chip, has non-volatile memory computing module fixed with non-volatile memory cell array, row and column decoder fixed to non-volatile memory cell array and read write circuit of nonvolatile memory cell array.	2019	19
2	电路；多重连接；计算电路	Three-dimensional (3D) circuit e.g. 3D processor, has multiple connections formed to carry signal between compute circuit and memory, and includes center-to-center pitch that is less than specific range.	2020	6

续表

序号	技术主题	相应专利	发表时间/年	前沿度
3	芯片设计验证装置；软件/硬件模块	Chip design verification apparatus e. g. for application specific integrated circuit, determines whether output data of software/hardware block is valid, and transmits valid output data to hardware/software block respectively.	2005	4.5
4	AI 芯片；智能摄像头；AI 数据	Method for processing data of AI chip of smart camera, involves dividing AI data processing pipeline into processing stages, where processing stages are performed by first processor, second processor and third processor.	2018	4
5	片上组播网络；卷积神经网络硬件加速器；最终结果	Multicast on-chip network based convolutional neural network hardware accelerator, has input processing module which sequentially receives packed data and performs unpacking processing to obtain final result.	2018	3.75
6	智能处理；计算密集型程序；片上网络系统	Intelligence processing integrated circuit for processing computationally-intensive program and application, has network-on-chip system that comprises off-tile buffer to store raw input data or data received from upstream process/device.	2019	3
7	二维阵列；JTAG 接口；自检电路	System on chip, has multiple processing units arranged in two-dimensional array, and JTAG interface for starting self-test circuit and testing each processing unit of artificial intelligence module according to instruction.	2019	3
8	系统芯片；逻辑和/或乘法加法运算；FPGA 模块	System chip, has processing unit for performing logic and/or multiply-adding operation, and FPGA module connected with partial module for detecting function of AI module, and JTAG interface for starting testing function to test AI module.	2019	3
9	机器可访问存储介质；突触权重；特殊人工突触	One machine accessible storage medium storing program for neuromorphic computing system for supporting product or service, includes instruction for determining change to synaptic weight of particular artificial synapse based on spike.	2020	2.666667
10	异构处理器；笔记本电脑	Heterogeneous processor e. g. high-throughput many integrated core processor, for laptop computer, has virtual-to-physical mapping logic unit for exposing large physical processor cores to software and hiding small cores from software.	2014	2.176416
11	可编程智能搜索存储器架构；集成电路芯片处理器	Programmable intelligent search memory architecture for use in integrated circuit chip processor e. g. microprocessor, has programmable intelligent search memory embedded in processor to perform regular expression based search.	2011	2.105731

151

续表

序号	技术主题	相应专利	发表时间/年	前沿度
12	现场可编程门阵列；通信系统	Integrated circuit architecture i. e. field programmable gate array, reconfiguring method for use in communication system, involves applying reconfiguration data to reconfigure reconfigurable part of architecture.	2008	2.067416
13	机器可访问存储介质；矩阵逆问题；神经形态计算	Machine accessible storage medium for solving matrix inverse problems using neuromorphic computing has instructions executed by machine to provide inputs that are selected to correspond to numerical vector in equation to particular SNN.	2018	2
14	机器可访问存储介质；特定网络	Machine-accessible storage medium used for neuromorphic computing contains instructions which determine that path comprises shortest path in particular network from first network node represented by second neuron to second network node.	2021	2
15	深度卷积神经网络架构；多数字信号处理器；系统总线	System on chip for implementing deep convolutional neural network architecture of mobile computing device, has multiple digital signal processors coupled to system bus, and that coordinate functions with configurable accelerator framework.	2018	2
16	面向深度神经网络的现场可编程门阵列；计算任务；双场可编程门阵列芯片	Deep neural network-oriented field programmable gate array working method, involves performing dividing calculation task by double-field programmable gate array chip, where dividing calculation task comprises serial and parallel partition.	2018	2
17	超低功耗神经形态加速器；边缘计算平台；处理元件	Three-dimensional (3D) ultra-low power neuromorphic accelerator for edge-computing platform, has core which comprising processing element, non-volatile memory and communication module.	2019	2
18	语音数据；人工智能；语音结果	Method for encoding voice data for loading into artificial intelligence integrated circuit, involves generating voice result from cellular neural network architecture based on set of two-dimensional arrays, and outputting voice result.	2019	1.702727
19	神经网络；信息处理设备；存储芯片	Arithmetic processing circuit such as neural network in information processing apparatus, has memory chip placed between learning and recognition chips to place memory which is connected to both of learning and recognition neural networks.	2020	1.44774
20	高速人工智能-芯片传输结构；人工智能运算板；人工智能芯片	High-speed artificial intelligence-chip transmission structure for artificial intelligence operation board in server, has artificial intelligence chip connected with connector, where SERDES interface of chip performing data communication.	2018	1.226265

从表5.5、表5.6中可以看出，人工智能芯片领域前沿技术主要有神经形态芯片、基于纳米粒子的

计算架构、片上学习、基于事件的处理架构、自旋轨道转矩磁性随机存取存储器（SOT-MRAM）、基于非易失性存储器的存内计算、可重构架构、片上组播网络、可编程智能搜索存储器架构、边缘计算平台、高速人工智能—芯片传输结构等。

3. 技术成熟度分析

图 5.6、图 5.7 计算出了人工智能芯片领域的技术成熟度预测曲线。从图 5.6 可以看出，人工智能芯片领域研发水平（基于论文）和产业化水平（基于专利）目前均处于成长阶段，研发曲线高于产业曲线，说明该领域在基础研究方面更加活跃，许多基础关键技术或架构亟待突破。根据曲线态势，该领域预计 2033 年趋于成熟。从图 5.7 可以发现，人工智能芯片目前处于期望膨胀期，表明该领域研究持续升温，但其所处位置有"走下坡"趋势，说明在未来一段时期内该领域可能面临一些不易解决的技术瓶颈和应用转化难题。

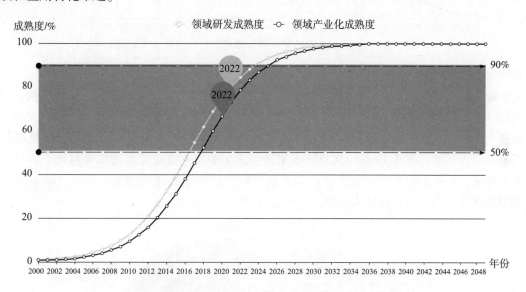

图 5.6 人工智能芯片领域 Fisher-Pry 技术成熟度预测曲线（见彩图）

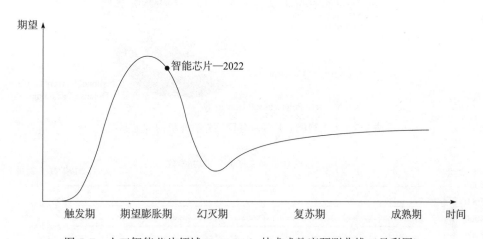

图 5.7 人工智能芯片领域 Hype Cycle 技术成熟度预测曲线（见彩图）

4. 技术差距分析

图 5.8 展示了我国、美国、全球在人工智能芯片领域的技术发展态势。从图中可以看出，美国处于领先水平，我国低于美国和全球总体水平。根据曲线态势，美国该领域预计 2030 年趋于成熟，我国与美国差距不大，约落后 2~3 年。

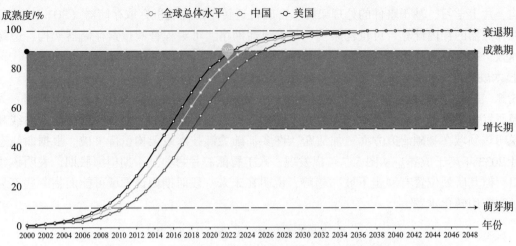

图 5.8 人工智能芯片领域主要国家实力对比曲线（见彩图）

5. 领先研究机构分析

图 5.9 基于人工智能芯片领域知名专家数量，给出了该领域各国研究活跃的 Top N 机构。例如，我国的中国科学院、国防科技大学、西北工业大学，美国的加州大学、伊利诺伊斯大学、斯坦福大学、卡内基梅隆大学、华盛顿大学，德国的埃尔朗根·纽伦堡大学，日本的庆应义塾大学，英国的帝国理工学院等研究实力强劲。图 5.10 从论文量、专家量、论文平均 h 指数等维度综合对比了世界主要研究机构的研究水平，可以看出中国科学院在论文发表量和专家数量上遥遥领先，但研究成果的质量和影响力与美国加州大学相比还存在较大差距。

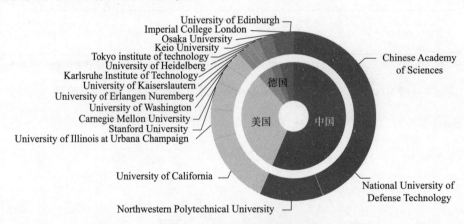

图 5.9 人工智能芯片领域各国领先研究机构（见彩图）

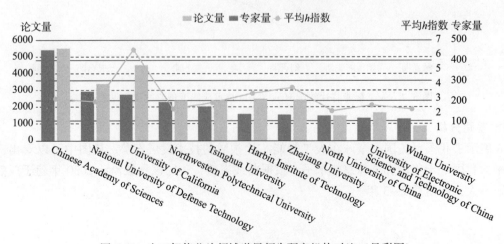

图 5.10 人工智能芯片领域世界领先研究机构对比（见彩图）

（三）典型技术问题及其解决方案

FEST 系统通过典型技术识别模型识别出的人工智能芯片领域颠覆性技术（基于论文）、前沿技术（基于论文或专利）等成果，代表了该领域的先进研究水平。本章以人工智能芯片领域具有潜在颠覆性意义的论文成果为基础，从芯片指标优化、芯片有效性评估等方面深入分析其迫切解决的重点技术问题，以及目前具有创意和价值的解决方案。

1. 基于芯片指标优化的问题与方案（55 组）

芯片优化指标大致可分为性能、面积、能效等，其中性能指标主要包括计算能力、内存、延迟率、带宽、吞吐量（率）、容量等。

- 问题：CNN 计算需要大量数据，从片上和片外产生大量数据移动，为底层硬件带来了吞吐量和能源效率方面的挑战。

  方案：最小化任意 CNN 形状的数据移动能源成本是高吞吐量和能源效率的关键。用于深度卷积神经网络的节能可重构加速器（Eyeriss）通过在具有 168 个处理单元的空间架构上使用行固定（RS）处理数据流来实现这些目标。RS 数据流重新配置给定形状的计算映射，通过最大限度在本地重用数据来优化能源效率，减少成本昂贵的数据移动，例如 DRAM 访问。压缩和数据门控也被应用于进一步提高能源效率。

- 问题：基于 FPGA 的硬件加速器的可用性不高，FPGA 的可编程性复杂。

  方案：构建基于紧密连接的众核粗粒度可重构架构的覆盖架构（Overlay Architecture），制备新的中粒度到粗粒度可编程芯片，该架构提供了一个可编程接口，可虚拟化 FPGA 资源，让用户专注于高级软件编程，帮助其无缝实现应用程序。

- 问题：GPU 片上的高密度计算资源会导致高功耗。

  方案：针对 CPU-GPU 异构并行系统，建立架构级 GPU 能量模型，包括基于计算和内存划分的动态能量模型和基于实时温度感知的静态能量模型，旨在降低系统能量需求，提高系统效率。

- 问题：内存机架级计算的低延迟和高带宽性能要求网络接口的 cal-0d 片上集成。

  方案：提出用于内存机架级计算的平铺众核片上系统网络接口架构。评估表明，在每个芯片块和芯片边缘沿片上网络维度小心拆分网络接口功能，可以使机架级架构同时优化延迟和带宽。

- 问题：用于神经形态计算的忆阻器交叉开关阵列为了实现最佳系统性能，必须将其与外围和控制电路集成。

  方案：提出完全集成的混合忆阻器芯片，其中无源交叉开关阵列直接与定制设计的电路集成，包括全套混合信号接口块和用于可重编程计算的数字处理器。忆阻器交叉开关阵列支持在线学习和正向/反向向量矩阵运算，而集成接口和控制电路允许在芯片上映射不同的算法。

- 问题：面向计算机科学的通用人工智能（AGI）和面向神经科学的 AGI 两种方法的公式与编码方案存在根本差异，限制了 AGI 发展。

  方案：提出集成两种方法的混合协同硬件平台（天机芯片），采用多核架构、可重构的构建块和具有混合编码方案的流线型数据流，不仅可以适应基于计算机科学的机器学习算法，还可以轻松实现类脑电路和多种编码方案。

- 问题：现有 ANN 分类器主要是基于软件的，在将 ANN 并行特性转换为串行操作的计算机运行时，该分类器的计算能力大幅下降。

  方案：提出用于人类染色体分类的基于 FPGA 的片上系统架构，其硬件可以实现人工神经网络固有的并行性，同时降低功耗和电路尺寸，从而降低设计成本。

- 问题：数据密集型人工智能和机器学习中存在数据移动瓶颈。

  方案：构建神经形态用全集成、可重编程的模拟 RRAM-CMOS 协处理器，实现支持基于 RRAM 的高效灵活计算的数字和模拟电路。

- 问题：现有基于电子的计算架构面临冯·诺依曼瓶颈。
  方案：探索非冯·诺依曼和类脑计算范式，提出非易失性多级光子存储器，以及一种由相变材料（$Ge_2Sb_2Te_5$）制成的类似于生物突触的光子突触，可支持开展类脑计算。
- 问题：实现具有实时在线学习能力的紧凑、低功耗人工神经处理系统仍面临较大挑战。
  方案：提出完全定制的可重构在线学习脉冲神经形态处理器，包括128K模拟突触和256个神经元电路，具有生物学上合理的动力学和基于双稳态脉冲的可塑性机制，使其具有在线学习能力。
- 问题：基于交叉开关的存内计算可能会显著增加片上通信量，导致通信延迟。
  方案：提出基于不同DNN定制调度技术的可重构片上网络架构，并理论证明了该架构实现了给定DNN的最小可能通信延迟。该方案可推广至边缘计算和云计算。
- 问题：传统AI处理器存在吞吐量不高、较多依赖外部存储器带宽等问题。
  方案：提出具有功能安全可编程多核的人工智能处理器，其采用的超级线程核包括128×128纳米核，以1.2GHz的时钟频率运行，功能安全设计的容错性能满足标准ISO26262 ASILD容错级别。
- 问题：在传统硬件平台上计算复杂的脉冲人工神经网络远未达到实时性要求。
  方案：提出用于脉冲神经网络的数字神经处理器（Neuropipe-Chip），采用Alcatel 0.35μm数字CMOS技术制造，该处理器作为加速器板的组成部分，可支持应用复杂的SANN来解决实时图像处理等现实问题。
- 问题：在冯·诺依曼计算架构下，用于人工智能和物联网的边缘设备在延迟和能效方面受到限制。
  方案：提出破除"内存墙"问题的基于非易失性内存的存内计算芯片架构。
- 问题：高计算复杂性和巨大的内存需求，为高效硬件架构的设计及其在资源和功率受限的嵌入式系统中的部署带来挑战。
  方案：提出用于异构片上系统的高效反卷积硬件加速器，可在任何基于FPGA设备的虚拟片上系统中实现。
- 问题：主动学习方法（ALM）利用问题的定性和行为描述来模拟人脑计算，在智能芯片领域展现良好前景。然而ALM方法中的核心算子——墨滴扩散（IDS）算子，对内存的要求和计算成本很高，导致ALM算法及其硬件实现不适用于某些应用。
  方案：提出可实现IDS算子的自适应替代方法，构建支持片上训练的硬件实现，使其能够适应其环境而不依赖主机系统，从而显著降低算法计算复杂度、所需内存和硬件数量。
- 问题：传统的CNN需要进行大量的矩阵计算和内存使用，从而导致其移动部署和嵌入式芯片的功耗及内存问题。
  方案：提出基于非易失性存储器的存内计算架构，该架构在自旋轨道转矩磁随机存取存储器中采用Preset-XNOR运算来加速二元神经网络计算。
- 问题：针对单个神经网络执行优化的现有加速器，在运行多个神经网络时可能会面临资源利用严重不足，这主要是由于来自不同神经网络的计算和内存访问任务之间的负载不平衡。
  方案：提出AI多任务执行加速器架构，可实现经济高效、高性能的多神经网络执行。该架构通过匹配来自不同网络的计算和内存密集型任务并行执行，实现充分利用加速器的计算资源和内存带宽。同时，动态调度内存块预取和计算块合并以实现最佳资源负载匹配，以及内存块驱逐以最小化片上内存占用。
- 问题：CNN在计算机视觉领域中对计算和内存方面要求很高，因此通常在高性能计算平台或设备中实现。在计算和内存资源较低的嵌入式平台或设备中运行CNN，则需要对系统架构和算法进行更高效的优化设计。
  方案：提出快速高效且可扩展的架构，可针对任何密度FPGA的CNN推理。该架构采用定点算术和图像批处理技术，减少了计算、内存和内存带宽要求，而不会影响 CNN 精度。
- 问题：边缘和便携式应用程序的典型功耗和内存占用限制通常与准确性和延迟要求相冲突。
  方案：提出用于可分离卷积神经网络的全片上 FPGA 硬件加速器，该加速器专为关键字识别应用而设计。
- 问题：传统 SNN 硬件实现所需的芯片面积较大、能源效率较低。
  方案：提出完全基于铁电场效应晶体管的 SNN 硬件，该硬件允许基于低功耗脉冲的信息处理以及存内计算，可为构建支持传统机器学习算法的节能神经形态硬件提供途径。
- 问题：神经形态平台和深度学习加速器两种架构上的不兼容性极大地降低了建模的灵活性。
  方案：构建了统一的模型描述框架和统一的处理架构（天机），涵盖了从软件到硬件的全栈。通过实现一组集成和转换操作，天机可以支持脉冲神经网络、生物动态神经网络、多层感知器、卷积神经网络、循环神经网络等。兼容的路由基础设施可在分散的多核网络上实现同构和异构的可扩展性。
- 问题：在硬件中构建具有大量突触的脉冲神经形态芯片需要解决的挑战包括构建具有低功耗的小型脉冲神经核、有效的神经编码方案和轻量级片上学习算法。
  方案：提出三维片上网络 SNN 处理器的轻量级脉冲神经元处理核（SNPC），并对其进行硬件实现和评估。SNPC 嵌入了 256 个泄漏集成和激发（LIF）神经元与基于交叉开关的突触，芯片面积为 $0.12mm^2$。
- 问题：基于单个非重叠注入（NOI）的 ANN 由于 NOI 权重的潜在限制，导致其分类性能达不到理想要求。
  方案：提出利用两个非重叠注入 MOSFET 形成非易失性存储器差分对作为人工突触，其中这一对 NOI 晶体管是非易失性模拟存储器，能够存储正或负双向突触权重。
- 问题：DNN 的片上训练面临大规模的计算和内存带宽挑战。
  方案：提出基于转置静态随机存取存储器（SRAM）的存内计算架构，设计用于反向传播过程和权重更新的数据流，以支持基于存内计算的片上训练。
- 问题：基于数据流架构的 CNN 加速器在应对各种 CNN 模型的同时，很难保持高吞吐量。
  方案：提出完全软件定义的 CNN 加速器，通过软件定义的处理单元阵列、数据重用技术、片上缓冲区等，适应不同 CNN 模型，实现高灵活性和高性能。
- 问题：多核架构中的典型计算核心与片上网络模仿类脑连接，带来高功耗问题。
  方案：①提出了基于电力线通信（PLC）的架构，该架构由用于 SNN 的忆阻交叉开关构建。PLC 可以使用带有低开销收发器的片上电源线来有效地在神经元之间传递数据，实现 SNN 所需的密集连接，同时保持忆阻交叉开关的效率。②提出基于混合电力线通信与片上网络的设计方案，可以实现高吞吐量和高能效。
- 问题：大量基于组播的信息流在片上或跨片上传输，使得互连网络设计更具挑战性，并导致神经网络系统性能和能量瓶颈。
  方案：提出用于大规模神经网络加速器的耦合芯片内和芯片间通信技术（NeuronLink），其中针对芯片内通信，提出用于虚拟通道路由的评分交叉仲裁、仲裁拦截和路由计算并行化技术，可为基于组播的信息流带来具有较低硬件成本的高吞吐量片上网络；针对芯片间通信，提出轻量级片上网络感知的芯片到芯片互连方案，能够实现基于片上网络的神经网络芯片的高效互连。
- 问题：CNN 深度模型的计算量和数据访问量随着模型精度提升而急剧增加。
  方案：设计基于 FPGA 的深度卷积神经网络高能效快速卷积算法，该算法利用带有片上网络的行固定和处理单元进行数据计算与访问。
- 问题：设计功率和面积效率高的 SNN 仍然需要开发特定的技术，以便在不影响突触密度的情况下利用二元权重的片上在线学习。

方案：提出具有随机脉冲驱动在线学习的四核二元加权数字神经形态处理器（MorphIC），并嵌入脉冲驱动突触可塑性学习规则的随机版本和用于大规模芯片互连的分层路由结构。

- 问题：物联网时代的边缘计算需求更高的计算优势，而目前的主流平台存在计算性能低、灵活性低等问题。
  方案：提出将基于片上网络的 DNN 平台作为一种新的加速器设计范式。基于片上网络的设计可以通过灵活的互连减少片外存储器访问，从而促进芯片上处理元件之间的数据交换。

- 问题：如何缓解或突破电子处理器的冯·诺依曼瓶颈？
  方案：提出可扩展硬件可重构框架（MAHA），修改了非易失性 CMOS 兼容闪存阵列，用于按需可重构计算。该框架是一个时空混合粒度硬件可重构框架，利用内存进行存储以及基于查找表的计算，并使用低开销的分层互连结构进行处理元素之间的通信。

- 问题：如何缓解或突破电子处理器的冯·诺依曼瓶颈？
  方案：构建将硫族化物相变材料嵌入标准硅光子电路的集成光子学平台，利用光学器件提供超高带宽和波分复用功能以补充甚至超越电子处理器的性能。

- 问题：传统冯·诺依曼机器中运行基于软件的 SNN 存在限制。
  方案：提出用于可重构数字神经形态硬件的高效突触内存结构，通过应用突触前权重缩放、轴突神经元偏移、转置存储器寻址等系列方案，减少硬件资源的使用量，同时保持性能和网络大小。

- 问题：有限的带宽和片上内存存储是 CNN 加速的瓶颈。
  方案：提出基于并行快速有限脉冲响应算法的高效硬件架构，通过构建相应的快速卷积单元，以加速深度 CNN 模型。同时提出新的数据存储和重用方案，将所有中间像素存储在芯片上，降低了带宽需求。

- 问题：①由于电阻式随机存取存储器（RRAM）设备的可变性，很难将高精度神经网络从传统的数字 CMOS 硬件系统移植到模拟 RRAM 系统上；②如何集成外围数字计算和模拟 RRAM 交叉开关仍然面临挑战。
  方案：提出符号反向传播片上学习算法，用于基于 RRAM 的多层感知器，可通过中间结果的计算和存储节省面积与能源成本，展现 RRAM 交叉开关在神经形态计算中的应用潜力。

- 问题：在嵌入式系统中部署大规模 CNN 模型会受到计算和内存的限制。
  方案：提出基于 FPGA 的高性能 CNN 加速器，采用优化的块浮点算法对深度神经网络进行有效推理。

- 问题：在嵌入式计算设备中运行 CNN 对算法和硬件设计提出很高要求。
  方案：提出定点算法、零跳跃和权重修剪架构方案，以提高低密度 FPGA 中 CNN 的推理执行性能。该架构支持在 FPGA 设备中执行大型 CNN，减少片上内存和计算资源。

- 问题：OpenCL 语言虽然增强了 FPGA 的代码可移植性和可编程性，但是以牺牲性能为代价。
  方案：提出基于 OpenCL 语言的 FPGA 加速器，以提高 CNN 性能，同时采用新的内核设计有效解决带宽限制问题，并在计算、片上和片外内存访问之间提供最佳平衡。

- 问题：用于视觉计算的传统 CPU 和专用集成电路无法提供高性能和足够的灵活性。
  方案：提出用于对象识别的分层并行流水线异构芯片，以实现高灵活性、高性能和面积效率。并提出重新制定 3D 位置估计的方法，通过使用单精度来实现较短的计算时间和精度要求。

- 问题：有限的带宽和片上内存存储是 DCNN 加速的瓶颈。
  方案：设计 AlphaGo 策略网络，并提出基于 FPGA 的高效硬件架构来加速 DCCN 模型。该加速器可以安装到不同的 FPGA 中，提供处理速度和硬件资源之间的平衡。

- 问题：目前可支持执行在线学习的神经形态硬件还很少。
  方案：提出可重构的在线学习脉冲（ROLLS）神经形态处理器芯片，来构建用于序列学习的神经元架构。该架构使用"赢家通吃"动力学的吸引子特性，以解决 ROLLS 模拟计算单元中的不匹配和噪声问题，并通过其片上可塑性特性来存储状态序列。

- 问题：CNN 等先进深度学习模型往往需要较高的片上存储和计算资源，导致低功耗移动或嵌入式系统无法顺利使用。
  方案：提出用于 CNN 推理加速的高效片上存储器架构，其中重新设计的片上内存子系统包括主动权重缓冲区和数据缓冲区集，可根据计算中的数据流压缩数据和权重集，同时还内置冗余检测机制，可主动扫描 CNN 的工作集，通过消除 CNN 模型中的计算冗余来提高其推理性能。

- 问题：在功率受限的环境中，针对现实问题实现 DCNN 需要高计算能力和高内存带宽，通用 CPU 无法利用这些算法提供的不同并行度，因此在实际使用中速度慢且能源效率低下。
  方案：提出基于 FPGA 的运行时可编程协处理器，以加速 DCNN 的前馈计算。协处理器可以在运行时针对新的网络架构进行编程，而无须重新合成 FPGA 硬件。

- 问题：随着数据集的规模和神经网络架构深度的不断增长，CNN 训练对计算硬件提出了更高性能和高能效的设计要求。
  方案：提出面向异构众核系统的混合片上网络架构，该架构由有线和无线链路组成，可有效提高基于 CPU-GPU 的异构众核平台执行 CNN 训练的性能。

- 问题：传统的内存逻辑设计需要在内存芯片上添加逻辑电路，额外增加较大能耗。
  方案：提出基于自旋轨道转矩磁随机存取存储器（SOT-MRAM）阵列的双模式二元深度神经网络加速器，可同时用作非易失性存储器和可重新配置的内存逻辑（AND、OR），实现高能效的主卷积计算。

- 问题：片上全局缓冲区（如 SRAM 高速缓存）由于其低存储密度而容量有限。因此，在训练序列期间，片外 DRAM 访问是不可避免的。
  方案：提出用于片上训练加速器的基于铁电场效应晶体管（FeFET）的 3D NAND 架构。由于 FeFET 器件的低工作电压和 3D NAND 架构的超高密度降低了外围电路开销，使得在训练过程中可以在芯片上存储和计算所有中间数据。

- 问题：在信号处理和目标识别应用中，稀疏编码带来的高昂计算开销，导致实时大规模学习成为难题。
  方案：提出具有电阻交叉点阵列的并行架构（PARCA），对算法、架构、电路和设备进行协同优化，采用带有特殊读写电路的电阻式 RAM 字典实现稀疏编码的实时节能片上硬件加速。

- 问题：CNN 需要密集的计算和频繁的内存访问，从而导致处理速度低和功耗大。
  方案：提出特定层优化设计方法，即针对不同层进行不同的优化组织。该方法主要包括特定层的混合数据流和特定层的混合精度两种优化方式，前者旨在最大限度减少片外访问，后者是为了实现无损精度和极致的模型压缩，从而进一步减少片外访问。

- 问题：不断增长的网络规模和可扩展性需求，对 DNN 的高性能实现提出了重大挑战，而传统 GPU 和 ASIC 的硬件实现效率较低或灵活性较差。
  方案：提出用于加速 DNN 的片上系统解决方案，其中 ARM 处理器控制整体执行并将计算密集型操作转移到硬件加速器，系统实现在片上系统开发板上执行。

- 问题：ANN 和 SNN 由于其基本数学表达式与编码方案存在明显差异，神经形态平台或深度神经网络加速器很难兼容这两种模型。
  方案：提出基于数字泄漏集成和激发（LIF）神经元模型的可重构可扩展神经形态芯片，该芯片通过在具有点对点通信的 LIF 神经元框架内统一 ANN 和 SNN 范式，可适应大多数流行的神经网络。

- 问题：针对支持推理与片上训练的轻量级和低功耗 CNN 加速器的需求日益增长。
  方案：提出针对 CNN 的高能效训练加速器，该加速器使用并发浮点数据路径加速实现推理和训练的实时处理，并可通过外部控制，采用资源共享和集成卷积池块来实现低面积和低能耗。与现有的软件和硬件加速器相比，该加速器更适合部署在移动/边缘节点中。

- 问题：如何在边缘设备严格的功耗和成本限制下进行类脑芯片设计？
  方案：提出面向 SNN 的事件驱动且完全可合成的数字化架构（"微脑"），具有协同定位的内存和处理能力，利用基于事件的处理来降低始终在线系统的整体能耗。这种小面积占用使"微脑"能够集成到可重新训练的传感器集成电路中，以执行各种信号处理任务，例如数据预处理、降维、特征选择和特定应用推理。

- 问题：CNN 的硬件实现在访问片外存储器时受到计算复杂性和带宽的限制。
  方案：提出基于 FPGA 的用于二维卷积操作的硬件架构，该架构使用 Winograd 的二维最小滤波算法降低了计算复杂度，并提出用于减少片上读取操作以访问用于卷积操作的相邻输入数据块的内存架构，实现 CNN 加速。片上存储器组重用架构也用于减少对片外存储器的存储器读取和写入操作的数量。

- 问题：如何对 CNN 进行节能的边缘 AI 计算硬件加速器优化设计？
  方案：提出压缩时域、池化感知卷积 CNN 引擎，用于通过执行多位输入和多位权重乘法累加来实现节能的边缘 AI 计算。该引擎采用改进的内存延迟线（MDL），支持时间残差缩放，实现在时域中执行多位输入和多位权积的有符号累加，并通过压缩时域方法来提高输入激活时间编码的吞吐量。

2. 基于芯片有效性评估的问题与方案（6 组）

芯片有效性评估是针对芯片一些特性或指标优化改进情况进行效益评估，主要评估方法包括评估框架（如模拟器）、基准测试程序集等。

- 问题：用于 SNN 计算范式的基于片上网络的超大规模集成系统如何评估？
  方案：提出基于微架构和片上网络模拟器的 SNN 应用评估方法。首先从现有神经系统模拟器中提取准确的 SNN 模型，然后实现一个周期精确的片上网络模拟器来执行上述 SNN 应用程序，以获取时序和能耗信息。

- 问题：非易失性存内计算在能源效率和运行速度方面的优势，及其对设备可变性和潜行电流的鲁棒性，尚未通过实验证明。
  方案：提出完全集成的忆阻非易失性存内计算结构，可为布尔逻辑和乘法累加（MAC）操作提供高能效和低延迟等评估条件。

- 问题：由于 RRAM 的非理想行为，在神经形态计算芯片中采用 RRAM 器件具有挑战性。
  方案：提出周期精确且可扩展的系统级模拟器，可用于研究在神经形态计算芯片中使用 RRAM 设备的效果。该模拟器可对包含许多神经核的空间神经形态芯片架构进行建模，其中 RRAM 交叉开关通过片上网络连接。

- 问题：DNN 模型在云端或移动设备等特定目标下选择最优部署策略面临很大挑战。
  方案：提出面向移动云计算的自动基准测试 DNN 调优框架，可以跨多平台提供分层行为分析，帮助找到移动端和云端协调部署的方案。

- 问题：早期设计阶段如何评估基于片上网络的 DNN 加速器？
  方案：提出周期精确的基于片上网络的 DNN 模拟器，通过 DNN 扁平化技术、DNN 切片方法，将各种 DNN 操作转换为类似 MAC 的操作，并评估资源受限片上网络平台上的大规模 DNN 模型。

- 问题：由于神经元群体活动的异质性和复杂性，实现平台资源的有效利用是一个挑战性问题，这一问题通常会影响模拟结果的可靠性。
  方案：提出基于定制的 SNN 配置方案，可提取有关片上和片外资源的网络使用情况的详细分析信息，然后通过这些信息来提高生物学上合理的 SNN 模拟的可靠性，同时评估 SNN 模拟在大规模多核和密集互连平台上的可扩展性。

3. 其他问题与方案（18 组）

- 问题：智能神经网络控制器硬件存在的非线性系统控制问题。
  方案：利用基于 FPGA 的通用芯片和 DSP 板来实现智能神经网络控制器硬件，该硬件可以对神经网络的反向传播学习算法进行实时控制。其中，基本的比例积分微分（PID）控制算法在 FPGA 芯片中实现，神经网络控制器在 DSP 板上实现。

- 问题：未来基于脉冲神经网络的数字神经形态芯片如何设计？
  方案：提出一种可扩展的数字海马突神经网络（HSNN）来模拟哺乳动物的认知系统，并执行在大脑的认知过程中起关键作用的神经调节动力学行为，例如记忆和学习。大规模峰值神经网络的实时计算可以通过可扩展的片上网络和并行拓扑来实现。对比发现，采用坐标旋转数值计算算法实现海马神经元模型可以显著降低硬件资源成本。此外，片上网络技术的合理使用可以进一步提高系统的性能，甚至可以显著提高单个 FPGA 芯片上的网络可扩展性。

- 问题：CMOS 技术规模呈放缓趋势，后 CMOS 技术架构如何发展？
  方案：设计非易失性完全可编程存内处理器（"液态硅"），兼具通用计算设备的可编程性和领域专用加速器的高效性。该处理器由氧化铪 RRAM 单片集成在商用 130nm CMOS 上制备而成，尤其适合人工智能/机器学习和大数据应用。

- 问题：在电路复杂性和内存需求方面，管理大规模神经形态计算系统中的异步事件流量是一项艰巨的任务。
  方案：提出采用分层和网状路由策略的新方法，该方法结合异构内存结构，可最大限度减少内存需求和延迟，同时通过参数配置最大限度提高编程灵活性以广泛支持基于事件的神经网络架构。

- 问题：单独的计算设备和并行大规模实现之间依然存在对立矛盾问题。
  方案：提出基于相变材料（$Ge_2Sb_2Te_5$）的光子 SNN 计算原语，利用波分复用固有的并行性，实现存内计算平台构建，可模拟用于图像分类任务的 SNN 推理引擎。该方案有望为超快计算和本地化片上学习提供支撑。

- 问题：由于脉冲神经元固有的复杂动力学和不可微分的脉冲活动，使用误差反向传播等算法训练 SNN，难以达到与传统深度人工神经网络相同的性能。
  方案：提出脉冲序列级直接反馈对齐（ST-DFA）算法，相比反向传播算法更具生物合理性和硬件友好性。同时，探索算法和硬件协同优化以及高效的在线神经信号计算，实现 ST-DFA 的片上训练。

- 问题：①目前主流的 CPU/GPU 架构制作 SNN 原型需要较高的时间成本；②定制化神经形态芯片制造成本高昂。
  方案：提出实时多 FPGA、多模型脉冲神经网络模拟架构（SNAVA），该架构具有可扩展、可编程等特性，支持实时大规模多模型 SNN 计算。作为一种工具，可以比 CPU/GPU 架构更快地制作 SNN 原型，且比制造定制化神经形态芯片便宜得多。

- 问题：面向指数级增长数据量的处理需求，对高度并行化快速且可扩展的硬件提出了更高的要求。
  方案：提出利用集成光子张量核的并行卷积处理架构，其中张量核可被认为是专用集成电路的光学模拟。该架构利用相变材料存储器阵列和基于光子芯片的光学频率梳，实现并行光子存内计算。

- 问题：由于在硬件平台上执行输出权重的实时训练存在困难，大多数实现都是基于软件的。
  方案：利用回声状态网络架构，设计基于 FPGA 的脉冲时间相关编码器和储存库计算方法，该方法可以在 FPGA 中训练和实现，无需任何软件配合，为神经形态计算芯片实现提供可选方案。

- 问题：如何解决微处理器电源壁垒？

方案：提出由基于忆阻器的神经形态计算加速器增强的异构计算系统框架（Harmonica），该加速器旨在通过利用纳米级忆阻器交叉开关阵列的极其高效的混合信号计算能力，来加速人工神经网络。

- 问题：混合模拟 CMOS 忆阻器方法需要广泛的 CMOS 电路进行训练，因此消除了采用忆阻器突触所获得的大部分密度优势。

  方案：提出多功能 CMOS 神经元硬件架构，该架构结合了集成和激发行为，驱动无源忆阻器并在紧凑的电路模块中实现竞争性学习，在忆阻器突触中实现原位可塑性，可用于真实世界模式识别。

- 问题：与软件实现相比，SNN 的硬件实现需要大量电路开销来寻址和单独更新网络权重。

  方案：提出在 CMOS 芯片的后端中使用密集集成的混合信号集成激发神经元（IFN）和忆阻器的交叉点阵列，构建具有忆阻器突触的基于脉冲时序依赖可塑性（STDP）的高能效学习电路。

- 问题：在 SNN 中存储大规模突触连接（SNN 拓扑）信息需要大型分布式片上存储器，对此类架构的紧凑型硬件实现提出了严峻挑战。

  方案：提出硬件模块化神经块（MNT）架构，该架构通过结合使用固定和可配置的突触连接来降低基于片上网络的硬件的 SNN 拓扑内存需求。

- 问题：由于 RRAM 的可变性和局限性，基于 RRAM 的神经形态芯片的设计面临许多限制。

  方案：提出基于 RRAM 的神经形态芯片的 FPGA 硬件仿真器，该仿真器支持神经形态芯片神经核中基于 RRAM 的交叉开关的静态和动态变化模拟，并在 FPGA 上实现了片上网络来模拟神经核之间的通信。

- 问题：类脑计算硬件架构探索问题。

  方案：提出用于大规模脉冲神经网络的类脑可重构数字神经形态处理器架构，该架构集成了任意 N 个数字泄漏集成和激发（LIF）硅神经元，以模仿其生物对应物和片上学习电路，实现脉冲时间相关可塑性（STDP）学习规则。同时，利用忆阻器纳米器件构建 $N \times N$ 交叉开关阵列，不仅可以存储多位突触权重值，还可以存储网络配置数据，并显著降低面积开销。

- 问题：用硬件设计的方式解决像素平行焦平面图像处理的范围，受到像素面积和成像器填充因子的限制。

  方案：提出多芯片神经形态超大规模集成视觉运动处理系统，该系统将模拟电路与异步数字芯片间通信协议相结合，以实现比焦平面中更复杂的像素并行运动处理。

- 问题：探索在光子集成电路上实现人工智能算法。

  方案：提出使用集成星形耦合器的傅里叶变换特性来实现光子 CNN 的架构，通过对光子 CNN 中的组件缺陷进行建模，结果表明其性能下降后可以在可编程芯片中进行恢复。该架构为集成光子深度学习处理器提供了可扩展的途径。

- 问题：如何对基于光电忆阻器的神经形态芯片进行优化设计？

  方案：提出可重构光电忆阻器，将光电感知、存储和原位计算功能集成到光电忆阻器阵列中，可以大大减少多功能器件的占用空间，提高芯片的工作效率。此外，利用光电协同调制的优势，光电忆阻器实现了"与""或"等可重构逻辑功能。该设计方案展现了光电忆阻器在下一代可重构传感—存储—计算集成范式中的潜在应用前景。

附件1 模型挖掘的颠覆性技术主题及相应论文

序号	技术主题	相应论文	发表时间/年	颠覆性指数
1	Convolutional neural networks (CNNs); Dataflow processing; Deep learning; Energy-efficient accelerators; Spatial architecture	Eyeriss: An Energy-Efficient Reconfigurable Accelerator for Deep Convolutional Neural Networks	2017	0.571648234
2	FPGA; Many-core overlay; VLIW; SIMD; CGRA; 3D Torus; Double-precision floating-point	Mitraca: A Next-Gen Heterogeneous Architecture	2019	0.494710607
3	GPUs; Dynamic energy model; Static energy model	An Architecture-Level Graphics Processing Unit Energy Model	2016	0.40405337
4	Machine-learning supercomputer	Dadiannao: A Machine-Learning Supercomputer	2014	0.40261135
5	Evolvable hardware chip	An Evolvable Hardware Chip for Prosthetic Hand Controller	1999	0.396798492
6	Manycore network interfaces	Manycore Network Interfaces for In-Memory Rack-Scale Computing	2015	0.364128838
7	Digital signal processing (DSP); Field programmable gate array (FPGA); Inverted pendulum; Neural network controller; Proportional-integral-derivative (PID) controller; Robot finger	Hardware Implementation of a Real-Time Neural Network Controller with a DSP and an FPGA for Nonlinear Systems	2007	0.299662621
8	Efficient multiply-accumulate operations	A Fully Integrated Reprogrammable Memristor-Cmos System for Efficient Multiply-Accumulate Operations	2019	0.280250023
9	Artificial general intelligence	Towards Artificial General Intelligence with Hybrid Tianjic Chip Architecture	2019	0.279564037
10	Automatic karyotyping system; Classification; FPGA; Human chromosome; Kohonen; Neural network; System on chip	A System on Chip for Automatic Karyotyping System	2017	0.249646218
11	ADC; Analog; Compute-in-memory; DAC; Resistive random access memory (RRAM); Vector-matrix multiplication (VMM)	A Fully Integrated Reprogrammable CMOS-RRAM Compute-In-Memory Coprocessor for Neuromorphic Applications	2020	0.240038781
12	Nanoparticle-based computing architecture	Nanoparticle-Based Computing Architecture for Nanoparticle Neural Networks	2020	0.23876987
13	Brain-inspired intelligence; Hippocampal network; Dynamical oscillation; Neuromorphic engineering	Scalable Implementation of Hippocampal Network on Digital Neuromorphic System Towards Brain-Inspired Intelligence	2020	0.236942189

续表

序号	技术主题	相应论文	发表时间/年	颠覆性指数
14	Spiking neural network; Network-on-chip; Architecture simulation	Modelling Spiking Neural Network from the Architecture Evaluation Perspective	2016	0.236857463
15	In-memory processing; Neural network (NN); Nonvolatile; Reconfigurable architecture; Resistive-RAM (RRAM); Ternary content-addressable memory	Liquid Silicon: A Nonvolatile Fully Programmable Processing-In-Memory Processor with Monolithically Integrated ReRAM	2020	0.231819848
16	On-chip photonics; Phase-change materials; Memory; Brain-inspired computing; Synapse	On-Chip Phase-Change Photonic Memory and Computing	2017	0.231780431
17	Spike-based learning; Spike-timing dependent plasticity (STDP); Real-time; Analog VLSI; Winner-Take-All (WTA); Attractor network; Asynchronous; Brain-inspired computing	A Reconfigurable On-Line Learning Spiking Neuromorphic Processor Comprising 256 Neurons and 128k Synapses	2015	0.231036895
18	Integrated circuit interconnections; System-on-chip; Computer architecture; Parallel processing; Training; Neural networks; On-chip interconnection; Reconfigurable interconnection; Artificial neural network; Network on chip; Near-memory processing	An Overview of Efficient Interconnection Networks for Deep Neural Network Accelerators	2020	0.230028884
19	Integrated circuit interconnections; System-on-chip; Hardware; Memory management; Acceleration; Cloud computing; In-memory computing; Deep neural networks; Neural network accelerator; Network-on-chip; Interconnect	A Latency-Optimized Reconfigurable NoC for In-Memory Acceleration of DNNs	2020	0.228524289
20	AI processor; Function-safe; ISO26262; Many-core architecture	40-Tflops Artificial Intelligence Processor with Function-Safe Programmable Many-Cores for ISO26262 ASIL-D	2020	0.226834941
21	Neuroaccelerator; Neurochip; Pulse-coded neural networks; Spiking neural networks	Neuropipe-Chip: A Digital Neuro-Processor for Spiking Neural Networks	2002	0.221957
22	Program processors; Artificial neural networks; Hardware; Noise measurement; Computer architecture; Neuromorphics; Mixed-mode SoC; Neural network processor; Neuro-fuzzy processor; Deep learning SoC	The Development of Silicon for AI: Different Design Approaches	2020	0.221281
23	Nonvolatile memory; Phase change materials; Power demand; Random access memory; Resistance; Arrays; Artificial intelligence; Artificial intelligence; Computation in memory (CIM); Nonvolatile-memory (NVM); NVM-based CIM (nvCIM)	Challenges and Trends Indeveloping Nonvolatile Memory-Enabled Computing Chips for Intelligent Edge Devices	2020	0.220983
24	Spiking neural networks; Recurrent neural networks; Long short-term memory; Neuromorphic hardware	Modular Spiking Neural Circuits for Mapping Long Short-Term Memory on a Neurosynaptic Processor	2018	0.220746
25	Image deconvolution; Generative adversarial networks (GANs); Field-programmable gate array (FPGA); Heterogeneous embedded systems	Efficient Deconvolution Architecture for Heterogeneous Systems-on-Chip	2020	0.220577

续表

序号	技术主题	相应论文	发表时间/年	颠覆性指数
26	Soft computing; Ink drop spread (IDS) operator; Fuzzy modeling; Pattern classification; Field-programmable gate array (FPGA)	Digital Hardware Realization of a Novel Adaptive Ink Drop Spread Operator and Its Application in Modeling and Classification and On-Chip Training	2019	0.219693
27	Nonvolatile memory; Common information model (computing); Torque; Neural networks; Memory management; Convolution; Binary neural networks (BNNs); Computing-in-memory (CIM); Magnetic random access memory (MRAM); Preset; Spin-orbit torque (SOT)	PXNOR-BNN: In/With Spin-Orbit Torque MRAM Preset-Xnor Operation-Based Binary Neural Networks	2019	0.215165
28	Multi-neural network acceleration architecture	A Multi-Neural Network Acceleration Architecture	2020	0.209649
29	Asynchronous; Circuits and systems; Neuromorphic computing; Routing architectures	A Scalable Multicore Architecture with Heterogeneous Memory Structures for Dynamic Neuromorphic Asynchronous Processors (DYNAPs)	2018	0.209568
30	Deep learning; Convolutional neural network; Smart edge devices; FPGA	A Fast and Scalable Architecture to Run Convolutional Neural Networks in Low Density FPGAs	2020	0.209347
31	CMOS-integrated memristive non-volatile computing-in-memory	CMOS-Integrated Memristive Non-Volatile Computing-In-Memory for AI Edge Processors	2019	0.203809
32	FPGA-based hardware accelerator	An FPGA-Based Hardware Accelerator for CNNs Using On-Chip Memories Only: Design And Benchmarking with Intel Movidius Neural Compute Stick	2019	0.200873
33	Neuromorphic computing; Supervised learning; Surrogate gradient learning; Ferroelectric FET; Spiking neural network; Spiking neuron; Analog synapse	Supervised Learning in All FEFET-Based Spiking Neural Network: Opportunities and Challenges	2020	0.199287
34	Embedded system; Artificial intelligence; Hardware acceleration; Neuromorphic processor; Power consumption	Energy Efficiency of Machine Learning in Embedded Systems Using Neuromorphic Hardware	2020	0.199071
35	Experimental demonstration	Experimental Demonstration of Supervised Learning in Spiking Neural Networks with Phase-Change Memory Synapses	2020	0.197713
36	Machine learning; Neuromorphics; Biological neural networks; Computational modeling; Computer architecture; Deep learning accelerator; Hybrid paradigm; Neuromorphic chip; Unified; Scalable architecture	Tianjic: A Unified and Scalable Chip Bridging Spike-Based and Continuous Neural Computation	2020	0.19649
37	Neuromorphic computing; Deep learning; MR imaging; Semantic image segmentation; IBM True North neurosynaptic system	Deep Learning for Medical Image Segmentation-Using the IBM TrueNorth neurosynaptic system	2018	0.195777
38	Photonic in-memory computing primitive	Photonic In-Memory Computing Primitive for Spiking Neural Networks Using Phase-Change Materials	2019	0.195561
39	Neural network accelerator design	Neural Network Accelerator Design with Resistive Crossbars: Opportunities and Challenges	2019	0.194276

续表

序号	技术主题	相应论文	发表时间/年	颠覆性指数
40	Spiking neural network; Neuromorphic; 3D network on chip; Spiking neuron processing core	Light-Weight Spiking Neuron Processing Core for Large-Scale 3D-NoC Based Spiking Neural Network Processing Systems	2020	0.19318
41	Neuromorphics; Neural network hardware; Analog memory; Artificial synapse	A Non-Overlapped Implantation MOSFET Differential Pair Implementation of Bidirectional Weight Update Synapse for Neuromorphic Computing	2019	0.189115
42	Artificial intelligence; Mobile service computing; Hadoop; Slurm; Schedule; TensorFlow; Caffe	Artificial Intelligence Platform for Mobile Service Computing	2019	0.188468
43	Deep neural network; Transpose SRAM; Compute-in-memory; On-chip training	Cimat: A Transpose SRAM-Based Compute-In-Memory Architecture for Deep Neural Network on-Chip Training	2019	0.187811
44	Software-defined; Data flow; Accelerator; Convolutional neural networks	A Novel Software-Defined Convolutional Neural Networks Accelerator	2019	0.187793
45	Memristive crossbar; Neuromorphic computing; Powerline communication; Spiking neural network	Powerline Communication for Enhanced Connectivity in Neuromorphic Systems	2019	0.18779
46	Artificial neural networks; Neurons; Multiprocessor interconnection; Acceleration; System-on-chip; Hardware; Biological neural networks; Chip-to-chip interconnection; Deep neural network (DNN); Hardware accelerator; Interconnection architecture; Network-on-chip (NoC)	Neuronlink: An Efficient Chip-to-Chip Interconnect for Large-Scale Neural Network Accelerators	2020	0.187786
47	Field programmable gate arrays; Convolution; Neural nets; Energy-efficient fast convolution algorithm; Deep convolutional neural networks; Deep neural networks models; Data accesses; Row stationary; Network-on-chip; Off-chip memory accesses	Implementation of Energy-Efficient Fast Convolution Algorithm for Deep Convolutional Neural Networks Based on FPGA	2020	0.187482
48	Binary weights; CMOS digital integrated circuits; Event-based processing; Hierarchical networks-on-a-chip; Low-power design; Neuromorphic engineering; Online learning; Spiking neural networks; Stochastic computing; Synaptic plasticity	MorphIC: A 65-nm 738k-Synapse/mm² Quad-Core Binary-Weight Digital Neuromorphic Processor with Stochastic Spike-Driven Online Learning	2019	0.185426
49	Network-on-chip (NoC); Deep neural network (DNN); CNN; RNN; Accelerators; Routing algorithms; Mapping algorithms; Neural network simulator	NoC-Based DNN Accelerator: A Future Design Paradigm	2019	0.182409
50	Electroencephalography; Emotion recognition; Real-time systems; Artificial intelligence; Feature extraction; Convolutional neural networks; System-on-chip; Emotion recognition; Convolutional neural network (CNN); Affective computing	Development and Validation of an Eeg-Based Real-Time Emotion Recognition System Using Edge AI Computing Platform with Convolutional Neural Network System-on-Chip Design	2019	0.178995

续表

序号	技术主题	相应论文	发表时间/年	颠覆性指数
51	Artificial intelligence; Biomimetic neural network; Neuromorphic engineering; Silicon neuron	Development and Applications of Biomimetic Neuronal Networks Toward Brainmorphic Artificial Intelligence	2018	0.177153
52	Spiking Neural Network (SNN); Mixed-signal; I&F; Multi-chip communication; Silicon neuron; Silicon synapse	A Mixed-Signal Spiking Neuromorphic Architecture for Scalable Neural Network	2017	0.177033
53	Spiking neural networks; Backpropagation; On-chip training; Hardware neural processor; FPGA	Spike-Train Level Direct Feedback Alignment: Sidestepping Backpropagation for on-Chip Training of Spiking Neural Nets	2020	0.175301
54	Energy efficiency; In-memory computing; NAND flash; Von-Neumann bottleneck	Maha: An Energy-Efficient Malleable Hardware Accelerator for Data-Intensive Applications	2015	0.172813
55	Memory; Phase transformation; Nucleation and growth	Integrated Phase-Change Photonic Devices and Systems	2019	0.171109
56	Energy aware; Analog multiplier; Deep neural networks; Hardware AI	A Historical Perspective on Hardware AI Inference, Charge-Based Computational Circuits and an 8 Bit Charge-Based Multiply-Add Core in 16 nm Finfet CMOS	2019	0.170128
57	Artificial intelligence; Neural networks; Resistive switching; Memristive devices; Deep learning networks; Spiking neural networks; Electronic synapses; Crossbar array; Pattern recognition	Memristors for Neuromorphic Circuits and Artificial Intelligence Applications	2020	0.169362
58	Neuromorphic system; Spiking neural network; Spike-timing-dependent plasticity; On-chip learning; Transposable memory	Efficient Synapse Memory Structure for Reconfigurable Digital Neuromorphic Hardware	2018	0.167582
59	Sorting; System-on-chip; Wireless communication; Neurons; Decoding; Feature extraction; Signal processing; Biomedical signal processing; Low-power electronics; Very large scale integration	Frameworks for Efficient Brain-Computer Interfacing	2019	0.166486
60	Si-Interposer; HBM; Micro bump	Micro Bump System for 2nd Generation Silicon Interposer with GPU and High Bandwidth Memory (HBM) Concurrent Integration	2018	0.166174
61	Convolutional neural network (CNN); Field programmable gate array (FPGA) platform; Fast FIR algorithm; On-chip data storage scheme	Efficient Hardware Architectures for Deep Convolutional Neural Network	2018	0.165477
62	Neural network; Resistive random-access memory (RRAM); On-chip learning; Multilayer perceptron (MLP); Neuromorphic computing	Sign Backpropagation: An on-Chip Learning Algorithm for Analog RRAM Neuromorphic Computing Systems	2018	0.165428
63	Analog integrated circuits; Neuromorphic; Leaky integrate and fire; 65nm CMOS; Spiking neuron; OTA; Opamp; Tunable resistor; Winner-take-all network	An Accelerated Lif Neuronal Network Array for a Large-Scale Mixed-Signal Neuromorphic Architecture	2018	0.160247
64	Neuromorphic computing; Simulator; RRAM	A System-Level Simulator for RRAM-Based Neuromorphic Computing Chips	2019	0.159824

续表

序号	技术主题	相应论文	发表时间/年	颠覆性指数
65	Block floating point (BFP); Convolutional neural network (CNN) accelerator; Field-programmable gate array (FPGA); Three-level parallel	High-Performance FPGA-Based CNN Accelerator with Block-Floating-Point Arithmetic	2019	0.158223
66	Deep learning; Convolutional neural network; Smart edge devices; Zero-skipping; Pruning; FPGA	Fast Convolutional Neural Networks in Low Density FPGAs Using Zero-Skipping and Weight Pruning	2019	0.154765
67	On-chip communication; Emergent memory; Memristor; Neuromorphic; Routing architecture; Nanoscale; Power consumption	The Impact of On-Chip Communication on Memory Technologies for Neuromorphic Systems	2019	0.153409
68	DNN; Mobile-cloud computing; Heterogeneous computing	Dnntune: Automatic Benchmarking DNN Models for Mobile-Cloud Computing	2019	0.153288
69	Self-organizing maps; Neuromorphic chip; Unsupervised learning; FPGA; Video surveillance	Somprocessor: A High Throughput FPGA-Based Architecture for Implementing Self-Organizing Maps and Its Application to Video Processing	2020	0.151935
70	Recurrent neural network (RNN); Gated recurrent unit (GRU); Inference; On-chip training; Deep learning processor; Energy-efficient accelerator; Gradient computing	Ocean: An On-Chip Incremental-Learning Enhanced Artificial Neural Network Processor with Multiple Gated-Recurrent-Unit Accelerators	2018	0.151931
71	Opencl-based FPGA accelerator	Improving the Performance of Opencl-Based FPGA Accelerator for Convolutional Neural Network	2017	0.146467
72	3D position estimation; Application-specific instruction set processor (ASIP); Embedded vision system; Reconfigurable; System on chip (SoC)	Hierarchical and Parallel Pipelined Heterogeneous SoC for Embedded Vision Processing	2018	0.145858
73	Memristor; Crossbar array; Convolutional neural networks; Image recognition	Hybrid Cmos-Memristive Convolutional Computation for On-Chip Learning	2019	0.145207
74	Mixed signal chip; Complex dynamics; Nonlinear wave; Cellular neural networks	Exploration of Spatial-Temporal Dynamic Phenomena in a 32 X 32-Cell Stored Program Two-Layer CNN Universal Machine Chip Prototype	2003	0.143037
75	Field programmable gate arrays; Games; Convolution; Hardware; Training; Graphics processing units; Acceleration; AlphaGo; Policy network; DCNN; Accelerator; FPGA	Alphago Policy Network: A DCNN Accelerator on FPGA	2020	0.142882
76	Asynchronous circuits; Network topology; Neuro-morphics; Optical computing; Optical interconnects; Photonic integrated circuits; Spiking neural networks; System analysis and design; WDM networks	Broadcast and Weight: An Integrated Network for Scalable Photonic Spike Processing	2014	0.14221
77	Address-event-representation; Artificial intelligence; Computer vision; Convolutional neural networks; Deep learning; DVS; FPGA; Neuromorphic engineering	Neuromorphic Lif Row-by-Row Multiconvolution Processor for FPGA	2019	0.140974

续表

序号	技术主题	相应论文	发表时间/年	颠覆性指数
78	Design; Experimentation; Performance; FPGA architecture; Convolutional neural networks; Optimisation; High performance computing; Application mapping	Throughput-Optimized FPGA Accelerator for Deep Convolutional Neural Networks	2017	0.140888
79	Intelligent motion control	Intelligent Motion Control for Four-Wheeled Holonomic Mobile Robots Using FPGA-Based Artificial Immune System Algorithm	2013	0.139627
80	Neuromorphic engineering; On-chip learning; Sequence learning; Dynamic neural fields; Synaptic plasticity; Neurorobotics; Winner take all	Organizing Sequential Memory in a Neuromorphic Device Using Dynamic Neural Fields	2018	0.13847
81	Convolutional neural network (CNN); Deep learning; Low power; Memory subsystem	A Case of On-Chip Memory Subsystem Design for Low-Power CNN Accelerators	2018	0.134762
82	Digital neural simulation; FPGA; SNNs; Neuromorphic systems	Snava-A Real-Time Multi-FPGA Multi-Model Spiking Neural Network Simulation Architecture	2018	0.134753
83	Accelerator; Coprocessor; Deep convolutional neural network (DCNN); Deep learning; Field-programmable gate array (FPGA); Runtime programmable	Runtime Programmable and Memory Bandwidth Optimized FPGA-Based Coprocessor for Deep Convolutional Neural Network	2018	0.13429
84	Machine learning; Neuron network; Supercomputer; Multi-chip; Interconnect; CNN; DNN	Dadiannao: A Neural Network Supercomputer	2017	0.134063
85	Parallel convolutional processing	Parallel Convolutional Processing Using an Integrated Photonic Tensor Core	2021	0.132785
86	Reservoir computing; Recurrent neural network; Echo state network; Encoder; CMOS; Field programmable gate array (FPGA)	FPGA Based Spike-Time Dependent Encoder and Reservoir Design in Neuromorphic Computing Processors	2016	0.130436
87	Delay dynamics	Delay Dynamics of Neuromorphic Optoelectronic Nanoscale Resonators: Perspectives and Applications	2017	0.129931
88	Analog VLSI; Neural image; Texture segregation; Primary visual cortex; Non-classical receptive field	Neuromorphic VLSI Vision System for Real-Time Texture Segregation	2008	0.128777
89	Neurorobotics; Brain-inspired robotics; Spiking neural networks; STDP; Neuromorphic; Learning	Neuromorphic Implementations of Neurobiological Learning Algorithms for Spiking Neural Networks	2015	0.124862
90	Heterogeneous system; Memristor; Neuromorphic computing	Harmonica: A Framework of Heterogeneous Computing Systems with Memristor-Based Neuromorphic Computing Accelerators	2016	0.123974
91	Analogic algorithms; Cellular neural networks (CNNS); CNN chip prototyping system; CNN universal machine	The Computational Infrastructure of Analogic CNN Computing-Part I: the CNN-UM Chip Prototyping System	1999	0.122744

续表

序号	技术主题	相应论文	发表时间/年	颠覆性指数
92	Brain-inspired computing; machine learning; memristor; neuromorphic; resistive memory; silicon neuron; spike-timing dependent plasticity; spiking neural network	Homogeneous Spiking Neuromorphic System for Real-World Pattern Recognition	2015	0.122206
93	Address event representation (AER); Asynchronous; Circuit; Event-based; Learning; Neural network; Neuromorphic; Programmable weights; Real-time; Sensory-motor; Silicon neuron; Silicon synapse; Spike-timing dependent plasticity (STDP); Static random access memory (SRAM); Synapticdynamics; Very large scale integration (VLSI)	An Event-Based Neural Network Architecture with an Asynchronous Programmable Synaptic Memory	2014	0.120608
94	Network-on-Chip; Neural network; NoC-based neural network; Artificial neural network; Off-chip memory accesses	A NoC-Based Simulator for Design and Evaluation of Deep Neural Networks	2020	0.12035
95	AIS; Mobile robot; RBFNN; Tracking control	An Evolutionary Radial Basis Function Neural Network with Robust Genetic-Based Immunecomputing for Online Tracking Control of Autonomous Robots	2016	0.119263
96	Machine learning; Memristors; Spiking neural networks; Spike-timing dependent plasticity (STDP)	Energy-Efficient Stdp-Based Learning Circuits with Memristor Synapses	2014	0.118884
97	System-on-chip; Deep learning; Manycore systems; Wireless communication; Energy-efficient computing; Heterogeneous architectures; Network-on-Chip	On-Chip Communication Network for Efficient Training of Deep Convolutional Networks on Heterogeneous Manycore Systems	2018	0.118718
98	Dark silicon; Accelerator system; High-performance radar processing; Shared scratchpad memory; FPGA prototyping; Chip testing; Application space exploration	Design and Application Space Exploration of a Domain-Specific Accelerator System	2018	0.115776
99	Artificial intelligence; Gesture recognitions; Low power consumptions; Pressure sensors	Analog Sensing and Computing Systems with Low Power Consumption for Gesture Recognition	2021	0.114251
100	Modular neural networks (MNN); Spiking neural networks (SNN); Synaptic connectivity; Network on chip (NoC); EMBRACE	Modular Neural Tile Architecture for Compact Embedded Hardware Spiking Neural Network	2013	0.112182
101	Top-down profiling	Top-Down Profiling of Application Specific Many-Core Neuromorphic Platforms	2015	0.110591
102	Neurons; Neuromorphics; Hardware; Memristors; Biological neural networks; Emulation; Field-programmable gate array (FPGA) emulation; Neuromorphic computing; RRAM; Spiking neural network (SNN)	An FPGA-Based Hardware Emulator for Neuromorphic Chip with RRAM	2020	0.106533
103	In-memory computing; SOT-MRAM; Convolutional neural network	Energy Efficient In-Memory Binary Deep Neural Network Accelerator with Dual-Mode SOT-MRAM	2017	0.105104

序号	技术主题	相应论文	发表时间/年	颠覆性指数
104	3-D NAND; Compute-in-memory (CIM); Deep neural network (DNN); Ferroelectric transistor; On-chip training accelerator	Ferroelectric Field-Effect Transistor-Based 3-D NAND Architecture for Energy-Efficient On-Chip Training Accelerator	2021	0.103233
105	Digital neuromorphic processor; Memristor; Reconfigurable; Silicon neuron; Spike-timing-dependent plasticity; Spiking neural network; Synaptic crossbar array	A Reconfigurable Digital Neuromorphic Processor with Memristive Synaptic Crossbar for Cognitive Computing	2015	0.101137
106	Crossbar array; Hardware acceleration; Low power; Resistive memory; Sparse coding; Unsupervised learning; VLSI	On-Chip Sparse Learning Acceleration with CMOS and Resistive Synaptic Devices	2015	0.100807
107	Hardware; Memory management; Optimization; Quantization (signal); Throughput; Field programmable gate arrays; Organizations; Mixed precision; Mixed data flow; Coarse-grained quantization; Mixed precision convolution; Bayesian optimization	Layer-Specific Optimization for Mixed Data Flow with Mixed Precision in FPGA Design for CNN-Based Object Detectors	2021	0.096415
108	Neural networks; Digital integrated circuits; Analog-digital conversion; Memristors; Reconfigurable architectures	Neuromorphic Processors with Memristive Synapses: Synaptic Interface and Architectural Exploration	2016	0.094496
109	Deep neural networks; System-on-chip; Scalability; Hardware accelerator; Epileptic seizure recognition	A Scalable System-on-Chip Acceleration for Deep Neural Networks	2021	0.093354
110	Analog VLSI; Vision chips; Optical flow; Stereo; Neuromorphic	A Modular Multi-Chip Neuromorphic Architecture for Real-Time Visual Motion Processing	2000	0.093056
111	Convolutional neural networks (CNNs); Heterogeneous computing; Multiprocessor system on a chip (SoC); Near threshold computing	A Heterogeneous Multicore System on Chip for Energy Efficient Brain Inspired Computing	2018	0.092963
112	Smart CMOS image sensor; Binarized-weight neural network; Processing near sensor; Lower power IoT	Processing Near Sensor Architecture in Mixed-Signal Domain with CMOS Image Sensor of Convolutional-Kernel-Readout Method	2020	0.09277
113	Hardware/software co-design; Image processing; FPGA; Embedded processor	Design And Evaluation of a Hardware/Software FPGA-Based System for Fast Image Processing	2008	0.089512
114	Graph placement methodology	A Graph Placement Methodology for Fast Chip Design	2021	0.088408
115	Neurons; Synapses; Neuromorphics; Biological neural networks; Integrated circuit modeling; Axons; Hardware; Leaky integrate-and-fire (LIF) model; Neuromorphic systems; Network on chip (NoC); Spiking neural network (SNN); Event-based artificial neural networks (event-based ANN)	A 64k-Neuron 64m-1b-Synapse 2.64pj/Sop Neuromorphic Chip with All Memory on Chip for Spike-Based Models in 65nm CMOS	2021	0.086835
116	Training accelerator; Neural network; CNN; AI chip	Design of Power-Efficient Training Accelerator for Convolution Neural Networks	2021	0.086808

续表

序号	技术主题	相应论文	发表时间/年	颠覆性指数
117	Spiking neural network; Neuromorphic computing; Radar signal processing; IoT; Edge-AI	Mu Brain: An Event-Driven and Fully Synthesizable Architecture for Spiking Neural Networks	2021	0.086597
118	Dendritic computation and processing; Field programmable analog arrays (FPAA); Floating-gate devices; On-chip learning	Neuron Array with Plastic Synapses and Programmable Dendrites	2013	0.08203
119	Address-event representation (AER); Analog circuits; Asynchronous circuits; Bioinspired systems; Cortical layer processing; Image convolutions; Image processing; Low power circuits; Mixed-signal circuits; Spike-based processing	On Real-Time AER 2-D Convolutions Hardware for Neuromorphic Spike-Based Cortical Processing	2008	0.081594
120	Photonics; Discrete fourier transforms; Couplers; Optical waveguides; Convolution; High-speed optical techniques; Optical interferometry; Artificial neural networks; Neuromorphics; Photonic integrated circuits; Silicon photonics	Photonic Convolutional Neural Networks Using Integrated Diffractive Optics	2020	0.076597
121	Neuromorphics; Neurons; Computer architecture; Software; Computational modeling; Brain modeling; Biological neural networks; Computer architecture; Neural network hardware	Advancing Neuromorphic Computing with Loihi: A Survey of Results and Outlook	2021	0.075957
122	3D technology; Active interposer; Chiplet; Network-on-chip (NoC); Power management; Thermal dissipation	Intact: A 96-Core Processor with Six Chiplets 3D-Stacked on an Active Interposer with Distributed Interconnects and Integrated Power Management	2021	0.064122
123	Convolution; Neural network; Winograd efficient; Hardware; Architecture; Deepconvolutional neural network; Memory reuse; FPGA	FPGA Based Convolution and Memory Architecture for Convolutional Neural Network	2020	0.05423
124	Optoelectronic memristor; In-sensor computing; Neuromorphic computing; Face recognition; Boolean logic gate	Reconfigurable Optoelectronic Memristor for In-Sensor Computing Applications	2021	0.054217
125	Time-domain analysis; Convolution; Throughput; Pulse width modulation; Picture archiving and communication systems; Engines; System-on-chip; AlexNet; Compressed time-domain (CTD); Convolutional neural network (CNN); Energy-efficient edge computing; ImageNet; Memory delay line (MDL); Multiply-and-accumulate (MAC); Pooling-aware convolution (PAC); Time residue scaling (TRS); Time-domain processing	Compac: Compressed Time-Domain, Pooling-Aware Convolution CNN Engine with Reduced Data Movement for Energy-Efficient AI Computing	2021	0.053684
126	Memory management; Hardware; System-on-chip; Two dimensional displays; Memory architecture; Routing; Capsule networks (CapsNets); Design space exploration (DSE); Energy efficiency; Machine learning (ML); Memory design; Memory management; Performance; Power gating; Scratchpad memory (SPM); Special-purpose hardware	Descnet: Developing Efficient Scratchpad Memories for Capsule Network Hardware	2021	0.042363

第六章 脑机接口技术专题研究

脑机接口技术是计算机科学、神经科学及自动控制技术等高度交叉融合的新兴产物，在医学、教育、娱乐等产业展现出广阔的应用前景，在军事上也具有颠覆性发展潜力，未来有可能催生出新的武器装备甚或改变战争样式。

一、概念内涵

脑机接口概念的提出可以追溯到20世纪70年代，但目前还没有一个完全获得学术界公认的确切定义。近年来被较多文章引用的定义是由美国学者Jonathan R. Wolpaw等在2012年提出来的，他们认为脑机接口是指能够测量来自中枢神经系统的活动信息并将其转换成一种人工信号输出的系统，该信号可用于替代、恢复、增强、补充或改善原始中枢神经系统的输出，由此来改变中枢神经系统与其外部或内部环境正在发生的交互作用。脑机接口系统本质上是一个"脑"与"机"交互作用的系统。

脑机接口通过对神经信号解码，实现脑信号到机器指令的转化，一般包括信号采集、特征提取和命令输出三个模块。从脑电信号采集的角度，通常将脑机接口分为侵入式和非侵入式两大类。侵入式接口将阵列电极植入大脑皮层，直接提取灰质中的神经元发放电信号，获取的神经信号质量较高，但是容易引起免疫反应和愈伤组织，进而导致信号质量的衰退甚至消失；非侵入式接口通过电极帽等设备采集头皮表面的脑电信号，佩戴方便，适用场景更多，缺点是信号受颅骨影响，衰减严重，而且信号的空间分辨率低。除此之外，脑机接口还有其他常见的分类方式：按照信号传输方向可以分为脑到机、机到脑和脑机双向接口；按照信号生成的类型，可分为自发式脑机接口和诱发式脑机接口；按照信号源的不同还可分为基于脑电的脑机接口、基于功能性核磁共振的脑机接口以及基于近红外光谱分析的脑机接口。

脑机接口的关键技术主要包括：①数据采集方法，包括脑电、脑磁、近红外、功能磁共振、超声信号以及多模态融合等；②数据处理方法，包括信号处理（预处理、信号增强、特征提取）、模式分类、迁移学习、深度学习等；③神经调控方法，包括神经反馈、经颅磁刺激、经颅电刺激、经颅超声刺激等。

二、发展现状

1973年，美国加州大学首先提出脑机接口概念，将其视为一个可以将脑电信号转换成计算机控制信号的系统。20世纪80年代，约翰斯·霍普金斯大学找到了猕猴上肢运动的方向和运动皮层中单个神经元放电模式的关系，同时发现一组分散的神经元也能够编码肢体运动。90年代中期以来，面向运动的脑机接口经历了迅速的发展。1999年，研究人员首次通过大鼠实验证明，运动皮层神经元信号可以直接控制外部设备。1999年6月，第一届脑机接口国际会议在美国纽约州召开，脑机接口技术由此成为一个名副其实的学科领域。

尽管脑机接口技术的研究历史已超过半个世纪，但真正取得重要进展的还是从21世纪初开始的近20年里。随着快速计算、实时分析系统的出现以及对大脑功能的不断深入理解，脑机接口研究取得快速发展，不断有成果在 Nature 和 Science 等顶级期刊发表，参与脑机接口研究的机构和相关科学出版物的数量都大大增加，脑机接口研究在算法、硬件、范式、应用等方面均取得了很大的进步。

(一) 整体发展态势

一是脑科学的进步有力推动脑机接口技术发展。在脑机接口技术中，不论是利用大脑活动所产生的生物电信号操控外部设备（脑控），还是以外部的声、光、电、磁等信号调控大脑的活动（控脑），都离不开对大脑结构功能的深入认知。人脑是自然界最复杂的系统，其中，认知、意识、情感产生机理是自然科学的终极疆域，解读人脑成为国际科技竞争的巅峰战场。早在20世纪90年代，美国和日本就分别推出了"脑的十年"和"脑科学时代"研究计划；进入21世纪，"人类基因组计划"（HGP）的完成、人类蛋白质组计划的实施、纳米科技的突破，以及大数据时代的到来，为脑科学研究提供了新的强劲动力，使解读人脑成为可能。特别是2013年以来，欧盟、美国相继推出脑科学计划，日本、俄罗斯等也加大了脑科学研究投入，全球范围内掀起了脑科学研究新一轮浪潮。在此背景下，脑机接口技术在脑机双向通信、脑联网等方向上都取得了显著进展。2014年，美国研究人员利用脑机接口设备成功将两个单词从志愿者的大脑直接传送到实验人员脑海中，首次实现直接利用大脑收发信息。2016年，美军展示了一项新型脑机接口技术，通过与机械臂的连接，可以实现人脑与机械臂之间的双向通信，即人脑通过脑机接口技术控制机械臂的同时，还能通过脑机接口感触到机械臂的"生理状态"。2018年，研究人员通过脑电图和经颅磁刺激组合，成功建立了非侵入式脑对脑接口，将三个人的大脑连接起来，建立了一个初级"脑联网"，并成功进行了俄罗斯方块游戏。2020年，美国Neuralink公司创始人埃隆·马斯克在发布会上展示了一款仅有一枚硬币大小的最新型脑机接口设备，该设备可以实现1024个通道的脑电信号采集，并可以在5~10m的范围内与手机等设备无线通信。未来，脑科学研究将推动纳米微电极阵列、脑磁图、计算神经科学等技术的发展，突破思维与决策等功能性脑电特征信号的实时采集提取、自动分类及多模式脑功能信息融合和处理等技术瓶颈，必将辐射带动脑机接口技术迈上新台阶。

二是脑机接口技术开始展现军事应用潜力。脑机接口技术在提升人类感知能力、决策能力、行为能力，以及意念控制装备等方面具有广阔的应用前景，也因此受到各国军方的高度关注。在脑机接口技术的发展历程中，军方竞相参与甚至主导是一显著特色。例如，DARPA早在2004年就已开始投入巨资，在杜克大学的神经工程中心等全美6个实验室中展开了"思维控制机器人"的相关研究。尽管距离这一"终极目标"的实现尚早，但DARPA安排的"革命性假肢"等项目已取得了重大成果，包括新一代机械假肢"卢克"手臂系统2017年已正式交付军方。目前，动物水平的异体脑—脑控制与远程人际脑信息交流已初步实现，大脑控制假肢和外骨骼已成功运用于残障者康复治疗，印证了意识操控武器装备这一全新模式的技术可行性。美军已在实验室环境中实现人脑对小型无人机的飞行控制，2013年美国明尼苏达大学在军方资助下，首次实现用意念控制四旋翼直升机飞行。德国慕尼黑工业大学2014年开发的脑控模拟飞行技术，控制偏差已达10°。2015年，美军成功演示了利用脑控技术操控F-35战斗机模型的试验，一位身体瘫痪的女士利用"意念"控制机械手臂，实现了对F-35战斗机的模拟操控。2016年底，美国亚利桑那州立大学成功演示了空军飞行员通过脑机接口对多架蜂群无人机实现飞行姿态与队形控制，后续目标是意念控制包括地面移动机器人、无人机在内的具有相互协同能力的混合无人系统编队。此外，基于脑机接口技术的控脑动物、智能机器人等也在不断进步，未来有望在特种侦察、特殊打击、极端环境下武装对抗等方面发挥重要作用。

三是脑机接口的未来发展仍面临相当的技术挑战。脑机接口未来发展所面临的挑战来自许多方面，包括对大脑生理机制理解得不足、技术层面上发展得不充分，以及伦理道德方面的约束等问题。从技术层面上讲，脑机接口系统必须要解决两个基本的问题：一是如何从大脑获取大量神经元活动的信息，并送入计算机进行"解码"从而理解人的真实意图，这是"从脑到机"的过程；二是如何将外部的反馈信息进行"编码"后传送给大脑从而让大脑理解外部环境的变化并及时调整自身的输出以稳定系统的运行，这是"从机到脑"的过程。在"从脑到机"过程中，目前采用的信号采集方法主要有植入电极、脑电/脑磁、近红外光谱和功能磁共振成像等方法。这些方法虽然能在一定的条件下采集到一些脑活动信息,但要实现实时采集各种空间尺度(从1到数百万个神经元)和时间尺度(从毫秒到数年)的神经活动信息对工程技术人员来说还是一个巨大的挑战。此外,当采集的通道数迅速增加的时候,数据的传输也遇到了瓶颈:要实现从颅内到颅外的无线传输,则需要在颅内植入集成电路芯片。这种情况下,芯片的供电和散热将成为难题,因为2℃的温升就可能造成大脑的损伤。在"从机到脑"过程中,目前似乎还没有找到什么有效的思路和方法。其主要原因一方面是因为目前对生命体大脑的神经编码机制尚缺少基本的了解;另一方面从工程技术角度看如何直接有针对性地激活特定的神经元也是没有解决的问题。此外,在脑机接口系统产生的海量数据处理过程中,高标准数据库的建立、数据共享机制等也都有待进一步完善。

(二)基于科学计量的技术多维度分析

为多维度研究脑机接口技术发展现状,运用FEST系统的多维可视化模块及Citespace、Innography等工具对该技术发展时序、研究热点、国家(地区)/机构分布、核心人才团队、基金来源等进行文献计量和专利分析,数据检索情况如表6.1所列。

表6.1 脑机接口技术相关论文和专利检索情况

检索来源	检索策略	检索年段/年	检索时间	检索数量/篇	备注
Web of Science 核心合集	主题:("brain-computer interface" or "brain-machine interface" or "brain control" or "mind control")	1985—2020	2020.11.4	11139	
Innography 专利数据库	("brain-computer interface" or "brain-machine interface" or "brain control" or "mind control")	所有年份	2020.11.4	2113	经INPADOC同族合并

1. 发展时序分析

图6.1为脑机接口科技文献的发展时序图,该图统计了脑机接口科技文献在不同年份发文数量的变化过程。由图可知,脑机接口领域发展始于1995年,2001—2017年该领域发文量几乎呈线性递增式发展,2017年至今该领域发文量大体保持不变(2020年的发文数据由于不全,不做参考),表明近年来该领域始终保持较高的研究热度。

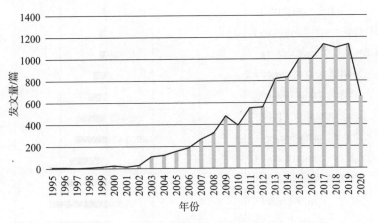

图6.1 脑机接口科技文献发展时序图

2. 技术重热点挖掘

由图6.2可知,头皮脑电、运动想象、信号、P300、皮质、康复等节点较大,说明这些关键词在领域文献中出现频次高,且它们与其他关键词之间的连线数量较多,且连线较粗,说明这些词与其他关键词共现频率较大。因此,以上关键词代表当前脑机接口领域的研究热点。

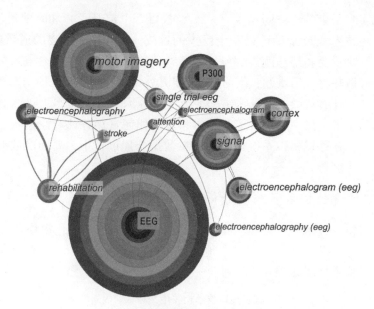

图 6.2 脑机接口科技文献关键词共现

在对脑机接口整个领域的研究热点进行分析的基础上，我们分别对中国和美国在该领域的研究热点进行了对比分析，如图 6.3 所示。在脑机接口领域的技术热点上，我们选择了中美两国都重点布局的技术方向，分别为头皮脑电、信号、运动皮质、皮质控制、运动想象、P300 电位、康复、同步、单次提取脑电信号、精神假肢、μ 节律、算法和去同步。通过统计中美所发表的文献中上述技术名词的词频，我们发现中美在领域技术热点方向上各有侧重。其中中国总发文 1914 篇，在运动想象、P300 电位、单次提取脑电信号、算法以及去同步等方面发文较多；美国总发文 2764 篇，在头皮脑电、信号处理、运动皮质研究、皮质控制、康复研究、同步等方面优势明显。

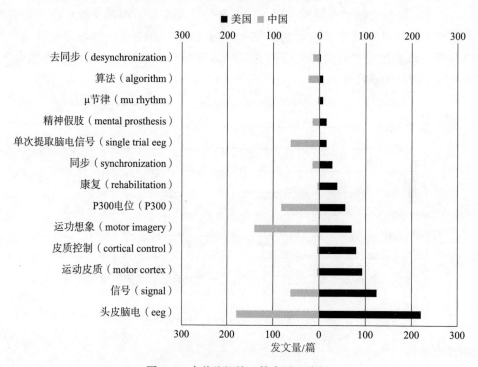

图 6.3 中美脑机接口技术对比分析

此外，利用 Innography 工具对脑机接口领域专利进行计量分析，得到专利主题词分布图如图 6.4 所示。其中，头皮脑电信号、脑电图、实时、脑波、脑控、控制系统、脑电图信息、信号采集、想象、康复、信号处理、特征提取、诱发电位等主题词在领域专利中出现频次高，对应的技术领域为头皮脑电信号实时采集和特征提取、脑控系统、运动想象和用于神经康复等，代表当前脑机接口专利中的研究热点。

主题词	专利数量/篇
头皮脑电信号（EEG signals）	329
脑电图（electroencephalogram）	228
实时（real time）	201
脑波（brain wave）	190
脑控（brain control）	169
控制系统（control system）	165
脑电图信息（electroencephalogram signal）	135
信号采集（signal acquisition）	125
想象（imagery）	114
康复（rehabilitation）	111
信号处理（signal processing）	111
特征提取（feature extraction）	99
诱发电位（evoked potential）	84

图 6.4　脑机接口专利主题词

3. 国家（地区）/机构分布

由图 6.5 的国家合作网络图谱可知，美国、中国、德国、日本、英格兰、韩国等国节点较大，且处于网络图谱中心，说明这些国家（地区）在脑机接口领域的发文数量较多，在该领域走在国际前列。图 6.5 也对研究机构之间的合作网络情况进行了分析，可以发现，在脑机接口领域发文数量较多的代表机构有德国图宾根大学、维尔茨堡大学、奥地利格拉茨技术大学、美国匹兹堡大学、加州大学圣迭戈分校、斯坦福大学、中国科学院、清华大学、上海交通大学、西安交通大学等。

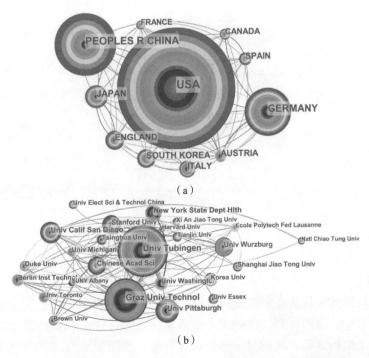

图 6.5　脑机接口国家（地区）(a) 和机构 (b) 合作网络图谱

4. 核心人才团队

由图 6.6 的作者合作网络图谱可知，脑机接口领域重要核心人才团队包括德国图宾根大学 Niels Birbaumer 团队、奥地利格拉茨技术大学 Gert Pfurtscheller 团队，以及德国维尔茨堡大学 Andrea Kuebler 团队等。图 6.7 展示了作者合作网络的时间线视图，图中节点表示作者发表第一篇相关领域论文的时间，节点间连线则表示作者之间的合作关系，可以看出，德国图宾根大学 Niels Birbaumer 团队和德国维尔茨堡大学 Andrea Kuebler 团队合作的密切度较高。

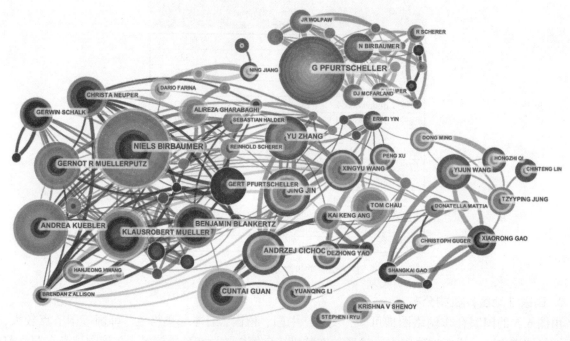

图 6.6 脑机接口作者合作网络图谱

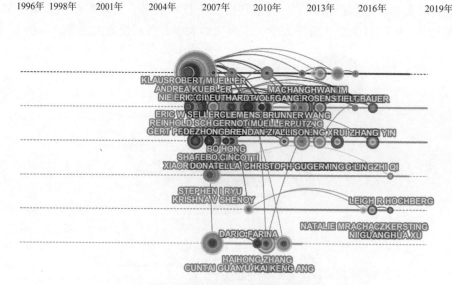

图 6.7 脑机接口作者合作网络时间线

5. 基金来源分析

图 6.8 为脑机接口科技文献基金来源分析图谱，图中横轴代表来自各个国家的基金资助机构，纵轴代表不同机构发文数量。由图可知，依据发文量规模排序，科技文献资助基金依次为中国国家自然科学基金、美国国立卫生研究院、美国卫生与公众服务部、美国国家自然科学基金会、德国研究基金

会、日本文部科学省、美国国防部等。

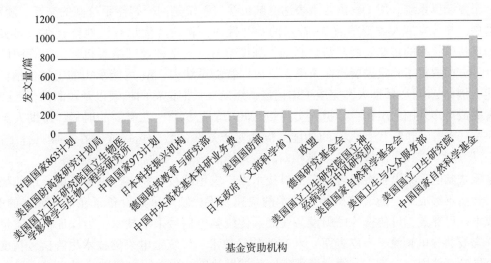

图 6.8 脑机接口技术研究基金资助情况

三、发展趋势

学术界对脑机接口的研究主要分为三个渐进的层次：脑机通信、脑机相互作用、脑机集成智能，反映了脑机接口技术由脑机信号单向输出控制到脑机交互共融的跃升。

一是先进神经接口技术推动脑机双向通信进一步发展。脑机接口系统的未来实用化，必须要在颅内皮层神经元和颅外的记录或刺激装置之间建立一个信息交流通道，期间双向信号质量都要保持高空间分辨率和高时间分辨率。对于植入式神经接口而言，其植入电极与相关的硬件必须在多年甚至十年内保持功能性和生物学兼容性，以减少对多次外科手术的需求；对于无创的非侵入性系统需要研发跨模态（脑电、近红外光谱、功能磁共振成像等）的神经信息传感器，确保其在复杂环境中工作的稳健性。近10年来，先进神经接口技术在神经元修复等方面发挥了重要作用，神经接口可靠性也在不断提高，DARPA于2018年3月正式启动"下一代无外科手术的神经技术"（Next-Generation Non-Surgical Neurotechnology，N3）项目，旨在研发不需要外科手术植入电极的高分辨率神经接口，以便将神经接口的应用领域扩展到健全人群组成的作战部队。该项目重点研究无创非侵入性和精细的有创侵入性神经接口，最终研制出一个完整的集成双向脑机接口系统，让作战人员能使用此类神经接口系统（不用手只用脑）快速有效地与部队作战系统（含人工智能系统、自动或半自动设备）互动，由此提升人—机交互的效率。

二是大数据技术助推脑活动信息解析技术进步。随着脑机接口研究的深入，来自大量人群在不同工作范式下采集到的多模态、长时程信号不断产生，使得脑机接口研究中的数据量呈指数级别飞速上升。如何从海量大数据中获得有用信息，成为脑机接口研究的重点。在大数据技术支撑下，神经影像技术与神经科学研究近年来发展迅速，学界对大脑的感知觉、运动、认知状态等信息的神经编码机制有了更加深入的理解，使建立"直接解读"大脑思维意图的脑机交互系统正在成为可能。目前，在感知觉信息编解码方面，已经初步实现了对视觉刺激物理属性以及高级视觉客体信息的直接解码；在听觉信息的解码中，运用头皮及颅内脑电技术已经初步实现基于颞叶听觉相关脑区神经电信号的听觉信息如语音、音乐等的编码模型构建；在运动输出信息编解码方面，已有前沿研究对肢体运动和言语运动的神经编码机制进行探索，并初步尝试解码工作。这些结果初步支持了语义层级信息脑机交互的可行性，也为未来开发高带宽的脑机接口系统奠定了基础。

三是人工智能技术推动人机交互效率进一步提升。脑机接口系统中的大脑（中枢神经系统）可以视为一个生物智能系统,而与之相连的脑机接口系统则可以视为一个人工智能系统,两者集成在一起就构成了一个复杂巨系统。用工程语言来表达,脑机接口系统是两个智能系统间的交互。随着AI技术的突破性进展,充分发挥人类智慧与AI技术的互补性质,将两者优势有机地整合在一起实现协同智能,将是脑机接口技术的重要发展趋势。目前,深度学习、人工神经网络等机器学习算法已在脑机接口的数据处理方面取得了一定进展。在未来人机协同智能系统中,AI可能承担的工作包括:执行辅助人类的功能,例如AI可以帮助人类完成工作记忆、短期或长期记忆的检索以及预测的任务,从而帮助人类决策者完成许多外围的工作;分担人类高级认知功能的负荷,在需要的时候,帮助人类执行复杂的监视和决策任务等;执行代替人类的功能,例如对于复杂的数学运算或者在有毒有害工作环境中,AI可以替代人类执行任务。人类则主要承担对周围环境的感知、判断与决策等任务。

四是穿戴式脑电采集设备将成为脑机接口技术推广应用的技术拐点。总体来讲,目前脑机接口技术在应用层面尚不够成熟。随着脑机接口技术的快速发展,脑电采集设备正在从高成本的医用设备,逐渐向低成本、可穿戴、可便携的民用设备发展。传统脑电信号采集技术,为保证信号质量,通常使用湿电极(需要将导电膏涂于头皮表面)和有线传输技术。传统脑电采集技术尽管信号精度高,但由于需要配合导电膏使用,采集不方便,多用于医疗辅助诊断。随着干电极技术的发展,目前已有较为成熟的商用无线干电极技术产品。由于不需要进行皮肤准备及涂覆导电膏,干电极很适合未来健康监护、康复、疾病诊疗及脑机接口等检测及人机交互系统的需求。当前的干电极设备成本尚高,且便携性有待提高。脑机接口技术若要走入日常应用,还依赖低成本、可穿戴脑电采集设备的问世,而穿戴式脑电采集设备的大规模生产,必将促进脑机接口技术的进一步发展和应用。

四、军事价值

脑机接口技术的发展有望对军事和国防领域带来颠覆性变革,催生出新的武器装备和战争形式。脑机接口技术一旦取得重大突破,必将对武器装备使用与控制、战场通信乃至作战思想等产生深远影响。从长远看,一是未来战场上将出现各种脑控装备,作战人员只需通过意念就能对武器装备进行操作控制,形成人与装备的有机融合,实现"人机合一",完全做到感知即决策、决策即打击。二是未来战场上将出现思维控制的"代理士兵","机器人军团"甚至可能成为重要作战力量,将使未来战争形态和战争理论发生重大变化。从近期看,面向未来战场打造超级士兵已是各国军方既定的战略规划。未来士兵除了应具有超强的体能外,还应该具有超强的智能,包括感知能力、行为能力、决策能力和相关的训练水平,而脑机接口是实现上述目标的关键技术之一。

一是脑机接口提升感知能力。战场环境瞬息万变,对于士兵来说,时刻保持对外界环境的感知是十分重要的。对外界的感知能力越强、对外界环境越敏感,越有利于在战局上占据主动地位。从目前各国在脑机接口领域的规划计划和重点项目可以看出,如何提高士兵的感知能力已成为该领域的研究重点之一,具体包括:从快速播放的图片序列中检测目标图像的智能分析神经技术,从实时监控中检测具有威胁的物体的认知技术威胁预警系统,整合人类视觉和机器视觉实现检测目标图像的快速高效处理技术等。

二是脑机接口提升行为能力。士兵在作战区域内需要时刻关注危险复杂的环境局势,行为能力受到诸多环境因素的限制。如果可以使用一定的技术手段提升士兵的行为能力,士兵在战场的作战和生存能力将得到很大程度的提升。在复杂且危险的环境下,脑机接口系统通过大脑对设备直接下达命令可以帮助使用者在不对肢体增加任务负担的情况下完成人—机的交互以及信息的传递,如行军作战中的设备操控,对受控动物下达命令以及操作脑控伤员救助设备等。此外,脑机接口还可以用于对外骨骼的控制,增强士兵的力量和作战能力。目前的研发方向主要包括基于脑机接口的载具控制系统(包括完全人为控制类运载系统和半自主控制类运载系统)、基于脑机接口的生物机器人系统、基于脑机接口的伤员救助设备、基于脑机接口的外骨骼系统等。

三是脑机接口提升决策能力。决策是 OODA 链上至关重要的一环，战场上决策水平的高低往往是决定作战胜负的关键。当前随着人工智能技术的不断发展，将人工智能收集和分析信息的速度优势与人类优越的直觉判断和洞察力结合起来，实现人机协同智能，将显著提升战场决策能力。从目前各国在脑机接口领域的规划计划和重点项目来看，脑脑通信、多脑协同、人机互补正在成为新的研究方向。在脑脑通信方向，目前的实验室水平在准确率和响应精度上都已超过 80%；在多脑协同方向，目前动物水平的异体脑—脑控制已基本实现；在人机互补方向，科研人员正在探索使用主动式脑机接口设备增强人类认知决策的技术途径。

四是脑机接口提升训练水平。士兵训练水平的高低是决定其作战行为表现的重要因素。脑机接口技术在提升训练水平方面的技术途径主要包括心理状态监测、加速学习和军事游戏方式等。对作战人员的心理状态监测是提高训练针对性的基础，包括脑力负荷认知监测、疲劳监测、心理压力监测等。近年来脑机接口技术以测量设备的形式获得了普及，已能实现实时地评估和跟踪心理状态，并且反馈给用户同时修正人机交互模式，试验已经证明了其在改善人员的作业绩效方面的作用。在提高人员学习能力方面，DARPA 曾开展过一个名为"加速学习"的项目，旨在通过开发可靠和定量的方法来测量、跟踪和加速士兵获取技能的学习过程，从而彻底改变军事环境中的学习方式，目标是将士兵的学习能力提高两倍。其使用的方法包括以神经生理学原理为基础的训练方案，神经优化的刺激，以及通过闭环脑机接口提供反馈干预。军事游戏在军事训练中的应用已较广泛，脑机接口技术的融入又将其推向新高度。研究表明，通过脑机接口技术监控军事人员在模拟战争情况下的脑电信号进行军事训练，可以显著提高其在执行任务时的警觉性和注意力等。

第七章　量子计算技术专题研究

量子一词由德国物理学家普朗克于 1900 年提出。此后一百余年，通过观测和理解量子力学，核能、激光、核磁共振、高温超导等前沿技术相继问世，人类经历了第一次量子革命。目前，通过量子精细调控，结合信息技术，人类迎来了以量子信息技术为代表的第二次量子革命。为抢占此次量子革命先机、谋求量子优势，美、日、欧盟等国家和地区加紧在量子信息领域谋局布势，确定优先研发方向。其中，量子计算由于其天然的并行计算优势，可以带来计算能力的指数级提升，尤为受到各国重视，成为世界各国抢占经济、军事、安全、科研等领域全方位优势的战略制高点。

一、概念内涵

量子计算是利用量子并行、纠缠等相干特性进行数据编码、存储和运算的技术。量子计算的核心优势是可实现高速并行计算。量子计算应用了叠加性、非局域性和不可克隆性等量子特性，以量子态的形式存在的信息在制备、传输、存储和处理过程中可以并行进行。量子计算的运算单元称为量子比特，它是 0 和 1 两个状态的叠加。普通计算机中的 2 位比特存储单元只能存储一个二进制数（如 00、01、10、11 四个状态中的一个），而量子计算机中的 2 位量子比特存储单元可以同时保持所有 4 个状态的叠加。当量子比特的数量为 n 时，量子处理器对 n 个量子位执行一个操作就相当于对经典位执行 2^n 个操作，从而实现对信息存储和信息运算的量子并行加速。

与电子计算机相比较，量子计算机用的是量子芯片，采用并行运算模式；而电子计算机用的是电子芯片，采用串行运算模式。量子计算的并行计算能力，可以将某些在电子计算机上指数增长复杂度的问题变为多项式增长复杂度，亦即电子计算机上一些难解的问题在量子计算机上变成易解问题。

量子计算主要研究量子计算机和适用于量子计算机的量子算法。量子计算可分为通用量子计算和模拟量子计算两大类。其中，通用量子计算用于完成通用计算任务，而模拟量子计算用于完成特定量子计算任务。

通用量子计算机是基于通用量子计算原理而实现的计算机，它包括三大部分：量子计算机体系架构、量子计算物理模型与机理、量子计算算法。量子计算机体系架构是指量子计算机的拓扑结构，目前主要采用费曼的计算机结构模型，包括输入、输出、存储、处理、控制等五大模块。量子计算物理模型是指实现量子计算各个模块的物理机理和物理实现方式，目前主要有离子阱量子计算、超导量子计算、光学量子计算、半导体量子点量子计算、拓扑量子计算、核磁共振量子计算、超冷原子量子计算等。量子计算算法及其工程实现是指为了解决某个特定计算任务而专门设计的量子算法以及该算法的工程实现方法，目前的主要算法有量子大数因式分解算法、量子搜索算法、量子漫步算法、量子图同构算法等。

量子模拟机（或称量子专用机）是基于量子模拟原理而实现的计算机，它同样包括三大部分：量子计算机体系架构、量子计算物理模型与机理、量子计算算法。但是，在量子模拟机中，量子计算机体系架构是以专用机的模式出现的，特别是量子模拟机的计算机机理完全不同于通用量子计算机的计算原理。由于任务目标不同，其对应的量子算法更加具有针对性，也更加单一。

二、发展现状

量子计算和量子计算机概念是著名物理学家费曼在 1982 年提出的。1985 年，英国牛津大学的多伊奇（Deutsch）教授初步阐述了量子图灵机的概念，并且指出了量子图灵机可能比经典图灵机具有更强大的功能。20世纪90年代发现的肖尔（Shor）大数因子化量子算法和格罗夫（Grover）量子搜索算法证明了量子计算机的并行计算能力，引起人们广泛重视，量子计算迅速成为热点研究领域，展现出良好发展态势。

（一）整体发展态势

一是各国纷纷制定战略规划，从顶层牵引量子计算技术发展。2018年9月，美国发布了《量子信息科学技术国家战略概述》。美国前总统特朗普于2018年12月签署《国家量子计划法案》，启动为期10年的"国家量子计划"，计划斥资12亿美元开展量子信息科技攻关，全方位加速量子科技的研发及应用，力图确保美国在量子科技领域取得全球领导地位，制造量子计算机是该法案要实现的重要目标。欧盟在2018年10月启动耗资10亿欧元的量子技术旗舰计划，量子计算是计划中的一个重要研究领域。2019年9月，德国时任总理默克尔投入6.5亿欧元，由德国弗劳恩霍夫协会联合美国IBM公司发起德国量子计算计划，次年6月又为该计划追加20亿欧元。2019年6月，英国政府宣布投资1.53亿英镑发展量子计算技术。2020年7月，英国国防科学与技术实验室代表英国国防部、英国战略司令部，发布了《量子信息处理技术布局2020：英国防务与安全前景》研究报告，认为包含量子计算在内的量子科技能高效提升军事决策的准确性。2021年1月，法国宣布启动量子技术国家战略，并计划5年内在量子科技领域投资18亿欧元，其中7.8亿欧元将用于量子计算相关项目。2018年3月，日本文部省发布量子飞跃旗舰计划，重点领域量子信息处理技术的发展目标是实现超越经典计算机的量子模拟或量子计算机。我国也高度重视量子计算技术发展，2016年7月，国务院印发《"十三五"国家科技创新规划》，将量子计算列入面向2030年的科技创新重大项目，重点研制通用量子计算原型机和实用化量子模拟机。2020年10月16日，中共中央政治局就量子科技研究和应用前景举行第二十四次集体学习，习近平总书记指出要加强量子科技发展战略谋划和系统布局。

二是以布局项目为抓手，推动量子计算技术发展。美国能源部（DOE）2018年支出2.18亿美元，支持了85个量子计算相关项目，研究内容包括面向下一代量子计算机的软硬件开发、利用量子计算解释一些物理现象等。美国国家自然科学基金会（NSF）先后在2018年、2019年分别投资3100万、9400万美元，支持数十个量子计算研究项目，研究内容涉及量子计算和量子模拟领域的系统开发与概念验证、量子计算机的软件栈、量子模拟的算法与体系结构和平台等。美国国防高级研究计划局相继布局了替代性计算、噪声中尺度量子器件优化等量子计算相关项目。美国情报高级研究计划局部署了增强型量子计算机等研发项目。2020年，DOE支出了6.25亿美元，用于建立数个跨学科量子信息科学研究中心，推动量子计算、传感等方面的技术进步。2020年7月，白宫科学技术政策办公室和美国国家自然科学基金会宣布投资7500万美元，建立三个量子计算中心。欧洲布局了一系列项目推进量子计算研究。2018年10月，欧盟量子旗舰计划为首批项目提供约4000万欧元，用于开展基于离子阱的先进量子计算、开放式超导量子计算机、可编程原子大规模量子模拟、量子级联激光频率梳中的量子模拟与纠缠工程等研究。英国工程与物理科学研究理事会（EPSRC）先后资助牛津大学、帝国理工大学、布里斯托大学等，开展了量子光子集成电路、量子算法及应用、超导量子电路等方面的研究。日本也部署了一系列量子计算相关项目。2018年3月，日本量子飞跃旗舰计划针对"量子计算"领域资助了1个旗舰项目与6个基础研究项目，旗舰项目经费3亿~4亿日元，旨在开展超导量子计算机的研究与开发，基础项目主要进行量子软件、量子模拟器等相关研究。我国则在"十三五"时期就设立了"量子通信与量子计算机"重大专项，科学技术部国家重点研发计划于2016年设立了量子调控与量子信息重点专项，2016—2018年间资助了一系列的量子计算研究项目。

三是科技巨头相继在量子计算领域投入布局，对量子计算加速发展和成果转化助力明显。由于量子计算处理器对环境要求苛刻，运行条件和维护成本高，因此以前发展缓慢，只有少数企业和科研机构拥有量子计算系统。近年，英特尔、微软、IBM、谷歌等计算机软硬件厂商，凭借在传统计算机领域积累的技术优势与资金优势，竞相开展量子计算原型机和算法软件研发，以期将优势从传统计算机领域扩展至量子计算机领域。在量子处理器技术路线选择方面，英特尔布局了硅量子点和超导两种路线，微软则看好全新的拓扑路线，霍尼韦尔侧重离子阱路线，谷歌和 IBM 均基于超导路线。在量子计算各个细分领域，初创企业如雨后春笋般也在不断涌现。国内科技巨头华为、阿里巴巴、百度、腾讯也纷纷布局量子计算技术，建立了量子计算实验室或者研究所，开展量子计算算法、软件、云平台和应用等方面研究。目前，全球量子计算企业已达数百家，研究范畴全产业链，北美和欧洲企业数目较多（图 7.1）。2020 年 10 月，IPRdaily 中文网与 incoPat 创新指数研究中心联合发布"全球量子计算技术发明专利排行榜（TOP100）"，对截至 2020 年 9 月 30 日、在全球公开的量子计算领域发明专利数量做统计排名，在此列举榜单前 10 名（表 7.1）。整体而言，我国科技公司在量子处理器研制、量子计算应用推广等方面与美国相比仍有差距。

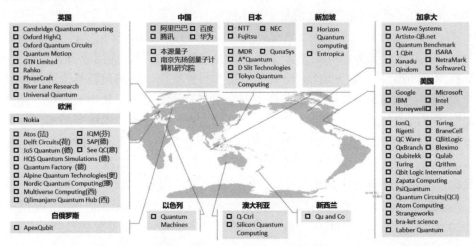

图 7.1　量子计算全球企业、研究院概览（来源：中国信息通信研究院根据公开信息整理）

表 7.1　全球量子计算技术发明专利数量 Top10 排行

排名	企业简称	国家	专利数量
1	IBM	美国	554
2	D-Wave	加拿大	430
3	Google	美国	372
4	Micrisoft	美国	262
5	Northrop Grumman	美国	248
6	Intel	美国	152
7	本源量子	中国	77
8	NSI	澳大利亚	76
9	Rigetti	美国	67
10	Toshiba	日本	67

目前，量子计算技术主要面临的技术难题包括：①退相干导致量子计算出现错误，如何在低错误率条件下，实现巨大数量的物理量子比特，从而实现可纠错的通用量子计算是一项重大技术挑战；②中等规模含噪量子计算有望在近期内实现，且具有一定的计算能力，如何发挥这种系统在具体应用如量子模拟、优化求解等方面的潜力，还需要量子算法理论的充分研究；③量子比特的保真度提升与规模扩展，该问题决定了优先发展的量子比特物理实现技术路线；④中等规模含噪量子计算机（专用）的研制问题；⑤量子芯片设计加工封装等所必需的设计软件、加工设备、封装设备、高纯原材料等的供应问题；⑥量子纠缠时间较短，量子纠缠位数增长受限，以及量子计算优先的实际应用问题；⑦大

规模量子比特的高质量生成与操控，量子纠错技术及其实现，匹配量子物理水平和应用需求的量子算法及其实现等问题。

（二）技术实现路径

量子计算的物理实现方式是当前量子计算技术的核心瓶颈和研究热点，包含离子阱量子计算、超导量子计算、光学量子计算、半导体量子点量子计算、拓扑量子计算、核磁共振量子计算、超冷原子量子计算等。这里重点介绍其中几种较为典型的技术路径。

1. 离子阱量子计算

相较其他技术路线，离子阱技术具有良好逻辑门保真度、较长相干时间（可达10min）、制备和读出量子比特效率高等优势。牛津大学在离子阱量子比特路线上研发投入力度较大，目前有一定技术优势，2016年8月开发出精度99.9%的单量子比特逻辑门和双量子比特逻辑门。2017年11月，美国国家标准与技术研究院（NIST）和马里兰大学联合成立的量子研究所，采取离子阱技术，制作了由53个量子比特组成的模拟器，对传统计算机无法运算的复杂量子多体问题进行了成功模拟。2018年7月，澳大利亚悉尼大学展示了世界首个基于离子阱的量子化学模拟，提供了研究分子化学键和化学反应的新方法；2020年10月底发布了拥有10个全连接量子比特的离子阱量子计算机H1。2020年10月，IonQ公司推出了拥有32个"完美"量子比特的离子阱量子计算机。

2. 超导量子计算

超导量子计算是目前发展迅猛的一种量子计算方案。超导量子电路在设计、制备和测量等方面与现有集成电路技术具有较好兼容性，可以实现非常灵活的能量级和量子比特耦合的设计与控制，并且耗散低，容易实现规模化。2018年1月，英特尔在国际消费电子展上发布了一款代号为"TangleLake"、具有49个量子比特的超导量子测试芯片。2019年1月，IBM推出IBM Q System One，可操纵20个超导量子比特。2019年9月，谷歌推出一款53量子比特的超导量子芯片，耗时200s，实现了一个量子电路的采样实例，而同样的实例在当前最快的经典超级计算机上需运行约1万年。

3. 光学量子计算

光量子计算机利用光子的角动量、偏振自由度等作为量子比特，通过对光子的量子操控及测量来实现量子计算。光量子计算具有相干时间长、单光子操控容易且精度高等优点。2019年4月，丹麦哥本哈根大学混合量子网络中心研究人员开发出一种可发射携带量子信息的光子的纳米组件。2020年12月，中国科学技术大学、中国科学院上海微系统所等机构成功研发76个光子的量子计算原型机"九章"，在处理玻色取样问题上，速度比世界排名第一的超级计算机快一百万亿倍。2021年2月，由军事科学院、国防科技大学、中山大学等研究机构联合的团队，宣布研发出一款新型可编程光量子计算芯片。

4. 半导体量子点量子计算

半导体量子点是基于现有半导体工艺的一种量子计算物理实现方法。半导体量子点体系具有可扩展、易集成等优点，量子点的原子性质可以通过纳米加工技术和晶体生长技术来人为调控，比一般的量子体系更容易集成，但目前效率远远不及超导体系和离子阱体系。2018年1月，英特尔研制出首台采用传统硅芯片制造技术的量子计算机。2019年1月，澳大利亚新南威尔士大学发布全球首款3D原子级硅量子芯片架构，在大规模量子计算机研制上实现了重要突破；单比特逻辑门达到99.96%保真度，双比特逻辑门达到98%保真度。我国也研发出了第二代硅基自旋二比特量子芯片——玄微XW S2-200，中国科学技术大学等科研机构正在探索利用片上微波光子耦合多量子比特的半导体量子芯片架构。

5. 拓扑量子计算

拓扑量子计算的关键是将量子比特编码成物质拓扑态。拓扑量子计算具有高相干性，能够抵抗环境干扰、噪声、杂质等，但有关拓扑量子计算的实验仍然处于起步阶段。2017年11月，澳大利亚悉尼大学、微软、美国斯坦福大学组成的研究团队对大规模量子计算的必要组件进行了小型化处理，实现了拓扑绝缘体在量子计算中的首个实际应用。2018年9月，由澳大利亚皇家墨尔本理工大学、意大利米兰理工大学和瑞士苏黎世联邦理工学院等机构联合组成的研究团队，开发出一种用于量子信息处理的拓扑光子芯片。2019年11月，微软公司提出了全新拓扑量子比特技术，有望将构建逻辑量子比特所需的物理量子比特数量降低99%，由此发展的新量子算法将大幅缩短计算时间。

（三）基于科学计量的技术多维度分析

为多维度研究量子计算技术发展现状，运用FEST系统的多维可视化模块及Citespace、Innography等工具对该项技术发展时序、研究热点、国家（地区）/机构分布、核心人才团队、基金来源等进行文献计量和专利分析，数据检索情况如表7.2所列。

表7.2 量子计算相关论文和专利检索情况

检索来源	检索策略	检索年段/年	检索时间	检索数量/篇	备注
Web of Science 核心合集	主题：("quantum computing" or "quantum computer" or "quantum simulation" or "quantum algorithm")	1995—2021	2020.12.30	12889	
Innography 专利数据库	("quantum computing" or "quantum computer" or "quantum simulation" or "quantum algorithm")	1993—2021	2021.1.14	2676	经INPADOC同族合并

1. 发展时序分析

图7.2为量子计算技术的发展时序图，该图统计了量子计算领域不同年份发文数量的变化过程。由图可知，量子计算领域兴起于1995年，近年来研究文献数量大体呈上升趋势，从1995年的30篇增至2020年的1161篇；同时，每年的发文数量也呈现一定程度的波动，如2003—2010年间，量子计算领域的发文量变化曲线呈锯齿形，特别是2009—2010年间，发文量从713篇下降至460篇，降幅达35%。这说明量子计算技术近年来一直保持着较高的研究热度，但由于研发难度较大，发展历程呈现一定程度的波动。

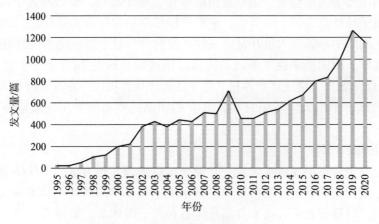

图7.2 量子计算技术发展时序图

2. 技术重热点挖掘

由图7.3可知，量子位、量子态、原子、自旋、量子算法等节点较大，说明这些关键词在文献中出现频次高，代表了当前量子计算技术的研究热点。这些主关键词与其他关键词之间的连线较多且粗，表明其共现频率较大，研究相关度较高。这说明近年来，在量子计算技术研究方向，一直围绕着量子位和量子态展开，研究热点为量子位的制备，包括实现方式和所用材料，其中在量子位的实现方式上主要有原子、光子、自旋、离子阱、核磁共振、量子点等方式，在材料的选择上主要是硅。

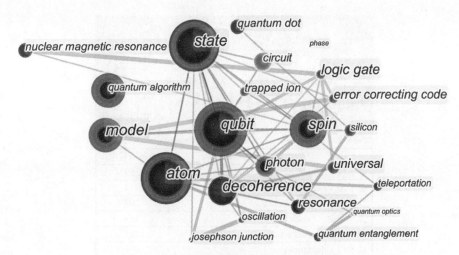

图 7.3 量子计算技术文献关键词共现网络

为直观比较中美两国在量子计算技术方面的研发实力，以科技论文产出为主要依据，分析了两国在量子模拟、量子算法、量子位、原子、自旋、量子纠缠、量子退相干、光子、量子点、量子相干性、离子阱、核磁共振、量子误差校正共 13 个重热点方向的发文量，如图 7.4 所示。在总发文量上，中美在量子计算技术方面的总发文量分别为 2044 篇和 4304 篇，美国占据明显优势。从图中也可以看出，除了量子纠缠方向，美国几乎在所有领域都占据优势，特别是在量子误差校正方向，统计显示，中国只发现 1 篇相关文献，而美国有 44 篇相关文献。

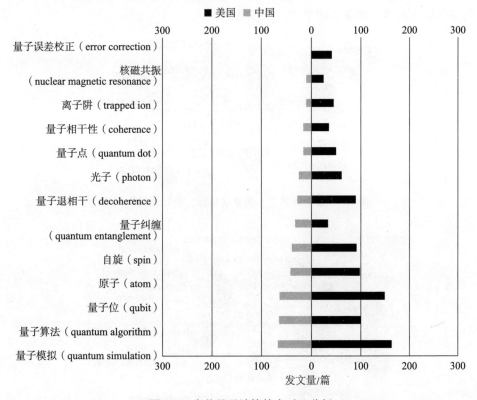

图 7.4 中美量子计算技术对比分析

此外，为考察量子计算技术的当前应用情况，利用 Innography 工具对相关专利进行计量分析，得到专利主题词分布图和排序数据，如图 7.5 所示。其中，量子位、量子态、量子电路、公开密钥、量子点等主题词在技术专利中出现频次高，代表了当前量子计算技术专利中的应用热点。目前这些热点研究方向大多处于实验室研究阶段，距离实用化还有较大差距。

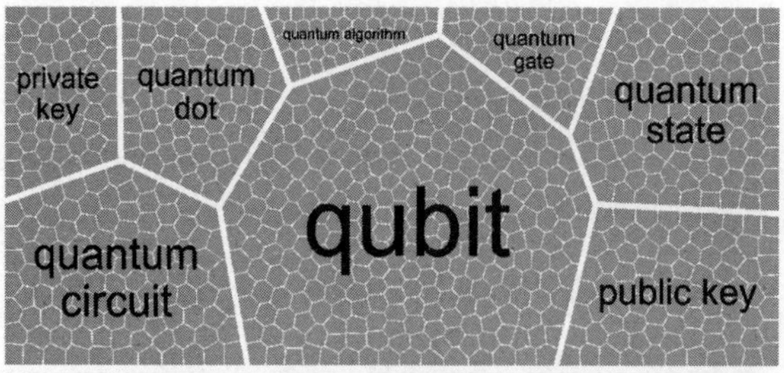

主题词	专利数量/篇
量子位（qubit）	559
量子态（quantum state）	214
量子电路（quantum circuit）	202
公开密钥（public key）	163
私有密钥（private key）	121
量子门（quantum gate）	101
量子算法（quantum algorithm）	95

图 7.5　量子计算技术专利主题词分布图和相关统计数据

3. 国家（地区）/机构分布

由图 7.6 所示国家（地区）合作网络图谱可知，美国、中国、德国、英国、日本等国节点较大，且处于网络图谱中心，说明这些国家（地区）在量子计算技术方面的发文数量较多，位于国际前列。图 7.7 对研究机构之间的合作情况进行分析发现，该技术代表研究机构包括美国的麻省理工学院、马里兰大学、哈佛大学、加州大学伯克利分校、加州理工学院，中国的中国科学院、中国科学技术大学、清华大学，英国的牛津大学，加拿大的滑铁卢大学等。

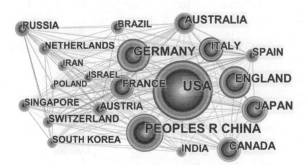

图 7.6　量子计算技术国家（地区）合作网络图谱

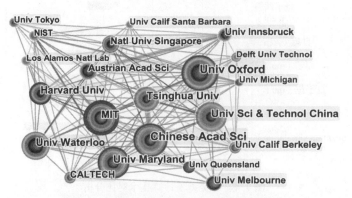

图 7.7　量子计算技术机构合作网络图谱

4. 核心人才团队

图 7.8 所示为研究文献中作者的合作网络图谱，可以看出，量子计算技术核心人才团队主要包括中国科学技术大学潘建伟团队和郭光灿团队、马里兰大学桑卡尔·达斯·萨玛（S. Das Sarma）团队、

东京大学 Tomoyuki Morimae 团队等。图 7.9 对图谱按照时间线进行了聚类分析，可知合作密切度较高的团队主要包括中国科学技术大学潘建伟团队和奥地利维也纳大学塞林格（Anton Zeilinger）团队，马里兰大学桑卡尔·达斯·萨玛团队和清华大学交叉信息研究院邓东灵团队等。

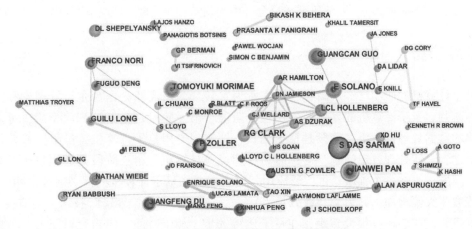

图 7.8　量子计算技术作者合作网络图谱

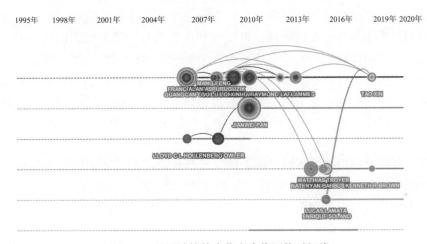

图 7.9　量子计算技术作者合作网络时间线

5. 基金来源分析

图 7.10 为文献基金来源分析图谱，图中横轴代表来自各个国家的基金资助机构，纵轴代表不同机

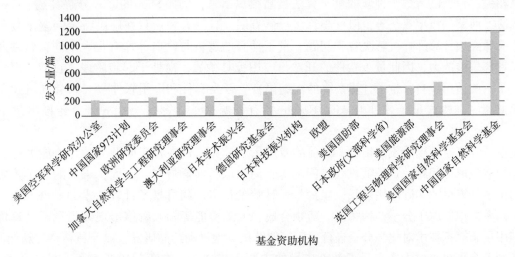

图 7.10　量子计算技术研究基金资助情况

构支持基金发文数量。由图可知,量子计算技术的主要研发基金资助机构包括中国国家自然科学基金、美国国家自然科学基金会、英国工程与物理科学研究理事会、美国能源部、日本文部科学省、美国国防部、欧盟、日本科技振兴机构、德国研究基金会、日本学术振兴会(JSPS)、澳大利亚研究理事会、加拿大自然科学与工程研究理事会、欧洲研究委员会、中国国家 973 计划、美国空军科学研究办公室等。

三、发展趋势

当前,量子计算机的研制已经从高校、研究所为主转变为以商业公司为主,从理论和实验室研究迈入实用器件研制。量子计算机的发展要经历三个阶段,第一阶段是量子计算原型机,可认为是遵循量子力学规律的数据处理器。第二阶段是量子霸权,即实现专用量子计算机,量子比特数从数十到数百,由于相干性,只能处理特定问题,运算能力远超经典计算机。第三阶段是通用量子计算机,可解决任何可解的问题,可在各个领域获得广泛应用,要实现通用量子计算机的,必须满足两个基本条件:一是量子比特数要大幅增加(几万到几百万量级),二是应采用"纠错容错"技术。当前技术水平距离通用量子计算机研发成功还有很大差距,在量子比特数量、相干时间、纠错容错能力、易集成及可扩展性等条件尚不具备时,未来一段时间的技术突破主要在专用量子计算机上。

一是量子计算机的发展遵循量子摩尔定律,有望解决摩尔定律失效问题。摩尔定律受物理极限限制,一方面,非可逆门操作会产生大量热量,可能烧穿电子芯片,带来能耗困难;另一方面,经典计算机的终极是采用单电子晶体管,单电子的量子效应会影响芯片的运算速度。即使达到物理极限,摩尔定律终结,量子计算机的出现仍能实现指数级算力增长。波士顿咨询公司在 2018 年发布的《即将来临的量子计算飞跃》报告中认为:量子比特集成数目约每两年翻一番。2019 年 3 月,IBM 提出量子体积,用以衡量量子计算发展水平,并据此提出了"量子摩尔定律",即量子计算机的量子体积每年增加一倍。

二是推动量子计算纠错容错技术不断发展。量子计算机研究的主要障碍在于环境会导致量子相干性的消失。"量子编码"可通过增加信息的冗余度来克服环境影响造成的消相干,用若干物理量子比特来编码一个量子逻辑比特(信息处理单元),可以纠正消相干引起的错误。量子计算机的另一种错误来源于非理想量子操作,如系统中的杂散信号会导致量子计算错误,可以通过容错编码来纠错。目前的技术难点在于执行量子纠错需要增加大量的量子位,导致开支大幅增长。未来,随着量子计算机比特数的增加,错误率也会增加,需要不断提高容错率的同时降低花费。

三是不断发展新的算法和软件,使得量子计算机功能更加丰富。量子计算的并行计算能力与量子算法息息相关,目前已有数十种新的量子算法被陆续提出来,例如 Shor 的因式分解算法、Grover 的快速搜索算法、西蒙的概率算法等,但核心算法仍然有限,且已有算法只在解决特定问题上具有理论优势,尚不能像经典计算那样可解决各类问题。量子计算的逻辑与经典计算有很大不同,软件开发者要具备量子计算思维能力,因此量子软件的开发与应用极具挑战,尚处于起步阶段。目前,部分商业公司已推出了一些适用于自家量子计算系统的汇编语言、开发套件和应用软件包,如 IBM 开发了适用于 IBM Q 模拟器的全栈式量子软件 Qiskit;Google 拥有开源量子计算框架 Cirq 外,还推出量子机器学习库。

四是量子计算应用场景不断拓展。目前的专用量子计算机仅在特定问题上的计算能力超越了经典计算机,如玻色取样问题、量子随机线路问题等,尚未取得实际应用。因此,未来的一个重要问题是探索专用量子计算机的实际应用场景,发挥量子计算的优势。随着量子计算技术的发展,在大数据分析、量子体系模拟、原子分子结构解析、药物合成、人工智能等领域有望出现体现量子计算优势的应用。如利用量子模拟技术对化学分子进行建模,能够极大地推动药品研发,以及新材料、新能源研发。

五是量子云平台将成为未来量子计算应用的主要方式之一。在苛刻的环境和高昂的花费限制下,量子计算机的制造与维护十分困难,想像电子计算机一样都拥有一台量子计算机并不现实。为满足当前日益复杂的科研、商业等需求，集中部署、分布应用的量子计算云平台将成为重要发展趋势。当前，多家国内外公司发布了量子云计算平台，为广大用户提供利用量子计算资源的机会，使量子计算在各个行业领域都能得到最大化应用及探索，通过用户深挖量子计算应用价值，打造生机勃勃的量子生态。但量子云服务平台目前还处于起步阶段，其物理系统、应用层级都较为初级，并且面临缺乏实际应用、数据安全隐患等挑战。

六是量子计算与人工智能交叉融合将迸发出更多价值火花。随着近年来量子计算的里程碑式跃进，其与人工智能的关联融合愈发密切。理论上，量子计算在解决人工智能的一些关键核心问题上可以提供帮助，但是想要将量子计算真正作用和服务于人工智能，还需要长时间努力探索。目前，针对人工智能产生了许多量子算法潜在应用，包括量子神经网络、自然语言处理、交通优化和图像处理等。如2020年4月，剑桥量子计算公司宣布其在量子计算机上执行的自然语言处理测试获得成功，利用量子计算有望实现自然语言处理在"语义感知"方面的进一步突破。

四、军事价值

未来军事斗争将越来越复杂，斗争边界越来越不明晰，真实领域和虚拟领域交织，有形空间和无形空间交错。随着量子计算技术发展，许多目前受制于计算机性能而无法解决的难题都会迎刃而解，对军事领域带来重大影响。

一是用信息之光驱散战争迷雾，为军事智能化赋能。76个光子构建的量子计算原型机"九章"求解数学算法高斯玻色取样只需200s，而目前最快的超级计算机需要6亿年。量子计算与人工智能相结合，可助力实现深度军事智能场景，如对无人装备的路线进行规划和优化，辅助指挥人员进行作战决策，进一步提高战场态势感知、作战决策与智能指挥等能力，推动军事智能化发展进程。

二是用并行计算破译制胜密码，摧毁现有保密体系。借助量子计算的并行计算优势，能快速破解现有加密算法（如Shor算法可加速破解现有基于大数质因数分解等体系的密码），打破现有加密系统构筑的通信体系、金融体系等，对对手形成严重通信安全和经济安全威胁，还可破译战时敌方作战计划和作战指令等。非对称加密算法是当前计算机通信安全的基石，长期来看，量子计算将给RSA等非对称加密算法带来严重威胁，对数字安全领域产生重大影响。

三是解密物质构造智慧方程，助力军用材料和生物制品等研发。量子计算机可助力蛋白质结构模拟、药物研发、新材料研究、新型半导体开发等。如通过量子模拟研发军用特效药，既可用于平战时伤员救治，也可用于打造"超级士兵"。有专家预计，量子模拟可将药物发现率提高5%~10%，并节约15%~20%的研发时间，使药物审批率提高1.5~2倍，可大幅提高军用药物研发效率。

四是模拟特定军事应用场景，变革武器装备研发模式和未来作战样式。针对军事仿真、军事气象、装备设计模拟验证等特定军事应用场景需求，可研发专用量子计算机，以实现先进武器装备和未来战争场景的量子模拟，甚至演化出新的作战样式。如模拟战机飞行姿态，改进军用飞机设计模型；针对金融领域，采用量子优化、量子加速蒙特卡洛算法等，既可规避一些金融风险，也可以在金融战中套利；在通信网络中，专用量子计算机可在超高维信号处理、资源协调调度以及智能边缘网络等方面取得重要应用。

第八章　高效高能激光器技术专题研究

高能激光武器是应对重大安全威胁、破击强敌作战体系的新质威慑制衡手段，可推动形成反导反卫、反临反高超、反智能无人等颠覆性作战能力。高效高能激光器是高能激光武器系统的核心部分，也是产生多级毁伤破坏效应的关键，成为军事强国竞相研发的热点技术之一。

一、概念内涵

自20世纪60年代世界上第一台激光器问世以来，美国、俄罗斯、德国等军事强国积极投入、竞相研发，高效高能激光器技术逐步成为各军事强国战略角逐的热点。顾名思义，高效高能激光器技术指同时具备高效率、高能量、高功率特征的激光器技术，是发展应用高能激光武器系统的核心技术。一般来说，不同技术体制的武器级激光器通常需要考虑以下因素：一是激光输出能量/功率高，能够产生足够毁伤目标的高能激光束，要增加单链路能量/功率输出水平或通过高效合成技术提高输出能量/功率；二是光束质量好，到靶功率密度与光束质量因子的平方成反比，因而要根据需求选择光源体制、光束合成方式；三是大气传输损耗小，减小大气吸收、散射、湍流等效应影响；四是体积小重量轻，工程化水平高，便于集成、使用、维护、保障。

未来高能激光武器系统要实战化应用，其关键部分——激光器，除要求高能、高功率、高光束质量外，还应具备"高效率"特征。"高效率"特征主要指激光器具有高的能量转换效率、高的功率体积比、高的功率重量比，提升系统效率指标就是提升系统的尺寸、重量和功率（SWaP）指标。随着激光武器在各种作战平台开始集成应用，SWaP已成为一项越来越重要的效率指标。当前的高能激光武器技术领域，"高效"的地位日益凸显，不管是在传统化学激光武器领域，或者是在固态激光武器技术领域，还是在半导体泵浦高能气体激光、纳米气体激光等新兴技术方向，都不断涌现出许多旨在追求高效率的创新思路，这些将是推动高能激光武器走向实战应用的关键。

二、发展现状

高能激光器发展历史上，曾出现过多种类型的技术路线，先后经历了二氧化碳气体激光器、化学激光器、固体激光器、自由电子激光器、新构型激光器等多个发展阶段。当前，可作为激光武器光源的候选技术路线主要有二氧化碳激光器、化学激光器、固体激光器、光纤激光器、碱金属蒸气激光器、自由电子激光器、高光束质量半导体激光器、纳米气体激光器。其中，二氧化碳激光器因波长太长，难以满足聚焦发射控制等武器化应用要求；氟化氘/氟化氢、氧碘等化学激光器已实现兆瓦以上水平功率输出，但大气吸收相对严重（吸收系数比固体激光大两个数量级）；固体激光器的功率输出已迈入传统定义上的武器级（100kW级）水平；自由电子激光器由于体积大，电—光转换效率极低，目前国际上最高水平仍然处在10kW量级；半导体激光器现阶段主要作为固体激光器和光纤激光器的泵浦源使用，可直接用作武器的高光束质量半导体激光器尚处于探索阶段，目前还难以作为激光武器的主攻技术路线；纳米气体等新型激光光源也有实现武器应用的潜力，但相关研究尚处于起步阶段。

（一）整体发展态势

一是化学激光器已展示出强大的功率水平，但存在系统体积庞大、后勤维护苛刻等不足，仍然需不断提升技术能力水平，近期研究转入秘密阶段，主要应用方向是战略对抗。化学激光器是把化学能直接转为光能的一类激光装置，是早期被认为具有实战化潜力的激光武器光源。国外在弹道导弹防御、战略反卫、战术近程防御等需求牵引下，开展了先进中红外激光（MIRACL）、机载激光武器（ABL）、先进战术机载激光武器（ATL）、战术高能激光武器（THEL）、天基激光武器（SBL）等项目研究，极大推动了以氟化氘、氟化氢和氧碘混合物等化学物质作为激励源的高能化学激光器技术的发展。燃烧驱动氟化氢/氟化氘（HF/DF）激光器和化学氧碘激光器（COIL）是化学激光武器系统所使用的两类激光光源，早在 20 世纪 80 年代，国外两类化学激光器就均已突破兆瓦级功率输出。其中，氟化氘化学激光器的输出功率最高达到了 2.2MW，化学氧碘/氟化氘激光器如图 8.1 所示。2010 年，装载了兆瓦级 COIL 激光器的机载激光武器（ABL）还曾成功击落距离约 85km 飞行中的液体探空火箭。然而，这一超大功率的激光光源长时间出光时热管理问题，仍没有得到较好的解决，随着出光时间增加，光束质量明显下降。近年来，国外高能化学激光武器已经转入秘密研究阶段，关于高效高能化学激光器技术的消息较少，没有关于性能指标进一步提升的公开报道。

图 8.1　1MW 化学氧碘（a）和 2.2MW 氟化氘激光器（b）

二是固体激光器技术已经走出一味追求功率提升的阶段，研究重点放在改善光束质量、电—光效率和可靠性等性能方面，更加注重多平台实战化应用的考量。21 世纪以来，美、德等国竞相发展基于固体激光器的战术激光武器技术，并取得了突破性进展。在固体激光器方面，近些年国际上有多种技术方案在竞相发展，主要包括以下几个方面：一是固体板条激光及其相干合成技术，在"联合高功率固体激光器"（JHPSSL）计划支持下，2009 年美国诺斯罗普·格鲁曼公司采用板条激光方案实现了单路 19kW 高光束质量激光输出，并采用多路激光相干合成实现了 105kW 激光输出，但相干合成光束存在旁瓣问题，影响光束质量，且系统复杂、工程化难度大；二是陶瓷薄板条激光技术，同样是在 JHPSSL 计划支持下，2010 年美国达信公司采用陶瓷薄板条多介质串接单孔径谐振腔方案实现了 100kW 级输出，但出光时间短，光束质量也不高；三是浸入式液冷薄片激光技术，在"高能液体激光区域防御系统"（HELLADS）计划支持下，2012 年美国通用原子公司采用浸入式液冷薄片方案实现了 75kW 激光输出，据说目前已成功实现 150kW，但未见详细报道；四是平面波导激光器技术，在"全电激光器倡议"（RELI）计划支持下，2012 年雷声公司采用主振荡功率放大器（MOPA）架构验证实现了激光输出大于 25kW、高光束质量的平面波导激光器，2015 年激光器进一步提升输出功率达到 30kW，电—光效率大于 33%，并在激光器中集成了自适应光学技术，改进了光束质量；五是反射式薄片激光器技术，在 RELI 计划支持下，波音公司 2013 年研制出第三代薄片激光器，激光器输出功率已超过 30kW，光束质量 BQ 小于 2，电—光效率大于 30%；六是盘片热容激光技术，2006 年美国劳伦斯·利弗莫尔国家实验室采用陶瓷盘片热容运转实现了 67kW 激光输出，但出光时间很短，仅为秒级。综上所述，到目前为止，国外在固体板条激光器和液冷固体激光器等方面均已实现较高功率输出，最高实现了 100kW 级固体激光输出，正向准兆瓦级、兆瓦级迈进。

三是光纤激光器电光转换效率较高，降低了作战平台对电力和冷却的需求，奠定了在数十千瓦内作战光源的优势地位，逐渐成为陆、海、空三军战术激光武器作战光源的首选。在光纤激光器方面，国外主要在"光纤激光器革命"（RIFL）计划和 RELI 计划支持下，迅速发展光纤激光器技术，并接连取得重大突破。2009年，美国IPG公司实现了单根单模光纤10kW级功率输出，光束质量M^2因子为1.2；2013年，IPG公司又采用主振荡放大技术，单根单模光纤激光输出功率进一步突破20kW，光束质量M^2因子为2.0。2014年，美国洛克希德·马丁公司采用商用光纤激光器光谱合束的方式实现30kW功率输出。同时，美国海军完成了激光武器系统（LaWS）、海面激光武器样机系统（MLD）和战术激光系统（TLS）等样机的集成与验证试验。其中，2014年美国海军将33kW光纤激光武器样机LaWS（型号命名为AN/SEQ-3）安装于"庞塞"号两栖运输舰上，在波斯湾开展了击毁无人机演示验证试验，首次进行了海上作战试用。2015年，美国海军与诺斯罗普·格鲁曼公司签订了高能固体激光武器系统样机（LWSD，功率10~15万W）研发合同，最终研发出的武器样机已于2019年装备部署于"波特兰"号两栖运输舰上，并成功开展了海上验证试验。德国激光炮武器技术研究也主要以光纤激光器为光源，2015年莱茵金属公司在伦敦防务展上展出了4束分孔径发射的舰载激光炮武器样机。2016年，德国莱茵金属公司完成1万W激光炮与MLG 27轻型舰炮集成，并进行了海洋环境下技术有效性测试。2017年3月，美国洛克希德·马丁公司基于光纤激光光谱合成技术完成60kW激光器研发工作，随后交付美国陆军使用，用于研制高功率的战术激光武器系统。

四是碱金属蒸气激光器光束质量好、电—光效率高，功率定标放大能力强，一旦解决大规模高效电泵浦等技术瓶颈，利用气体激光良好的功率定标放大特性，后续存在数兆瓦输出功率的可能性。美国劳伦斯·利弗莫尔国家实验室于2003年提出半导体泵浦碱金属蒸气激光器，该类激光器选择了具有极高量子效率（>98%）的碱金属原子蒸气作为激光介质，一方面采用类似固体激光的电能驱动半导体泵浦方式，另一方面采用类似化学激光的高效气流散热模式。这种气固融合的激光体系具备了高效、紧凑的超高功率单口径输出潜力，其概念本身即具有颠覆性。在碱金属蒸气激光器研究方面，劳伦斯·利弗莫尔国家实验室的研究成果一直处于世界领先地位，2014—2016年短短的三年间，该实验室相继实现了从5kW、14kW到30kW的跨越，运转时间从4min提高到超过100min。目前，该实验室正在冲击120kW、1.5倍衍射极限的系统设计，计划用于高空无人机载平台的导弹防御激光系统。

（二）基于科学计量的技术多维度分析

为多维度研究高效高能激光器技术发展现状，运用FEST系统的多维可视化模块及Citespace、Innography等工具对该技术发展时序、研究热点、国家（地区）/机构分布、核心人才团队、基金来源等进行文献计量和专利分析，数据检索情况如表8.1所列。

表8.1 高效高能激光器技术相关论文和专利检索情况

检索来源	检索策略	检索年段/年	检索时间	检索数量/篇	备注
Web of Science 核心合集	主题：（"high energy laser" or "high efficient laser" or "high power laser" or "large power laser" or "high efficient and high energy laser"）	1985—2020	2020.11.9	6544	
Innography 专利数据库	（"high energy laser" or "high efficient laser" or "high power laser" or "large power laser" or "high efficient and high energy laser"）	所有年份	2020.11.12	7356	经INPADOC同族合并

1. 发展时序分析

图8.2为高效高能激光器科技文献的发展时序图，该图统计了高效高能激光器科技文献在不同年份发文数量的变化过程。由图可知，高效高能激光器领域发展始于1995年，2001—2018年该领域发文量大体处于递增式发展，表明近年来该领域始终保持较高的研究热度。

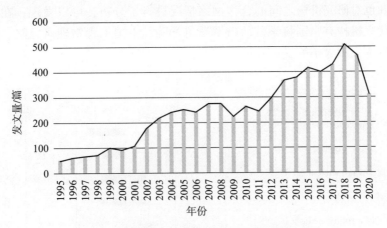

图 8.2　高效高能激光器科技文献发展时序图

2. 技术重热点挖掘

由图 8.3 可知，等离子体、辐射、温度、激光放大器、微结构、激光传输等节点较大，说明这些关键词在领域文献中出现频次高，而它们与其他关键词之间的连线数量较多，且连线较粗，说明这些词与其他关键词共现频率较大。因此，以上关键词代表当前高效高能激光器领域的研究热点。

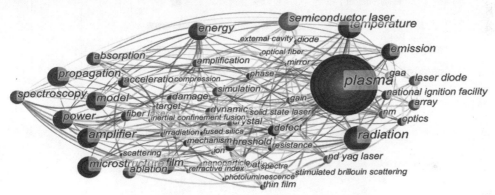

图 8.3　高效高能激光器科技文献关键词共现

在对高效高能激光器整个领域的研究热点进行分析的基础上，我们分别对中国和美国在该领域的研究热点进行了对比分析，如图 8.4 所示。在高效高能激光器领域的技术热点上，我们选择了中美两国各自重点布局的技术方向，分别为熔融石英、微结构、放大器、缺陷、阈值、等离子体、温度、纳米、固态激光器、微米、折射率、光纤和半导体激光器。通过统计中美所发表的文献中上述技术名词的词频，我们发现中美在领域技术热点方向上各有侧重。其中中国总发文 1750 篇，在熔融石英、微结构、放大器、缺陷以及阈值等方面发文较多；美国总发文 1391 篇，在等离子体、温度、微结构、半导体激光器、放大器、阈值、微米等方面更加重视。

此外，利用 Innography 工具对高效高能激光器领域专利进行计量分析，得到专利主题词分布，如图 8.5 所示。其中，信号、能量激光、激光系统、激光脉冲、脉冲激光、光学系统、激光辐射、光纤激光器、激光功率、能量激光束、光学元件等主题词在领域专利中出现频次高，代表当前高效高能激光器专利中的研究热点。

3. 国家（地区）/机构分布

由图 8.6 所示的国家合作网络图谱可知，中国、美国、德国、俄罗斯、法国、日本、英国、意大利等国节点较大，且处于网络图谱中心，说明这些国家（地区）在高效高能激光器领域的发文数量较多，在该领域走在国际前列。近年来，中国在高能激光武器技术领域的论文和专利发表量位居世界第一，美国位居世界第二，美国虽然在论文专利数量上不如中国，但在技术水平和创新效果方面，仍处于世界领先。图 8.6 也对研究机构之间的合作网络情况进行了分析,可以发现,在高效高能激光器领域发文数量较多的代表机构有中国科学院、俄罗斯科学院、中国工程物理研究院、美国劳伦斯·利弗摩尔国家实验室、日本大阪大学等。

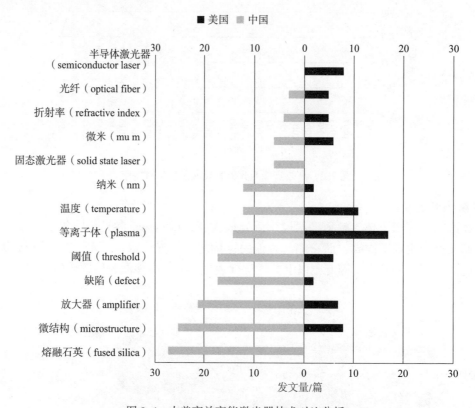

图 8.4 中美高效高能激光器技术对比分析

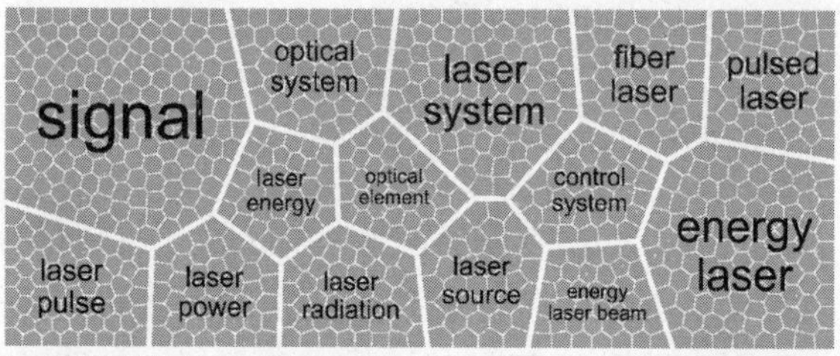

主题词	专利数量/篇
信号(signal)	749
能量激光(energy laser)	482
激光系统(laser system)	401
激光脉冲(laser pulse)	307
脉冲激光(pulsed laser)	245
光学系统(optical system)	240
激光辐射(laser radiation)	228
光纤激光器(fiber laser)	219
激光功率(laser power)	202
能量激光束(energy laser beam)	192
光学元件(optical element)	181
激光能量(laser energy)	178
控制系统(control system)	178
激光光源(laser source)	177

图 8.5 高效高能激光器专利主题词分布

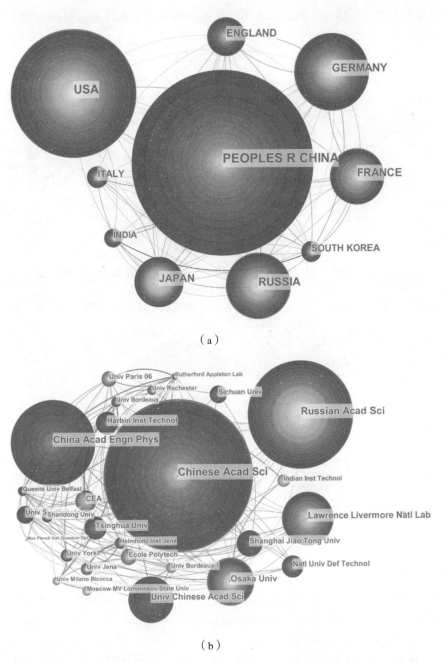

图 8.6 高效高能激光器技术国家（地区）（a）和机构（b）之间合作网络图谱

4. 核心人才团队

由图 8.7 所示的作者合作网络图谱可知，高效高能激光器领域重要核心人才团队包括法国巴黎第十一大学 M. Koenig 团队、法国波尔多第一大学 D. Batani 团队，以及英国卢瑟福—阿普顿国家实验室 D. Neely 团队等。图 8.8 展示了作者合作网络的时间线视图，图中节点表示作者发表第一篇相关领域论文的时间，节点间连线则表示作者之间的合作关系，可以看出，法国巴黎第十一大学 M. Koenig 团队和法国波尔多第一大学 D. Batani 团队的发文和合作的密切度较高。事实上，美国从事高能激光技术研究的人员力量雄厚，美国空军研究实验室有专门的定向能研究部从事包括激光武器技术在内的技术开发；洛克希德·马丁、诺斯罗普·格鲁曼、雷声、通用原子、波音、IPG 等众多防务公司也有大量从事激光武器技术研究的科技人员，参与了多种类型的高能激光武器系统研发；美国麻省理工学院、林肯实验室、劳伦斯·利弗莫尔国家实验室等知名科研院所也在军方资助下开展相关技术研究。这些世界领先的激光技术研发机构，展示出强大的技术能力水平，推测其因为部分技术开发转入秘密阶段，或者受限于专利保护需要而不愿公开报道,因而其取得的突破进展并未全部体现在科研文献中。

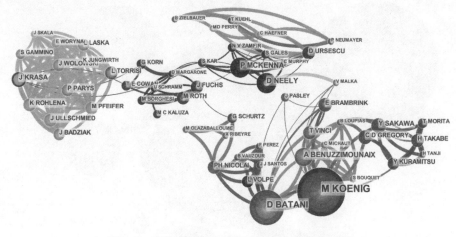

图 8.7　高效高能激光器技术作者合作网络图谱

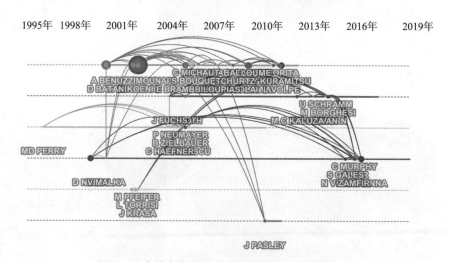

图 8.8　高效高能激光器技术作者合作网络时间线

5. 基金来源分析

图 8.9 为高效高能激光器科技文献基金来源分析图谱,图中横轴代表来自各个国家的基金资助机

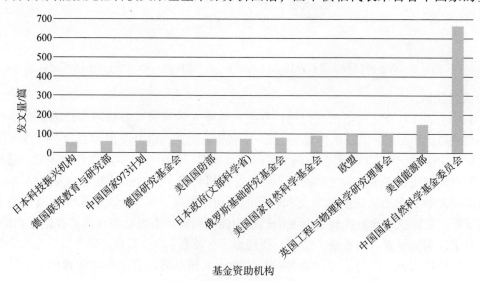

图 8.9　高效高能激光器技术研究基金资助情况

构，纵轴代表不同机构发文数量。由图可知，依据发文量规模排序，科技文献资助基金依次为中国国家自然科学基金委员会、美国能源部、英国工程与物理科学研究理事会、欧盟、美国国家自然科学基金会、俄罗斯基础研究基金会、日本文部省、美国国防部、德国研究基金会等。

三、发展趋势

不同平台激光武器战略战术应用需求，将推动激光器技术继续向"高效高能"方向发展，主要是突破高能/高功率激光光源技术、高效光束合成技术、一体化集成技术等关键核心技术，研制结构紧凑、高效率的工程样机，重点提高激光器功率重量比、功率体积比、光束质量等技术指标，解决集成应用中环境适应性、可靠性等问题。未来，高效高能激光器技术将继续呈现以下几个发展趋势：

一是面向实战应用提升激光器多项技术指标。近年来，高能激光器技术研发取得了较好进展，但技术指标的提升主要是在单项技术或部件子系统层面，比如激光器的输出功率指标。而形成能够高效毁伤敌方作战目标的高能激光武器系统，除激光武器功率指标外，还需要综合考虑光束质量、跟瞄精度、体积重量、平台环境适应性等指标。为加速推动技术进步形成实战装备，高效高能激光器技术未来发展将突出解决"四高四小"的问题，即设计能量/功率高、光束质量高、电—光效率高、目标耦合效率高，重量小、体积小、功耗小、大气传输损耗小，着力提升多个技术指标。例如在高效高能化学激光器方面，传统化学激光器的运转都需要复杂而庞大的化学燃料供给，这给后勤供应带来了困难；此外，化学激光器都运转在低腔压下，需要庞大的压力恢复系统将废气排出，这使得整个激光器的SWaP居高不下，超过55kg/kW。近年来，随着3D打印、航天工艺等新技术的发展，为燃烧室和喷管再生冷却、扰流微喷管阵列、高密度储氢、惰性稀释剂循环再利用、低温吸附等技术铺平了道路，将进一步提高化学激光器的燃料利用效率和运转腔压，减小压力恢复系统体积重量，使化学激光器的SWaP显著降低。

二是重点突破激光器高效率、小型化等技术瓶颈。拦截导弹、高超声速飞行器、中高空无人机以及光电对抗等多种作战场景，都期望激光武器的有效打击距离越远越好。然而，由于当前激光器光源的转换效率较低，同时缺乏有效的小型化技术，随着输出功率和打击距离的增加，激光器系统的体积规模也越来越庞大，难以装载到多种移动平台，离期望还有较大差距。实现激光武器的光明应用前景，必须减小激光器系统的体积重量，提高集成程度，提升可靠性、战场环境适应性、多平台适装性，首要着力解决高效率、小型化等技术瓶颈。

三是将集成应用形成多平台多类型激光武器装备。目前，地面固定平台激光武器对激光器的体积和重量要求较低，车载、舰载激光武器技术难度相对较小，均取得了较好的进展。空基和天基平台部署激光武器虽然技术难度较大，但在空中和太空波束传输受大气环境影响较小，具有更好的机动性能，应用前景诱人。随着高效高能激光器技术的不断进步，未来激光武器必将集成应用到多种平台，实现多维空间作战应用。

四、军事价值

高效高能激光器技术不断发展并取得初步应用，在先进防御、反智能无人和反光电信息系统等方面已经展现出巨大军事应用价值，其物化出的各类型激光武器有望成为未来空间对抗、防空反导、信息对抗、反无人蜂群作战的重要手段。

一是在空间对抗方面，支撑形成有效的新质战略威慑与实战能力。目前，可控毁伤卫星等空间目标的能力手段尚不健全。高效高能激光器催生的激光武器，具有可控毁伤、不产生碎片等优势，可填补空间对抗中对敌高价值资产可控杀伤和可控干扰的能力空白。中高烈度态势下的空间对抗需要利用高能损毁型激光武器，通过对在轨平台及其重要载荷进行摧毁打击，实现夺控"制信息权"，对敌形成新质战略威慑。此外，中低烈度态势下的空间对抗需要灵活运用干扰损伤型激光武器等手段，在敌方卫星系统工作的光电频谱范围内采取激光扰乱措施，使敌方系统"致盲"降效或损伤失能。

二是物化形成新质作战手段，与防空导弹、高炮、雷达对抗等组成信火一体防护网，保护要地固定目标和机动目标，形成完善的要地防御作战体系。激光武器用于要地防空作战，主要负责近程/末端防空，兼具杀伤、干扰中远程目标的光电类探测设备的功能，作战目标包括战术空地导弹、光电制导弹药、炮弹、"高快隐"大型无人机、智能无人集群和"低慢小"目标等。激光武器用于防御高超声速打击，在几十千米范围内，能够弥补现有装备应对隐身高机动目标、大角度俯冲目标等方面能力的不足，支撑形成对高超声速导弹、临近空间飞行器、助推段弹道导弹等目标的拦截能力。激光武器用于安防安保，作为高效费比和低附带损伤的武器，具备对"低慢小"目标的防空能力以及对无人机、低成本弹药等目标的末端防御能力，能够提供作战反应快、附带损伤小、使用成本低的安防安保手段，确保重点区域场所安全稳定。

三是高效高能激光器部署于多种作战平台，可利用其光速攻击、深度弹仓、可控毁伤的特点，赋予平台多样化作战能力，对人员、武器装备等进行多样化攻击，执行多维战场空间的作战任务，在战场获取不对称军事优势。激光武器作为新质赋能使能手段，可提升现有武器装备平台对导弹、炸弹、火箭弹、炮弹、无人机等目标的快速精确防御能力，增强区域拒止和控制作战能力。激光武器可赋予陆战装备平台更强的近程/末端防御能力，在拦截火箭弹、榴弹和迫击炮弹、进攻性无人蜂群，以及拦截高机动性空袭兵器等方面能够发挥更好作战效能。激光武器赋予空战装备平台干扰拦截火箭弹、炮弹以及杀伤来袭导弹等目标的自主攻防作战能力，主要用于运输机、战斗机、轰炸机等空中平台的防御；同时也可作为进攻武器，对地面目标或空中目标实施精确快速打击。激光武器可增强海上编队防空反导、信息攻防、近区防卫能力，解决舰艇编队拦截（高）超声速、大机动目标难度大，传统动能武器受携弹量制约持续作战能力有限，缺乏对电子侦察飞机的远程信息攻防手段和对无人蜂群的高效拦截手段，以及海上战场态势对敌卫星透明、战略导弹突防能力受预警卫星制约等问题。

第九章 超级计算领域顶尖机构与学者挖掘分析

超级计算系统是提高科技原始创新能力和国家综合竞争力的大科学装置，是新时代智能化发展趋势下算力加速的重要平台，已经成为大国科技博弈的焦点之一。主要国家在超算 Top500 榜单上竞逐赛跑，从某种程度上讲，计算速度决定了竞争优势。超级计算系统作为国家科技创新的重大基础设施，在国家经济建设、社会发展、科技进步、国家安全等领域必将发挥极其重要的作用。研究超级计算领域的顶尖机构与代表性学者，对把握该领域全球发展态势、寻求跨团队交流合作以及制定人才引进计划具有重要意义。

一、基于主题词的超级计算领域知识体系

超级计算领域一般可分为体系结构、计算处理芯片及支撑技术、互连网络技术、存储技术、计算机工程工艺与基础架构支撑技术、软件技术及支撑技术等六个技术方向。围绕每个方向进行细分拆解，以主题词形式建立了领域知识体系，如表 9.1 所列。

表 9.1 基于主题词的超级计算领域知识体系

- 超级计算 Supercomputing
- 超级计算机 Supercomputer

技术方向	主题词
体系结构	• 超并行处理体系结构 Super Parallel Architecture • 高能效计算机体系结构 Energy Efficient Computer Architecture • 专用计算机 Dedicated Computer，Special Purpose Computer • 异构计算 Heterogeneous Computing • 混合精度计算 Mixed Precision Computing，Transprecision Computing • 超节点技术 Supernode • 近内存计算 Near Memory Computing • 存算一体/存算融合架构 Storage Computing Integrated Architecture • 生物计算/DNA 计算 Biocomputing，Biological Computing，DNA Computing • 光计算 Optical Computing • 量子计算 Quantum Computing
计算处理芯片及支撑技术	• 高性能微处理器 High Performance CPU，High Performance Microprocessor • 加速器 Accelerator • 通用图形处理器 General Purpose Graphics Processing Unit（GPGPU） • AI 处理器 AI Processor • 数字信号处理器 Digital Signal Processing，Digital Signal Processor（DSP） • 数据处理器 Data Processing Unit（DPU） • 芯粒技术 Chiplet • 编译优化技术 Compilation Optimization，Compile Optimization • 硬件仿真验证技术 Hardware Simulation Verification，Hardware Emulation Verification • 集成电路制造工艺/芯片工艺 Integrated Circuit Manufacturing，Chip Manufacturing • 芯片封装技术 Chip Package • EDA 软件/工具 Electronic Design Automation • 知识产权 Intellectual Property（IP）

续表

技术方向	主题词
互连网络技术	• 互连网络 Interconnetion Network • 超大规模互连通信 Ultra Large Scale Interconnection Communication • 高速互连芯片 High Speed Chip-to-Chip Interconnection, High Speed Multi-chip Interconnection • 开放性互联协议 Compute Express Link（CXL） • 光互连技术 Optical Interconnect Technology, Opto-electronic Integrated Network Technology • InfiniBand 互连 InfiniBand
存储技术	• 存储架构 Storage Architecture • 高并发存储 High Concurrent Storage • 分布式存储技术 Distributed Storage • 高密度低功耗内存 High Density Low Power Memory • 存储器件：高带宽存储器 High Bandwidth Memory（HBM）、超立方体存储器 Hypercube Memory（HMC） • 新型非易失内存/非易失存储介质/存储器件/非易失存储器 Storage Class Memory（SCM），Non-volatile Memory（NVM），NVDIMM • 非易失性内存标准 Nonvolatile Memory Express（NVMe） • 网络存储技术/基于网络架构的非易失存储 NVMe over Fabrics（NVMeoF） • 存储控制器 Storage Controller • 高密度存储 High Density Storage • 光存储技术 Optical Storage
计算机工程工艺与基础架构支撑技术	• 高密度主板 High Density Motherboard • 低功耗设计 Low Power Design • 动态能耗管理 Dynamic Energy Consumption Management • 供电 Power Supply • 高效冷却技术 Efficient Cooling • 液冷散热技术 Liquid Cooling Heat Dissipation • 系统监控与管理 System Monitoring and Management • 智能运维技术 Intelligent Operation and Maintenance
软件技术及支撑技术	• 大规模并行系统软件 Massively Parallel System Software • 操作系统技术 Operating System • 大规模资源管理技术 Resource Management • 并行文件系统技术 Parallel File System • 异构编程模型 Heterogeneous Programming Model • 并行编译器/行编译优化 Parallel Compiler, Parallelizing Compiler • 混合精度编译 Mixed Precision Compiler • 高性能数学库 High Performance Math Library • 并行支撑库 Parallel Support Library • 超大规模通信库 Ultra Large Scale Communication Library • 共性算法库 Common Algorithm Library • 科学与工程计算平台 Scientific and Engineering Computing • 数据处理平台 Data Processing Platform • 大数据快速分析算法 Fast Big Data Analytics Algorithm • 人工智能分析算法 Artificial Intelligence Algorithm, AI Algorithm • 混合精度算法 Mixed Precision Algorithm • 软件中间件 Middleware Software • 面向领域的工业软件 Domain Oriented Software • 系统分析与性能评测技术 System Analysis and Performance Evaluation

二、超级计算领域顶尖机构与学者

（一）研究方法

基于领域重要机构与学者的产出成果（以论文为主）通常具有前沿性或潜在颠覆性的认识，本章选用 FEST 系统方法模型库中的颠覆性技术发现模型和文献基前沿度发现模型（见第五章），挖掘超级计算领域前沿指数或颠覆性指数较高的论文，然后从论文中提取主要研究机构与代表性学者。根据超级计算领域知识体系，制定每个技术方向的数据检索策略（表9.2），作为模型输入，数据检索时间为 2022 年 11 月 28 日。

表9.2 超级计算领域各技术方向检索策略

技术方向	检索策略
体系结构	(Supercomputing OR Supercomputer) AND ("Super Parallel Architecture" OR "Energy Efficient Computer Architecture" OR "Dedicated Computer" OR "Special Purpose Computer" OR "Heterogeneous Computing" OR "Mixed Precision Computing" OR Transprecision Computing" OR Supernode OR "Near Memory Compute" OR "Storage Computing Integrated Architecture" OR Biocomputing OR "Biological Computing" OR "DNA Computing" OR "Optical Computing" OR "Quantum Computing")
计算处理芯片及支撑技术	(Supercomputing OR Supercomputer) AND ("High Performance CPU" OR "High Performance Microprocessor" OR Accelerator OR "General Purpose Graphics Processing Unit" OR GPGPU OR "AI Processor" OR "Digital Signal Processing" OR "Digital Signal Processor" OR "Data Processing Unit" OR Chiplet OR "Compilation Optimization" OR "Compile Optimization" OR "Hardware Simulation Verification" OR "Hardware Emulation Verification" OR "Integrated Circuit Manufacturing" OR "Chip Manufacturing" OR "Chip Package" OR "Electronic Design Automation" OR "Intellectual Property")
互连网络技术	(Supercomputing OR Supercomputer) AND ("Interconnetion Network" OR "Ultra Large Scale Interconnection Communication" OR "High Speed Chip-to-Chip Interconnection" OR "High Speed Multi-chip Interconnection" OR "Compute Express Link" OR "Optical Interconnect" OR "Opto-electronic Integrated Network" InfiniBand)
存储技术	(Supercomputing OR Supercomputer) AND ("Storage Architecture" OR "High Concurrent Storage" OR "Distributed Storage" OR "High Density Low Power Memory" OR "High Bandwidth Memory" OR "Hypercube Memory" OR "Storage Class Memory" OR "Non-volatile Memory" OR NVDIMM OR "Nonvolatile Memory Express" OR NVMe OR "NVMe over Fabrics" OR NVMeoF OR "Storage Controller" OR "High Density Storage" OR "Optical Storage")
计算机工程工艺与基础架构支撑技术	(Supercomputing OR Supercomputer) AND ("High Density Motherboard" OR "Low Power Design" OR "Dynamic Energy Consumption Management" OR "Power Supply" OR "Efficient Cooling" OR "Liquid Cooling Heat Dissipation" OR "System Monitoring and Management" OR "Intelligent Operation and Maintenance")
软件技术及支撑技术	(Supercomputing OR Supercomputer) AND ("Massively Parallel System Software" OR "Operating System" OR "Resource Management" OR "Parallel File System" OR "Heterogeneous Programming Model" OR "Parallel Compiler" OR "Parallelizing Compiler" OR "Mixed Precision Compiler" OR "High Performance Math Library" OR "Parallel Support Library" OR "Ultra Large Scale Communication Library" OR "Common Algorithm Library" OR "Scientific and Engineering Computing" OR "Data Processing Platform" OR "Fast Big Data Analytics Algorithm" OR "Artificial Intelligence Algorithm" OR "AI Algorithm" OR "Mixed Precision Algorithm" OR "Middleware Software" OR "Domain Oriented Software" OR "System Analysis and Performance Evaluation")

（二）结果分析

通过处理模型输出结果，得到超级计算领域顶尖研究机构 356 个，代表性学者 782 位（个别学者横跨不同技术方向，这里按照不同学者计算）。限于篇幅，这里仅列出体系结构方向的 118 位学者信息，见本章附件 1。

图 9.1 可视化展示了每个技术方向的领先国家、顶尖机构和代表性学者。从国家来看，美国、中国、日本总体上是超级计算领域研发最活跃、产出最多、影响最大的三个国家，德国、西班牙等欧盟国家也表现出较为强劲的研发实力。从机构来看，美国呈现出国家实验室、高校、企业均衡发展势头，其中阿贡国家实验室、劳伦斯·伯克利国家实验室、加州大学伯克利分校、佛罗里达大学、IBM 公司等机构综合实力较强；我国则以高校和科研院所为研发主体，尤以国防科技大学、中国科学院计算所、国家超算中心等机构表现最为突出；日本由富士通公司、东京工业大学等企校机构担当研发主力。从学者来看，美国顶尖学者数量占比 39.25%，第二名中国的顶尖学者数量占比则为 12.92%，远低于美国，总体还存在一定差距，但在单个机构学者密集度方面，我国国防科技大学、中国科学院、清华大学表现出较强的竞争力；从技术方向学者分布看，我国在存储技术、互连网络技术、计算机工程工艺与基础架构支撑技术等方向的学者缺口还比较大。

此外，聚焦 2022 年 11 月新一轮超算 Top500 榜单，选取 Top200 中美国主导研制的 64 型超算系统，运用网络信息挖掘手段对其研制机构和研究团队的信息进行了详细搜集与梳理，本章附件 2 展示了其中 16 型超算系统相关信息较为完整的部分机构与学者。

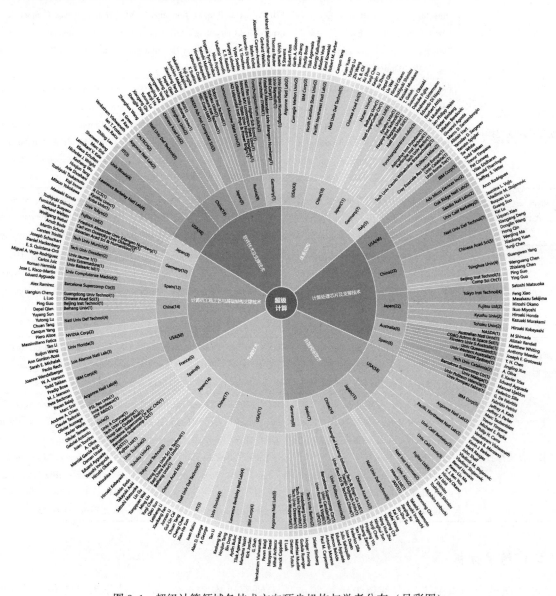

图 9.1　超级计算领域各技术方向顶尖机构与学者分布（见彩图）

（注：括号内数字代表学者数量，每个方向最多展示前 5 个国家，每个国家最多展示前 5 个机构，每个机构最多展示前 5 位学者）

附件1 体系结构方向顶尖机构与学者

（按国别字母先后顺序）

序号	国别	学者	机构	代表论文
1	Australia	JingLing Xue	Univ New S Wales, Sch Comp Sci & Engn	Programming for Scientific Computing on Peta-Scale Heterogeneous Parallel Systems
2	Australia	Anthony Maeder	Flinders Univ S Australia, Adelaide	Four Decades of Cluster Computing
3	China	Canqun Yang	Natl Univ Def Technol, Coll Comp	①Reverse Offload Programming on Heterogeneous Systems; ②TH-1: China's First Petaflop Supercomputer
4	China	Depei Qian	Beihang Univ, Sino German Joint Software Inst	LPFSC: A Light Weight Parallel Framework for Super Computing
5	China	Junhong Ding	Shanghai Supercomp Ctr	A New Hybrid Solver with Two-Level Parallel Computing for Large-Scale Structural Analysis
6	China	Keqin Li	Hunan Univ, Coll Comp Sci & Elect Engn	Implementing Molecular Dynamics Simulation on the Sunway TaihuLight System with Heterogeneous Many-Core Processors
7	China	Shaohui Li	Shandong Normal Univ, Sch Informat Sci & Technol	Model and Algorithm for Heterogeneous Scheduling Integrated with Energy-Efficiency Awareness
8	China	Xu Shun	Chinese Acad Sci, Comp Network Informat Ctr	Accelerating Lattice QCD on Sunway Many-Core Processor
9	China	Xu Zhou	Hunan Univ, Coll Comp Sci & Elect Engn	ahSpMV: An Autotuning Hybrid Computing Scheme for SpMV on the Sunway Architecture
10	China	Yuan Yuan	Natl Univ Def Technol, Coll Comp	Hybrid Hierarchy Storage System in Milkyway-2 Supercomputer
11	China	Yunji Chen	Chinese Acad Sci, Inst Comp Technol	DaDianNao: A Neural Network Supercomputer
12	China	Yutong Lu	Natl Univ Def Technol, Coll Comp	Milkyway-2 Supercomputer: System and Application
13	China	Zeyu Ji	Xi An Jiao Tong Univ, Sch Comp Sci & Technol	swHPFM: Refactoring and Optimizing the Structured Grid Fluid Mechanical Algorithm on the Sunway TaihuLight Supercomputer
14	China	Zhi Wang	Natl Univ Def Technol, Coll Comp	A Novel DSP Architecture for Scientific Computing and Deep Learning
15	China	Wei Liu	Natl SuperComp Ctr	Cloud Service Platform for Julia Programming on Supercomputer
16	China	Shaohua Wan	Zhongnan Univ Econ & Law, Sch Informat & Safety Engn	User-Centric Computation Offloading for Edge Computing
17	China	Wenguang Chen	Tsinghua Univ, Dept Comp Sci & Technol	The Demands and Challenges of Exascale Computing: An Interview with Zuoning Chen
18	China	X. B. Chi	Chinese Acad Sci, Supercomp Ctr	ScBioGrid: A Commodity Supercomputing Environment Supporting Bioinformatics Research
19	China	Xianmin Wei	Weifang Univ, Comp & Commun Engn Sch	Acceleration Components in Heterogeneous Supercomputers
20	England	Nicholas J. Higham	Univ Manchester, Dept Math	Numerical Algorithms for High-Performance Computational Science

续表

序号	国别	学者	机构	代表论文
21	England	Simon C. Benjamin	Univ Oxford, Dept Mat	Quest and High Performance Simulation of Quantum Computers
22	England	Alex M. Andrew	Univ Reading, Reading	Quantum Computing, Wikis
23	France	Herve Aubert	CNRS, LAAS	Large Electromagnetic Simulation by Hybrid Approach on Large-Scale Parallel Computing Systems
24	France	Matthieu Haefele	Univ Paris Sud, CNRS	EXA2PRO Programming Environment: Architecture and Applications
25	France	Henri Calandra	Total Explorat & Prod, Pau	ASIODS-An Asynchronous and Smart I/O Delegation System
26	France	Ian O'Connor	Ecole Cent Lyon, Lyon Inst Nanotechnol INL	Multilevel Modeling Methodology for Reconfigurable Computing Systems Based on Silicon Photonics
27	Germany	Jan-Philipp Weiss	Karlsruhe Inst Technol, Inst Appl & Numer Math 4	A Survey on Hardware-Aware and Heterogeneous Computing on Multicore Processors and Accelerators
28	Germany	Mladen Berekovic	Tech Univ Carolo Wilhelmina Braunschweig, Chair Chip Design Embedded Comp C3E	Revealing Potential Performance Improvements by Utilizing Hybrid Work-Sharing for Resource-Intensive Seismic Applications
29	Germany	Norbert Attig	Forschungszentrum Julich, JSC	Computational Physics with Petaflops Computers
30	Germany	V. Mueller	Astrophys Inst Potsdam	Enabling Parallel Computing in CRASH
31	Germany	Andreas Lintermann	Forschungszentrum Julich, Julich Supercomp Ctr	Practice and Experience in Using Parallel and Scalable Machine Learning with Heterogeneous Modular Supercomputing Architectures
32	Germany	Dieter Bimberg	Tech Univ Berlin, Inst Solid State Phys	VCSELs for Exascale Computing, Computer Farms, and Green Photonics
33	Germany	Edoardo Di Napoli	Forschungszentrum Julich, Julich Supercomp Ctr	Solving the Bethe-Salpeter Equation on Massively Parallel Architectures
34	India	V. Vaidehi	Anna Univ, Madras Inst Technol	Application of Cluster Computing in Medical Image Processing
35	India	Vikrant Kumar	Intel Technol India, Bangalore	Opportunity for Compute Partitioning in Pursuit of Energy-Efficient Systems
36	Italy	Alistair Hart	Cray Exascale Res Initiat Europe, Milan	Cray's Approach to Heterogeneous Computing
37	Italy	Giovanni Agosta	Politecn Milan, Dipartimento Elettron & Informaz	Survey of Memory Management Techniques for HPC and Cloud Computing
38	Italy	Marco D. Santambrogio	Politecn Milan, Milan	A Parallel, Energy Efficient Hardware Architecture for the merAligner on FPGA Using Chisel HCL
39	Italy	Yaroslav D. Sergeyev	Univ Calabria, Dept Informat Modeling Elect & Syst Engn DIMES	Representation of Grossone-Based Arithmetic in Simulink for Scientific Computing
40	Italy	Renato Spigler	Univ Roma Tre, Dipartimento Matemat	A Fully Scalable Algorithm Suited for Petascale Computing and Beyond
41	Japan	Atushi Hasegawa	NEC Informatec Syst Ltd, Tokyo	GPU Accelerated Computing-From Hype to Mainstream, the Rebirth of Vector Computing
42	Japan	D. Sugimoto	UNIV TOKYO, COLL ARTS & SCI	GRAPE-4: A Massively Parallel Special-Purpose Computer for Collisional N-Body Simulations
43	Japan	Daisuke Fujita	Natl Inst Mat Sci, Adv Nano Characterizat Ctr	Massively Parallel Computing on an Organic Molecular Layer
44	Japan	Hiroshi Okano	Fujitsu Labs, Server Technol Lab	Sparc64 XIfx: Fujitsu's Next-Generation Processor for High-Performance Computing

续表

序号	国别	学者	机构	代表论文
45	Japan	Moritz Helias	RIKEN, Adv Inst Computat Sci	Spiking Network Simulation Code for Petascale Computers
46	Japan	Susumu Okazaki	Nagoya Univ, Dept Appl Chem	MODYLAS: A Highly Parallelized General-Purpose Molecular Dynamics Simulation Program
47	Japan	T. Gotoh	Nagoya Inst Technol, Dept Phys Sci & Engn	GPU Acceleration of a Petascale Application for Turbulent Mixing at High Schmidt Number Using OpenMP 4.5
48	Japan	Toshiyuki Shimizu	Fujitsu Ltd, Next Generat Tech Comp Unit	Tofu: A 6D Mesh/Torus Interconnect for Exascale Computers
49	Japan	Yoshiki Kashimori	Univ Electrocommun, Dept Engn Sci	Evaluation of the Computational Efficacy in GPU-Accelerated Simulations of Spiking Neurons
50	Japan	Kazuaki Murakami	Kyushu Univ, Grad Sch Informat Sci & Elect Engn	Development of Special Purpose Computers for Various Kinds of Chemical Simulations
51	Japan	Masatoshi Kawai	Univ Tokyo, Informat Technol Ctr	Efficient Parallel Multigrid Methods on Manycore Clusters with Double/Single Precision Computing
52	Netherlands	H. W. J. Blote	Tech Univ Delft, Lab Tech Natuurkunde	Statistical Mechanics and Special-Purpose Computers
53	North Ireland	Chih Jeng Kenneth Tan	Queens Univ Belfast, Sch Comp Sci	Maximizing Computational Capacity of Computational Biochemistry Applications: The Nuts and Bolts
54	Norway	Mohammed Sourouri	Acando Norway, Oslo	Memory Bandwidth Contention: Communication vs Computation Tradeoffs in Supercomputers with Multicore Architectures
55	Poland	Adam Tomas	Czestochowa Tech Univ	Towards Efficient Decomposition and Parallelization of MPDATA on Hybrid CPU-GPU Cluster
56	Poland	Marek Kisiel-Dorohinicki	AGH Univ Sci & Technol, Fac Comp Sci Elect & Telecommun	①Parallel Patterns for Agent-Based Evolutionary Computing; ②Highly Scalable Erlang Framework for Agent-Based Metaheuristic Computing
57	Poland	Jan Weglarz	Poznan Univ Tech, Inst Comp Sci	Energy Aware Scheduling Model and Online Heuristics for Stencil Codes on Heterogeneous Computing Architectures
58	Romania	Stefan Gheorghe Pentiuc	Stefan Cel Mare Univ, Elect Engn & Comp Sci Fac	Middleware Architecture for the Interconnection of Distributed and Parallel Systems
59	Russia	A. V. Baranov	Russian Acad Sci, Sci Res Inst Syst Anal	Joint Supercomputer Center of the Russian Academy of Sciences: Present and Future
60	Russia	Victor Gergel	Lobachevsky State Univ Nizhni Novgorod	Heterogeneous Parallel Computations for Solving Global Optimization Problems
61	Russia	Anton Korzh	NICEVT, Moscow	Hierarchical Visualization System for High Performance Computing
62	Russia	Dmitry Weins	SB RAS, Inst Computat Math & Math Geophys	The Integrated Approach to Solving Large-Size Physical Problems on Supercomputers
63	Russia	M. M. Rovnyagin	Natl Res Nucl Univ MEPhI, Moscow	Hybrid Clusters for Budget Supercomputers and Cloud Computing
64	Saudi Arabia	David E. Keyes	King Abdullah Univ Sci & Technol, Extreme Comp Res Ctr	Optimizations of Unstructured Aerodynamics Computations for Many-Core Architectures
65	South Korea	Chan-Gun Lee	Chung Ang Univ, Dept Comp Sci & Engn	Computational Fluid Dynamics Simulation Based on Hadoop Ecosystem and Heterogeneous Computing

续表

序号	国别	学者	机构	代表论文
66	South Korea	Kihyeon Cho	Korea Inst Sci & Technol Informat, Daejeon 34141	Low-Energy Physics Profiling of the Geant4 Simulation Tool Kit on Evolving Computing Architectures
67	Spain	Alex Ramirez	Barcelona Supercomp Ctr, Dept Comp Sci	The Low Power Architecture Approach Towards Exascale Computing
68	Spain	Antonio Moreno	Univ Rovira & Virgili, Dept Comp Sci & Math	Agent-Based Platform to Support the Execution of Parallel Tasks
69	Spain	F. Xavier Trias	Tech Univ Catalonia, Heat & Mass Transfer Technol Ctr	A Hierarchical Parallel Implementation for Heterogeneous Computing. Application to Algebra-Based CFD Simulations on Hybrid Supercomputers
70	Spain	Fernando D. Quesada	Polytech Univ Cartagena, Dept Tecnol Inform & Comunicaciones	Parallelizing the Computation of Green Functions for Computational Electromagnetism Problems
71	Switzerland	Cyriel Minkenberg	IBM Res Zurich, Zurich	A Throughput-Optimized Optical Network for Data-Intensive Computing
72	Switzerland	Felix Schurmann	EPFL, Blue Brain Project	CoreNEURON: An Optimized Compute Engine for the NEURON Simulator
73	Switzerland	Thomas Schulthess	Swiss Fed Inst Technol	Accelerating DCA Plus Plus (Dynamical Cluster Approximation) Scientific Application on the Summit Supercomputer
74	Ukraine	Ivan V. Sergienko	Natl Acad Sci Ukraine, VM Glushkov Cybernet Inst	Supercomputers and Intelligent Technologies in High-Performance Computations
75	USA	Aidan P. Thompson	Sandia Natl Labs, Scalable Algorithms Dept	Computational Aspects of Many-Body Potentials
76	USA	Alexander V. Veidenbaum	Univ Calif Irvine, Dept Comp Sci	Teaching Parallel Computing and Dependence Analysis with Python
77	USA	Chirag Dekate	Louisiana State Univ, Ctr Computat & Technol	Advanced Architectures and Execution Models to Support Green Computing
78	USA	D. Kotz	Dartmouth Coll, Dept Comp Sci	Armada: A Parallel File System for Computational Grids
79	USA	D. K. Panda	Ohio State Univ, Dept Comp Sci & Engn	Extending OpenSHMEM for GPU Computing
80	USA	Fei Ye	AccelerEyes, Atlanta	Kriging Interpolation Over Heterogeneous Computer Architectures and Systems
81	USA	G. Bhanot	Rutgers State Univ, Dept Biomed Engn	Massively Parallel Quantum Chromodynamics
82	USA	Garth A. Gibson	Carnegie Mellon Univ, Dept Comp Sci	Understanding Failures in Petascale Computers
83	USA	Georgy Kallumkal	N Carolina State Univ, Dept Comp Sci	Toward Implementation of a Software Defined Cloud on a Supercomputer
84	USA	Greg Stitt	Univ Florida, Dept Elect & Comp Engn	Elastic Computing: A Portable Optimization Framework for Hybrid Computers
85	USA	James Demmel	Univ Calif Berkeley, Dept Elect Engn & Comp Sci	A Massively Parallel Tensor Contraction Framework for Coupled-Cluster Computations
86	USA	John L. Richardson	THINKING MACHINES CORP	Computational Physics on the CM-2 Supercomputer
87	USA	John Nehrbass	High Performance Technol Inc, Centerville	A Computational Science IDE for HPC Systems: Design and Applications
88	USA	John Shalf	Univ Calif Berkeley, Lawrence Berkeley Lab	The New Landscape of Parallel Computer Architecture

续表

序号	国别	学者	机构	代表论文
89	USA	Karol Kowalski	Pacific NW Natl Lab, William R Wiley Environm Mol Sci Lab	Parallel Computation of Coupled-Cluster Hyperpolarizabilities
90	USA	Meikang Qiu	Pace Univ, Dept Comp Sci	Performance and Power Analysis of High-Density Multi-GPGPU Architectures: A Preliminary Case Study
91	USA	Mladen Vouk	North Carolina State Univ, Dept Comp Sci	Embedding Cloud Computing Inside Supercomputer Architectures
92	USA	Patrick Dreher	Renaissance Comp Inst, Chapel Hill	Integration of High-Performance Computing into Cloud Computing Services
93	USA	Peng Zhang	SUNY Stony Brook, Coll Engn & Appl Sci	A Survey of Homogeneous and Heterogeneous System Architectures in High Performance Computing
94	USA	Pradip Bose	IBM TJ Watson Res Ctr, Efficient & Resilient Syst Dept	New Frontiers in Energy-Efficient Computing
95	USA	Raymond G. Beausoleil	Hewlett Packard Enterprise, Hewlett Packard Labs	Fully-Integrated Heterogeneous DML Transmitters for High-Performance Computing
96	USA	Robert M. Farber	PNNL	Topical Perspective on Massive Threading and Parallelism
97	USA	Robert Ross	Argonne Natl Lab, Math & Comp Sci Div	The Parallel Computation of Morse-Smale Complexes
98	USA	Sarang Joshi	Univ Utah, Sci Imaging & Comp Inst	ISP: An Optimal Out-Of-Core Image-Set Processing Streaming Architecture for Parallel Heterogeneous Systems
99	USA	Scott Mahlke	Univ Michigan, Dept Elect Engn & Comp Sci	A Customized Processor for Energy Efficient Scientific Computing
100	USA	Shaowen Wang	Univ Illinois, Dept Geog & Geog Informat Sci	A Cybergis Integration and Computation Framework for High-Resolution Continental-Scale Flood Inundation Mapping
101	USA	Tarek El-Ghazawi	George Washington Univ	ROC: A Reconfigurable Optical Computer for Simulating Physical Processes
102	USA	Vilas Sridharan	Adv Micro Devices Inc	Design and Analysis of an APU for Exascale Computing
103	USA	Vipin Chaudhary	SUNY Buffalo, Dept Comp Sci & Engn	Comparing the Performance of Clusters, Hadoop, and Active Disks on Microarray Correlation Computations
104	USA	Wendi Heinzelman	Univ Rochester, Dept Elect & Comp Engn	COMBAT: Mobile-Cloud-Based Compute/Communications Infrastructure for Battlefield Applications
105	USA	Wenwu Tang	Univ N Carolina, Dept Geog & Earth Sci	Parallel Construction of Large Circular Cartograms Using Graphics Processing Units
106	USA	WuChun Feng	Virginia Tech, Dept Comp Sci	Runtime Adaptation for Autonomic Heterogeneous Computing
107	USA	Chris Davis	Univ Maryland, College Pk	Plasmonics and the Parallel Programming Problem-Art. No. 64770M
108	USA	Heidi Poxon	Cray Res Inc, Mendota Hts	Cray Performance Analysis Tools
109	USA	Henry G. Dietz	Univ Kentucky, Lexington	Computer Aided Engineering of Cluster Computers

续表

序号	国别	学者	机构	代表论文
110	USA	Jack Y. Yang	Harvard Univ, Harvard Med Sch	High-Performance Computing for Drug Design
111	USA	James Wolfer	Indiana Univ South Bend, South Bend	A Model Supercomputer for Instructional Support
112	USA	Jieting Wu	Univ Nebraska, Comp Sci & Engn	masFS: File System Based on Memory and SSD in Compute Nodes for High Performance Computers
113	USA	R. Green	CALTECH, Jet Prop Lab	MODTRAN on Supercomputers and Parallel Computers
114	USA	R. Stevens	ARGONNE NATL LAB, DIV MATH & COMP SCI	High-Performance Computing and Communications
115	USA	Tilak Agerwala	IBM Res, VP Syst	Exascale Computing: The Challenges and Opportunities in the Next Decade
116	USA	Viktor K. Decyk	Univ Calif Los Angeles, Los Angeles	Skeleton Particle-in-Cell Codes on Emerging Computer Architectures
117	USA	Yiwen Zhang	Carnegie Mellon Univ, Pittsburgh	Heterogeneous Parallel and Distributed Optimization of K-Means Algorithm on Sunway Supercomputer
118	Vietnam	Thanh-Chung Dao	Hanoi Univ Sci & Technol, Sch Informat & Commun Technol	In-Memory Hadoop on Supercomputers Using Memcached-Like Nodes for Data Storage Only

附件 2 Top500 榜单部分美国超算领域代表性机构与学者

序号	超算系统代号	学者	机构	职位	研究方向
1	Frontier	Amitava Bhattacharjee	Princeton Plasma Physics Laboratory	教授	Magnetic Reconnection and Current Singularity Formation, Turbulence, and the Dynamo Effect in Laboratory, Space, and Astrophysical Plasmas
2	Frontier	Danny Perez	Los Alamos National Laboratory	技术人员	Molecular Dynamics, Accelerated Molecular Dynamics, Monte Carlo, Multiscale Modeling
3	Frontier	Jacqueline Chen	Sandia National Laboratories	技术人员	Direct Numerical Simulation, Turbulence, Combustion, Fuel, Mechanisms, Chemicals, Chemical Kinetics, Soot, High Performance Computing
4	Frontier	John Turner	Oak Ridge National Laboratory	计算工程项目总监	Heat Transfer, Fluid Mechanics, Computational Fluid Dynamics, Numerical Simulation Engineering, Applied and Computational Mathematics Simulation, Modeling and Simulation, High Performance Computing, Parallel and Distributed Computing, C++
5	Frontier	Salman Habib	Argonne National Laboratory	主任	Statistical Mechanics, Nonequilibrium Statistical Physics, Nonlinear Dynamics, Stochastic Processes, Particle, Clustering Algorithms, Quantum, Mechanics, Fokker-Planck Equations, Chaos Theory, Fluctuations
6	Frontier	Steven Hamilton	Oak Ridge National Laboratory	高级研发人员	未知
7	Frontier	Mike Heroux	Sandia National Laboratories	高级研发人员	Parallel Algorithm, High Performance Computing, Applied Mathematics, Software, Parallel and Distributed Computing, Simulation and Modeling, Algorithms, Algebra
8	Frontier	Andreas Kronfeld	Fermilab	高级研究员	未知
9	Frontier	Tom Evans	Oak Ridge National Laboratory	研发人员	Stochastic and Deterministic Transport Methods on Massively Parallel Platforms, Nonlinear and Time-Dependent Transport Methods, Coupled Physics Including Radiation-Hydrodynamics and Core-Reactor Physics, Acceleration and Preconditioning Techniques, Optimization and Performance Analysis, and Large-Scale Scientific Software Design for Parallel Codes
10	Frontier	Andrew Siegel	Argonne National Laboratory	应用开发总监	Large-Scale Computational Science Simulations, Parallel Code for Leadership-Class Computers, Software Engineering
11	Frontier	Amedeo Perazzo	SLAC National Accelerator Laboratory	主任	Pattern Recognition, Trigger/Veto Systems, Silicon Detectors, Low Noise Electronics, Montecarlo Simulations, Large Scale Software Development, Advanced Controls Systems, Data Management and HPC
12	Frontier	Bronson Messer	Oak Ridge National Laboratory	科学主任/代理科长	The Explosion Mechanisms and Phenomenology of Supernovae (Both Thermonuclear and Core-Collapse), Especially Neutrino Transport and Signatures, Dense Matter Physics, and the Details of Turbulent Nuclear Combustion

续表

序号	超算系统代号	学者	机构	职位	研究方向
13	Frontier	Thom Dunning Jr.	Pacific Northwest National Laboratory	研究员	Ab Initio Calculations, Potential Energy Surfaces, Molecular Properties, Gaussian Basis Functions, Theoretical Chemistry, Quantum Chemistry, Electronic Structure, Molecular Structure, Computational Chemistry
14	Sierra	Ian Karlin	Lawrence Livermore National Laboratory	未知	High Performance Computing, Parallel and Distributed Computing, Linear Algebra, Computational Physics, Parallel Computing
15	Sierra	Brian Van Essen	Lawrence Livermore National Laboratory	信息学小组组长	Developing New Operating Systems and Runtimes (OS/R) That Exploit Persistent Memory Architectures, Including Distributed and Multi-Level Non-Volatile Memory Hierarchies, for High-Performance, Data-Intensive Computing
16	Sierra	Brian Ryujin	Lawrence Livermore National Laboratory	计算机科学家	未知
17	Lassen	Bronis R. de Supinski	Lawrence Livermore National Laboratory	首席技术官	Parallel Processing, Mainframes, Parallel Machines, Quality of Service, Message Passing, Application Program Interfaces, Parallel Programming, Power Aware Computing, Program Debugging, Program Diagnostics, Shared Memory Systems, Checkpointing, Multiprocessing Systems, Performance Evaluation, Scheduling, Software Libraries, Software Tools, Concurrency Control, Error Detection, Fault Tolerant Computing, Graph Theory, Graphics Processing Units, Large-Scale Systems, Learning (Artificial Intelligence), Multi-Threading
18	rzVernal	Thomas Stitt	Lawrence Livermore National Laboratory	未知	未知
19	Summit	Gina Tourassi	Oak Ridge National Laboratory	部门主管	Artificial Intelligence, Scalable Data-Driven Biomedical Discovery, High-Performance Computing, Clinical Decision Support, and Human-Computer Interaction
20	Summit	David Bernholdt	Oak Ridge National Laboratory	研究科学家	Programming Environments for Computational Science and Engineering (CSE) on High-Performance Parallel Computers (HPC), Interpreted Broadly
21	Perlmutter	Sudip Dosanjh	NERSC	部门主管	未知
22	Perlmutter	Richard Gerber	NERSC	部门主管/高级科学顾问	未知
23	Polaris	Kalyan Kumaran	Argonne National Laboratory	技术总监	Parallel Systems MPI, GPU, GPU Programming
24	Trinity	Brad Settlemyer	LANL/SNL	首席研究员	未知
25	Cori	Benjamin Schmidt	Space Sciences Laboratory	未知	Energy Sciences, Biosciences, Physical Sciences, Computing Sciences, Nanotechnology, Supercomputing, Big Data, Energy Innovation, Climate Change, Exascale, Computing, Environmental Science, Materials Science

续表

序号	超算系统代号	学者	机构	职位	研究方向
26	TX-GAIA (Green AI Accelerator)	William R. Arcand	Lincoln Laboratory Supercomputing Center	工程师	The Various High-Speed Parallel File System and Storage Assets for All LLSC-Related Cluster
27	TX-GAIA (Green AI Accelerator)	William J. Bergeron	Lincoln Laboratory Supercomputing Center	工程师	High-Performance Computing
28	TX-GAIA (Green AI Accelerator)	David A. Bestor	Lincoln Laboratory Supercomputing Center	工程师	The Tx-Green High-Performance Computing Cluster
29	TX-GAIA (Green AI Accelerator)	Vijay N. Gadepally	Lincoln Laboratory Supercomputing Center	高级职员	High-Performance Computing Applications in Artificial Intelligence, Machine Learning, Graph Algorithms, and Data Management
30	TX-GAIA (Green AI Accelerator)	Matthew L. Hubbell	Lincoln Laboratory Supercomputing Center	IT经理	High-Performance Computing (HPC)
31	TX-GAIA (Green AI Accelerator)	Michael S. Jones	Lincoln Laboratory Supercomputing Center	首席工程师	Supporting Efforts to Develop and Integrate Novel Hardware and Algorithms
32	TX-GAIA (Green AI Accelerator)	Jeremy Kepner	Lincoln Laboratory Supercomputing Center	研究员	Abstract Algebra, Astronomy, Astrophysics, Cloud Computing, Cybersecurity, Data Mining, Databases, Graph Algorithms, Health Sciences, Plasma Physics, Signal Processing, and 3D Visualization
33	TX-GAIA (Green AI Accelerator)	Peter W. Michaleas	Lincoln Laboratory Supercomputing Center	副经理	Advanced Networks, Embedded Systems, Cyber Security, and High Performance Computing
34	TX-GAIA (Green AI Accelerator)	Julie Mullen	Lincoln Laboratory Supercomputing Center	技术人员	Learning Analytics for Adaptive Learning Design and The Integration of Hands-On Physical Construction and Experimentation with Massive Open Online Course Technologies
35	TX-GAIA (Green AI Accelerator)	Andrew J. Prout	Lincoln Laboratory Supercomputing Center	首席工程师	The Dynamic Database Management System, The Dynamic Virtual Machine System, The Dynamic Web Application Portal, and User-Based Firewall Technologies
36	TX-GAIA (Green AI Accelerator)	Albert I. Reuther	Lincoln Laboratory Supercomputing Center	高级职员	Rapid Prototyping of Graph Analytics and Signal Processing Using High Performance Computing, Parallel and Distributed Computer Architectures, Numerical Methods, Economics of Computing
37	TX-GAIA (Green AI Accelerator)	Siddharth S. Samsi	Lincoln Laboratory Supercomputing Center	高级职员	High-Performance Computing, Big Data, and Medical Image Processing
38	Aitken, Pleiades, Electra	William M. Chan	NASA Ames Research Center (ARC)	计算机科学家	Algorithm and Software Development for High-Fidelity Computational Simulations on Complex Configurations Using Overset Grid Methods, Efficient User-Interface Design, and Software Optimization
39	Aitken, Pleiades, Electra	Guru Guruswamy	NASA Ames Research Center (ARC)	高级航空航天工程师	Computational Aeroelasticity, Unsteady Aerodynamics, Finite Element Methods, Computational Fluid Dynamics, Parallel Computing, Problem Solving Environment
40	Aitken, Pleiades, Electra	Marian Nemec	NASA Ames Research Center (ARC)	航空航天工程师	Adjoint Methods for Discretization Error Analysis and Shape Optimization, Embedded-Boundary Cartesian Mesh Methods, Adaptive Mesh Refinement, Aircraft Design

续表

序号	超算系统代号	学者	机构	职位	研究方向
41	Aiken, Pleiades, Electra	Thomas H. Pulliam	NASA Ames Research Center (ARC)	高级研究科学家	Investigation of Information Theory Algorithms
42	LLNL Ruby, LLNL/NNSA CTS-1 MAGMA	Bruce Hendrickson	Lawrence Livermore National Laboratory	副主任	Computational Science, Parallel Algorithms, Combinatorial Scientific Computing, Linear Algebra, Data Mining, Graph Algorithms and Computer Architecture
43	Anvil	Preston Smith	Purdue University	执行董事	High Performance Computing, Large-Scale Data Storage
44	Anvil	Arman Pazouki	Purdue University	科学应用总监	Scientific Computing, Modeling, Simulation, High-Performance Computing, Multi and Many-Body Dynamics
45	Anvil	Chris Phillips	Purdue University	部门副主管/高级经理	High Performance Computing
46	Anvil	Elizabeth (Betsy) Hillery	Purdue University	主任	Parallel Computing
47	Anvil	Eric Adams	Purdue University	高级经理	High Performance Computing
48	Anvil	Kevin Colby	Purdue University	高级研究数据科学家	High Performance Computing
49	Anvil	Rob Campbell	Purdue University	高级研究数据科学家	High Performance Computing
50	Anvil	Rajesh Kalyanam	Purdue University	研究科学家	Software Architect, Advanced Computing and Science and Engineering
51	Anvil	Ramon Williamson	Purdue University	高级存储管理员	High Speed Storage, Mass Storage Archive
52	Anvil	Erik Gough	Purdue University	首席计算科学家	Data Analytics, Machine Learning
53	Anvil	Geoffrey Lentner	Purdue University	首席研究数据科学家	Data Science, Data Processing, High-Throughput Computing, Workflow Management
54	Anvil	Lev Gorenstein	Purdue University	高级计算科学家	Computational Chemistry, Molecular Modelling, Structural Biology, Protein Dynamics Simulations
55	AiMOS	Christopher Carothers	Rensselaer Polytechnic Institute Center for Computational Innovations (CCI)	计算创新中心教授/主任	Massively Parallel Systems, Modeling and Simulation Systems
56	AiMOS	James Hendler	Rensselaer Polytechnic Institute Center for Computational Innovations (CCI)	主任	Cognitive Science, Industrial and Systems Engineering, Lally School of Management, Tetherless World Constellation, Computer Science

续表

序号	超算系统代号	学者	机构	职位	研究方向
57	AiMOS	George Slota	Rensselaer Polytechnic Institute Center for Computational Innovations (CCI)	副教授	Graph and Network Mining, Big Data Analytics, Combinatorial Algorithms, High Performance Computing
58	AiMOS	Bolek Szymanski	Rensselaer Polytechnic Institute Center for Computational Innovations (CCI)	特聘教授	Network Science, Computer Networks, Energy and the Environment, Computation & Information Technology
59	AiMOS	Bulent Yener	Rensselaer Polytechnic Institute Center for Computational Innovations (CCI)	副董事	Machine Learning, Data Science, Medical Informatics and Bioinformatics, Cyber Security, Complex Networks, Combinatorial Optimization
60	AiMOS	Mohammed Zaki	Rensselaer Polytechnic Institute Center for Computational Innovations (CCI)	教授/系主任	Data Mining, Machine Learning, Graph Learning, Bioinformatics, Personal Health
61	BioHive-1	Ben Mabey	The digital biology company (Recursion)	首席技术官	Computer Science, Machine Learning, Software Engineering, Data Science
62	BioHive-1	Jordan Christensen	The digital biology company (Recursion)	技术副总裁	Engineering and Data
63	BioHive-1	Berton Earnshaw	The digital biology company (Recursion)	首席技术官	Machine Learning, Simulation
64	BioHive-1	Imran Haque	The digital biology company (Recursion)	数据科学副总裁	Large-Scale Machine Learning
65	SNL/NNSA CTS-1 Manzano	James S. Peery	Sandia National Laboratories	主任	High Performance Computing, Computers, Information and Mathematics
66	SNL/NNSA CTS-1 Manzano	John Zepper	Sandia National Laboratories	信息工程执行董事/首席信息官	Distributed Sensing Systems, Cybersecurity, Mission Computing

第十章 基于专利视角的芯片供应链初步分析

芯片是当今世界科技高质量发展的重要基础,如粮食、石油一般关乎国家经济命脉和国家安全,具有极其重要的战略地位。近些年来,大国之间在科技领域的竞争博弈已进入白热化阶段,围绕芯片的打压与反打压、封锁与反封锁、阻断与反阻断之势愈演愈烈,特别是 2022 年 8 月美国总统拜登签署《芯片与科学法案》,将芯片之争推向科技对抗的最前沿。可以说,谁控制了芯片,谁就能在未来竞争中掌握更多话语权和主动权。本章试图从专利视角挖掘分析芯片产业供应链的技术布局情况,为有关部门看清短板、找准差距,发展自主可控、安全可靠、生态和谐的芯片产业提供参考。

一、基于主题词的芯片产业领域知识体系

从产业供应链角度,芯片领域主要包括设计、制造、封装和测试(简称"封测")三个环节。其中,芯片设计环节的核心技术包括电子设计自动化(EDA)软件、IP 核等,芯片制造环节主要涉及关键制造工艺、制造设备和原材料,芯片封测环节则由先进封装技术(工艺)、测试方法与设备等支撑。围绕每个环节(或技术方向)进行细分拆解,以主题词形式建立了芯片产业领域知识体系,如表 10.1 所列。

表 10.1 基于主题词的芯片产业领域知识体系

- 芯片设计 Chip Design
- 芯片制造 Chip Manufacturing
- 芯片封装 Chip Package
- 芯片测试 Chip Test

技术方向		主题词
设计		• 电子设计自动化 EDA(Electronic Design Automation) • 数字电路设计 Digital Circuit Design • 模拟电路设计 Analog Circuit Design • 射频电路设计 Radio Frequency Circuit Design • 全环绕栅极晶体管 GAA(Gate-All-Around Transistor) • 鳍式场效应晶体管 FinFET(Fin Field-Effect Transistor) • 光刻建模 Lithography Model,Lithography Process Model,Lithography Simulation • AI 辅助芯片设计 AI EDA,AI for EDA,AI-assisted EDA,AI-driven EDA,AI-powered EDA • 工艺器件建模 SPICE Model,SPICE Simulation

制造	技术及设备	• 光刻 Lithography,Mask Aligner,Lithography Machine,Lithography System
		• 光源
		  ■ g-line
		  ■ i-line
		  ■ KrF
		  ■ ArF
		  ■ ArF immersion
		  ■ 极紫外 EUV(Extreme Ultra Violet)
		  ■ 深紫外 DUV(Deep Ultra Violet)

续表

技术方向		主题词
制造	技术及设备	• 去胶设备（机）Resist Remover • 涂胶 Photoresist Coat（ing, er） • 显影 Develop（ment） • 干法刻蚀 Dry Etch 　■ 等离子体 Plasma • 湿法刻蚀 Wet Etch • 介质层（刻蚀）Dielectric Layer, Dielectric Layer Etch • 清洗 Wet Clean • 薄膜沉积 Thin Film Deposition 　■ 化学气相沉积 CVD（Chemical Vapor Deposition） 　■ 原子层沉积 ALD（Atomic Layer Deposition） 　■ 金属栅 Metal Gate 　■ 金属硅化物 Metal Silicide 　■ 接触窗 Contact, Contact Window 　■ 前段 FEOL（Front End of Line） 　■ 后段 BEOL（Back End of Line） 　■ 物理气相沉积 PVD（Physical Vapor Deposition） 　■ 电镀 Electroplate • 离子注入 IMP（Ion Implantation） 　■ 掺杂 Doping • 离子注入机 Ion Implantation Machine, Ion Implantation Equipment • 快速热处理 RTP（Rapid Thermal Process） 　■ 活化 Activate 　■ 超浅结 Ultra-Shallow Junction 　■ 源极 Source 　■ 漏极 Drain 　■ 轻掺杂源漏 LDD（Lightly Doped Source and Drain） 　■ 源漏扩展 SDE（Source Drain Extension） 　■ 浸入式退火 Soak Anneal 　■ 尖峰退火 Spike Anneal 　■ 毫秒级退火 Millisecond Anneal • 化学机械研磨 CMP（Chemical Mechanical Polishing） 　■ 浅槽隔离 STI（Shallow Trench Isolation） 　■ 抛光 Polish • 量测 Measurement • 缺陷 Defect Detection • 晶圆接受测试 WAT（Wafer Acceptance Test）
	原材料	• 晶圆（硅片）Wafer • 电子特种气体 Electronic Gas, Electron Gas, Electronic Special Gas, Semiconductor Gas • 掩膜版 Mask, Photomask • 光刻胶 Photoresist • 抛光（研磨）液 Polishing Slurry • 抛光（研磨）垫 Polishing Pad • 湿电子化学品 Electronic Wet Chemicals • 靶材 Target Materials

续表

技术方向		主题词
封装和测试	封装工艺	• 减薄 Back Grind • 贴膜 Wafer Mount • 划片 Wafer Saw • 贴片 Die Attach • 银胶烘焙 Epoxy Curing • 打线键合 Wire Bond • 塑封成型（压膜成型）Mold • 塑封后烘焙 Post Mold Curing • 除渣 Deflash • 电镀 Plating • 电镀后烘焙 Post Plating Baking

	封装技术	• 芯片互连技术 Chip Interconnect Technology
		  ■ 打（引）线键合技术 WB（Wire Bond）
		  ■ 倒装芯片技术 FC（Flip Chip）
		  ■ 硅通孔技术 TSV（Through Silicon Via）
		• 2.5D 转接板 2.5D Interposer
		• 三维集成电路 3D IC
		• 扇出封装技术 Fan-Out
		  ■ 面板级扇出封装 FOPLP（Fan-Out Panel Level Packaging）
		• 三维玻璃通孔技术 TGV（Through Glass Via）
		• 晶圆级芯片尺寸（扇入）封装 WLCSP（Wafer Level Chip Scale Package，Wafer Level Chip Scale Packaging）
		• 堆叠式封装 Stack Multi Chip Package
		• DIP 双列直插式封装 DIP（Dual In-line Package）
		• QFP/PFP 类型封装 QFP（Quad Flat Package，四侧引脚扁平封装）PFP（Plastic Flat Package，塑料扁平封装）
		• BGA 类型封装 BGA（Ball Grid Array，球形触点阵列）

	测试	• 电性测试 Electrical Test
		• 良率 Yield
		• 可靠性 Reliability
		  ■ 温度循环测试 TCT（Temperature Cycling Test）
		  ■ 热冲击测试 TST（Thermal Shock Test）
		  ■ 高温储藏测试 HTST（High Temperature Storage Test）
		  ■ 蒸汽锅测试 PCT（Pressure Cooker Test）
		  ■ 加速应力测试 HAST（High Accelerated Temperature and Humidity Stress Test）
		  ■ Precon 测试 Precondition Test
		• 失效分析 Failure Analysis
		  ■ 电过载 Electrical Overload
		  ■ 静电放电损伤 ESD Damage（Electrostatic Discharge Damage）

二、芯片供应链重要专利与技术分析

（一）研究方法

本章利用 FEST 系统方法模型库中的颠覆性技术发现模型，识别芯片产业供应链重要专利，并结合产业专家和技术专家分析，映射出每项专利保护的关键技术点。根据芯片产业领域知识体系，制定芯片设计、制造、封测三个技术方向的数据检索策略（表10.2），作为模型输入，数据检索时间为2022年11月18日。

表10.2 芯片产业供应链各环节检索策略

技术方向	检索策略
芯片设计	"Chip Design" OR "Electronic Design Automation" OR "Digital Circuit Design" OR "Analog Circuit Design" OR "Radio Frequency Circuit Design" OR "Gate-All-Around Transistor" OR "Fin Field-Effect Transistor" OR FinFET OR "Lithography Model" OR "Lithography Process Model" OR "Lithography Simulation" OR "AI EDA" OR "AI for EDA" OR "AI-assisted EDA" OR "AI-driven EDA" OR "AI-powered EDA" OR "SPICE Model" OR "SPICE Simulation"
芯片制造	"Chip Manufacturing" OR "Mask Aligner" OR "Lithography Machine" OR "Lithography System" OR (Lithography AND (g-line OR i-line OR KrF OR ArF OR "ArF immersion" OR DUV OR EUV OR "Extreme Ultra Violet" OR "Deep Ultra Violet" OR "Resist Remover" OR "Photoresist Coat" OR "Photoresist Develop")) OR (Chip AND ("Dry Etch" OR "Wet Etch" OR "Dielectric Layer Etch" OR "Wet Clean" OR "Thin Film Deposition" OR CVD OR "Chemical Vapor Deposition" OR ALD OR "Atomic Layer Deposition" OR "Metal Gate" OR "Metal Silicide" OR Contact OR FEOL OR BEOL OR "Front End of Line" OR "Back End of Line" OR PVD OR "Physical Vapor Deposition" OR Electroplate OR "Ion Implantation" OR "Rapid Thermal Process" OR Activate OR "Ultra-Shallow Junction" OR Source OR Drain OR LDD OR "Lightly Doped Source and Drain" OR SDE OR "Source Drain Extension" OR "Soak Anneal" OR "Spike Anneal" OR "Millisecond Anneal" OR "Chemical Mechanical Polishing" OR Measurement OR "Defect Detection")) OR "Wafer Acceptance Test" OR ((Chip OR Semiconductor) AND (Wafer OR "Electronic Gas" OR "Semiconductor Gas" OR "Polishing Slurry" OR "Polishing Pad" OR "Electronic Wet Chemicals" OR "Target Materials")) OR (Lithography AND (Mask OR Photomask OR Photoresist))
芯片封测	"Chip Package" OR "Chip Test" OR ((Packge OR Packaging) AND ("Back Grind" OR "Wafer Mount" OR "Wafer Saw" OR "Die Attach" OR "Epoxy Curing" OR Mold OR "Post Mold Curing" OR Deflash OR Plating OR "Post Plating Baking" OR "Wire Bond" OR "Flip Chip" OR TSV OR "Through Silicon Via" OR "2.5D Interposer" OR "3D IC" OR "Fan-Out" OR FOPLP OR "Fan-Out Panel Level Packaging" OR TGV OR "Through Glass Via" OR WLCSP OR "Wafer Level Chip Scale Package" OR "Wafer Level Chip Scale Packaging" OR DIP OR "Dual In-line Package" OR QFP OR "Quad Flat Package" OR PFP OR "Plastic Flat Package" OR BGA OR "Ball Grid Array")) OR (Chip AND ("Electrical Test" OR Yield OR Reliability OR "Temperature Cycling Test" OR "Thermal Shock Test" OR "High Temperature Storage Test" OR "Pressure Cooker Test" OR "High Accelerated Temperature and Humidity Stress Test" OR "Precondition Test" OR "Failure Analysis" OR "Electrical Overload" OR "Electrostatic Discharge Damage" OR "ESD Damage"))

（二）结果分析

根据模型输出结果，累计挖掘出218项芯片供应链核心专利（这里将多方专利进行合并处理，共得到140项专利），每条专利由领域专家根据其描述性信息凝练出技术细分类和具体技术点。限于篇幅，这里仅列出芯片设计方向的重要专利信息，见本章附件1。图10.1可视化展示了芯片供应链各技术方向的主要产权国、产权机构和技术细分类。从核心专利数量看，我国总体产业水平与美国还有较大差距，特别是在芯片设计和制造方面远低于美国，在芯片制造方面也落后于日本，但在芯片封测方面我国表现出较强竞争力。事实上，我国于2014年至2016年期间对海外芯片封测企业的收购成效显著，通过引入先进封测技术，带动国内芯片封测企业发展至120多家，目前我国的芯片封测水平在整个芯片供应链条中可达到的自给程度最高。从技术和产权机构看，芯片设计主要聚焦于EDA（电子设计自动化）、集成电路设计等研究方向，美国新思科技（Synopsys）、飞思卡尔（Freescale）、铿腾电子（Cadence）、明导（Mentor Graphics）等企业形成鼎足之势，在EDA和IP方面的全球市场占有率累计高达80%以上，其中新思科技和铿腾电子两家企业实现了EDA业务从设计到制造全流程覆盖。我国在芯片设计方面则呈现"零星式"布局，市场占有率依旧很低。芯片制造主要集中在以光刻、薄膜沉积、薄膜生长为主的制造工艺，以及以硅片、光刻胶、光掩膜版为主的材料等研究方向。在制造工艺方面，美国空气化工（Air Prod&Chem）、微芯科技（Microchip Tech）、应用材料（Applied Materials）、霍尼韦尔（Honeywell）、英特尔（Intel）等企业目前占据绝对优势，我国除台湾地区的台积电公司有较强竞争力外，大陆综合实力还相当薄弱；在材料方面，日本住友化学工业株式会社（SUMITOMO）等企业几近形成垄断，我国的材料国产化率极低，材料性能也有待改进，目前还严重依赖进口。

需要说明的是，本章从专利视角初步分析了芯片供应链布局态势，由于模型自身的局限性，部分观点不一定能够真实反映实际情况，还需要结合行业调研进行印证，这里仅仅探索了一种分析芯片供应链及其卡脖子技术的研究方法。

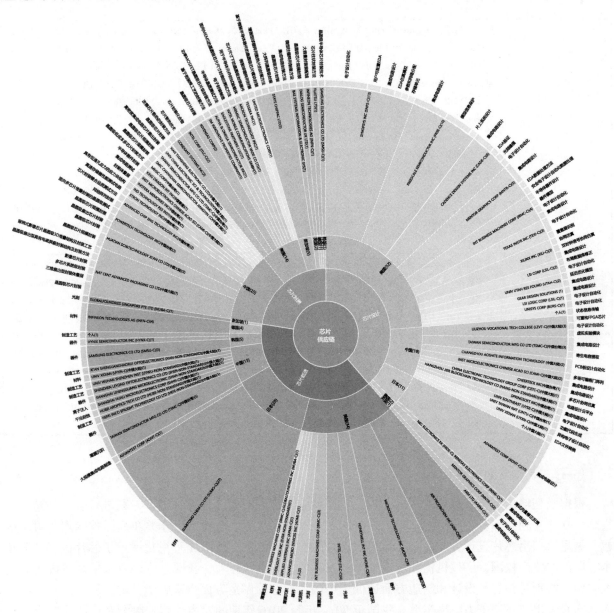

图10.1　芯片供应链各技术方向主要产权机构与技术细分类（见彩图）
（注：括号内数字代表核心专利数量）

附件1 芯片设计方向重要专利与技术保护点

序号	专利名称	专利组织	公开年份	所有国家/地区	所有机构	技术细分类	具体技术点
1	Integrated circuit characterization and verification method, involves utilizing pattern-dependent model to verify that chip-level features of design of integrated circuit are manufactured within focus limitations of tool.	US	2010	美国	CADENCE DESIGN SYSTEMS INC 卡得斯设计系统公司(或铿腾电子科技公司)	光刻建模	光刻与刻蚀建模联用预测技术
2	Constraints registering method for integrated circuit, involves saving constraint identification values and constraint relationship values in constraint registry element, and providing interface to user.	US	2009	美国	CADENCE DESIGN SYSTEMS INC 卡得斯设计系统公司(或铿腾电子科技公司)	集成电路设计	约束配准方法
3	Integrated circuit design system, has electronic design automation tools implementing functions during integrated circuit design, and dynamic templates implementing symbols corresponding to EDA tools on display device.	US	2003	美国	LSI LOGIC CORP 艾萨华逻辑公司	电子设计自动化	EDA工具符号动态模板技术
4	Method for controlling physical placement of circuit design, involves generating state bounds file that bounds locations of state points in circuit design, and controlling physical placement of circuit design using state bounds file.	US	2018	英国	ARM LTD 安谋有限公司	集成电路设计	电路设计的物理布局方法
5	Complex design validation method for system-on-chip integrated circuit, involves feedbacking modified vectors to EDA environment to modify IC design data so as to correct design errors.	US	2002	日本	ADVANTEST CORP 爱德万公司	集成电路设计	复杂设计验证方法

续表

序号	专利名称	专利组织	公开年份	所有国家/地区	所有机构	技术细分类	具体技术点
6	Processing system for incrementally optimizing current version of circuit design stored in design database, using electronic design automation synthesis and logic optimizing tools.	US	2000	美国	UNISYS CORP 优利系统公司	电子设计自动化	自动化迭代优化流程
7	Circuit model/hardware correlation method for design of semiconductor devices, involves modifying simulation of circuit models based on comparison of respective design criteria and in-line test parametric data.	US	2002	美国	INT BUSINESS MACHINES CORP IBM 公司	器件模型	半导体器件电路模型评估
8	Computer-implemented method for facilitating creation of design in electronic design automation (EDA) application involves discarding persisted evaluation results based at least on dependency associated with parameterized cell.	US	2011	美国	SYNOPSYS INC 新思科技公司	电子设计自动化	持久化评估结果用于参数化单元
9	Method for providing scheme and design markup language for interoperability of electronic design application tool, involves sending reference to electronic design automation system to cause system to identify electronic automation operation.	US	2019	美国	SYNOPSYS INC 新思科技公司	电子设计自动化	互操作性方案
10	Computer-implemented method for modifying integrated circuit design, involves performing electronic design automation (EDA) operation based on modified schematic data and retaining base schematic data unchanged during or after EDA operation.	US	2019	美国	SYNOPSYS INC 新思科技公司	电子设计自动化	基于示意图数据的修改方法
11	Method for using coherent state among multiple simulation models within electronic design automation (EDA) simulation environment, involves selectively activating and deactivating particular simulation domains in simulation environment.	US	2015	德国	MENTOR GRAPHICS CORP 明导公司	电子设计自动化	多个模型间相干态方法

续表

序号	专利名称	专利组织	公开年份	所有国家/地区	所有机构	技术细分类	具体技术点
12	Method of performing Electronic Design Automation (EDA) verification for mixed-signal design for integrated circuit, by determining consistency between power-related connectivity data from analog design schematic and from power-related data.	US	2018	美国	CADENCE DESIGN SYSTEMS INC 卡得斯设计系统公司(或铿腾电子科技公司)	集成电路设计	功率一致性验证方法
13	Semiconductor design assisting program e. g. for programmable logic device, includes instruction to map converted resister transfer level descriptive model in field programmable gate array primitive for designing semiconductor device.	JP	2010	日本	NEC ELECTRONICS KK; RENESAS ELECTRONICS CORP 日本电气股份有限公司;瑞萨电子株式会社	集成电路设计	电阻转移电平描述模型映射技术
14	Method for supporting resource utilization of compute units in execution of electronic design automation (EDA) operations, involves selecting compute unit to execute EDA operation and assigning execution of operation to compute unit.	EP	2020	美国	MENTOR GRAPHICS CORP 明导公司	集成电路设计	异构计算单元池识别技术
15	Method for monitoring execution of user-configurable electronic design automation (EDA) flow, involves providing signal to display execution status information in execution-monitoring window of progress and error if occurred.	TW	2015	美国	SYNOPSYS INC 新思科技公司	集成电路设计	用户可配置电子设计自动化流程执行监控技术
16	Method for providing relative timing characterization enabling use of clocked electronic design automation tool flows, involves generating minimum target delay and optimizing circuit model using maximum target delay and minimum target delay.	US	2014	美国	UNIV UTAH RES FOUND 犹他大学	集成电路设计	相对时序表征优化电路模型技术
17	Method for facilitating creation of schematic in electron design automation (EDA) application for design and fabrication of integrated circuit, involves obtaining route variant and using selected variant as route in schematic.	US	2011	美国	SYNOPSYS INC 新思科技公司	集成电路设计	用于EDA原理图创建的线探测搜索技术

续表

序号	专利名称	专利组织	公开年份	所有国家/地区	所有机构	技术细分类	具体技术点
18	Signal synchronization circuit used for integrated circuit design, outputs synchronized write enable signal based on synchronization of sampled lower frequency write-enable signal.	US	2004	中国台湾	CHEERTECK INC 其乐达科技股份有限公司	集成电路设计	基于信号状态同步采样写入使能信号方法
19	Method for performing parasitic-aware design, involves revising layout of integrated circuit design using electronic design automation tool and outputting revised layout of integrated circuit design to perform design verification.	US	2014	中国台湾	TAIWAN SEMICONDUCTOR MFG CO LTD 台积电公司	集成电路设计	寄生感知设计以校准IC设计布局方法
20	Secured electronic design automation data (EDA) processing method, accesses secured EDA data to process specific portion of EDA data without revealing other portions of secured data, after determination of specific conditions.	JP	2010	美国	MENTOR GRAPHICS CORP 明导公司	集成电路设计	安全EDA数据访问技术
21	Circuit design and simulation method involves modifying selected blocks of previously simulated model and classifying blocks into variant, conditional and invariant blocks.	US	2001	中国台湾	SPRINGSOFT INC 思源科技股份有限公司	集成电路设计	电路模型模块被循环模拟产生块输入输出状态数据的方法
22	Secure electronic design automation information processing method in integrated circuit manufacture, involves receiving secured EDA information along with key, for accessing and processing it without revealing some portions of it.	US	2007	美国	MENTOR GRAPHICS CORP 明导公司	集成电路设计	安全EDA信息访问处理技术
23	Electronic design automation model's design information e.g. module name, protecting method, involves replacing occurrences of mapped name with associated unique identifier to generate protected views of integrated circuit design.	US	2008	美国	FREESCALE SEMICONDUCTOR INC 飞思卡尔半导体公司	集成电路设计	集成电路设计受保护视图映射生成技术

续表

序号	专利名称	专利组织	公开年份	所有国家/地区	所有机构	技术细分类	具体技术点
24	Method for designing e. g. integrated circuit device by using e. g. CAD software tools in cadence industry, involves applying context-variation-reduction design rule restrictions to identified components to reduce context variation.	US	2012	美国	TEXAS INSTR INC 德州仪器	覆盖层识别	以减少上下文变化的覆盖层识别技术
25	Method for designing integrated circuit using electronic design automation (EDA) tool, involves modifying placement database for reducing interaction of logic devices in event that timing windows overlap.	US	2013	美国	LSI LOGIC CORP 艾萨华逻辑公司	布局数据库修正	减少逻辑器件的交互的布局数据库修正技术
26	Memory unit for storing integrated circuit model created by electronic design automation system, comprises set of commands defining relation between boundary pins of a circuit model, and corresponding timing and arrival tag values.	US	2004	美国	SYNOPSYS INC 新思科技公司	存储单元	电路模型的存储技术
27	Coherent state using method for use in electronic design automation simulation environment, involves transmitting state information to one simulation model without simulating transfer in circuit design.	US	2008	美国	个人	状态信息传输	仿真模型间的状态信息传输技术
28	Computer-implemented method for delivering electronic design automation (EDA) libraries involves scheduling delivery of EDA library to predetermined design center based on deadline associated with project stage requiring EDA library.	US	2011	美国	SYNOPSYS INC 新思科技公司	电子设计自动化	基于截止日期的电子设计自动化库调度方法
29	Parametric electronic design automation function tool, has electronic design automation function code generator comprising function formation unit for forming electronic design automation function codes from parametric language.	US	2010	中国台湾	UNIV TAIWAN 台湾大学	功能代码生成	参数化电子设计自动化功能代码生成技术

续表

序号	专利名称	专利组织	公开年份	所有国家/地区	所有机构	技术细分类	具体技术点
30	Electronic design automation (EDA) simulation experiment system has virtual experiment module that sets EDA experiment parameters according to EDA experiment content to generate EDA steps and provides EDA virtual test environment.	CN	2013	中国	LIUZHOU VOCATIONAL TECH COLLEGE 柳州职业技术学院	虚拟实验模块	提供 EDA 虚拟实验环境的技术
31	Traditional EDA tool based multi-chip co-simulation method, involves utilizing simulators to automatically perform interaction, transmitting interaction data, and utilizing view tool for viewing simulation results of whole sub-circuit.	CN	2016	中国	CHINA ELECTRONIC TECHNOLOGY GROUP CORP 中国电子科技集团有限公司	多芯片协同仿真	多仿真器自动交互的多芯片协同仿真方法
32	Method for designing electronic design automation tool multi-field programmable gatearray, involves carrying out layout wiring for chip to generate layout wiring result file, and downloading configuration file to chip.	CN	2012	中国	INST MICROELECTRONICS CHINESE ACAD SCI 中国科学院半导体研究所	多场可编程门阵列	为FPGA生成集成结果文件和约束条件的电子设计自动化方法
33	Method for designing circuit model in electronic design automation system, involves single-stepping custom circuits on programmable device simultaneously by gated clock signal while other clock signal free-runs processor system on device.	US	2012	美国	XILINX INC 赛灵思公司	双时钟信号协同仿真	定制电路的门控时钟信号和自由运行时钟信号的协同仿真技术
34	Method for performing macro inference within computer-based electronic design automation tool of computer, involves replacing portion of circuit design matching macro template with macro associated with template to generate updated design.	US	2010	美国	XILINX INC 赛灵思公司	集成电路设计	利用宏推理的方法更新电路的设计
35	Method for detecting electronic design automation design visual of electronic product, involves carrying out electronic design automation design file three-dimension simulation of printed circuit board.	CN	2013	中国	CHANGZHOU AOSHITE INFORMATION TECHNOLOGY 常州奥施特信息科技有限公司	PCB板设计自动化	三维模拟仿真自动化设计PCB板技术

续表

序号	专利名称	专利组织	公开年份	所有国家/地区	所有机构	技术细分类	具体技术点
36	Heterogeneous electronic design automation design manufactured data storing method, involves recovering printed circuit board manufacturing data information in printed circuit board.	CN	2011	中国	UNIV XIDIAN 西安电子科技大学	异构电子设计自动化	异构电子设计自动化制造数据存储技术
37	Method for displaying placed circuit design in graphical user interface of electronic design automation tool in computer, involves providing graphical user interface element with visual attribute based on timing effort metric of timing path.	US	2017	美国	SYNOPSYS INC 新思科技公司	电子设计自动化	图形用户界面放置电路设计技术
38	Assistance analysis device for electronic design automation (EDA) debugging process, involves peripheral auxiliary circuits connected with field programmable gate array testing chip used for loading testing program in debugging process.	CN	2013	中国	LIUZHOU VOCATIONAL TECH COLLEGE 柳州职业技术学院	电子设计自动化	FPGA 和外围辅助电路调试技术
39	Reconfigurable experiment electronic design automation platform, has CPU provided with field-programmable gate array chip for performing calculation and control functions, and peripheral circuit comprising LED interface circuit.	CN	2013	中国	LIUZHOU VOCATIONAL TECH COLLEGE 柳州职业技术学院	可重构 FPGA 芯片	配置有 FPGA 芯片、CPU、外围电路的可重构实验电子设计自动化平台
40	Process for forming integrated circuit using computer system, involves generating double patterning technology compatible via layout using electronic design automation program with double patterning technology compatible via design rule set.	US	2013	美国	TEXAS INSTR INC 德州仪器	电子设计自动化	将布线程序、电路网表、工业设计规则、DPT 加载到计算机中辅助版图设计
41	Computer-implemented method for validating different design representation using electronic design automation (EDA) tool, involves comparing primary measured result with secondary measured result to identify result violation.	US	2013	美国	CADENCE DESIGN SYSTEMS INC 卡得斯设计系统公司(或铿腾电子科技公司)	EDA 验证	比较主要测量结果和次要测量结果以识别结果违规的方法

续表

序号	专利名称	专利组织	公开年份	所有国家/地区	所有机构	技术细分类	具体技术点
42	Large scale integrated circuit manufacturing method, involves designing circuit under electronic design automation environment, performing logic simulation on model to produce test vector, and simulating tester operation.	CN	2005	日本	ADVANTEST CORP 爱德万公司	集成电路设计	在EDA环境下设计电路并使用测试平台进行仿真模拟的技术
43	Computer-implemented method for performing simulation within electronic design automation (EDA) application, involves enabling subsequent access to current design state and one or more previous design states of design.	US	2014	美国	SYNOPSYS INC 新思科技公司	EDA仿真模拟	在EDA中执行模拟的计算机实现方法
44	Integrated circuit testing method, involves performing layout design, simulating SPICE transistor level net list, and switching SPICE transistor level net list into automatic test platform needed file.	CN	2013	中国	INST MICROELECTRONICS CHINESE ACAD SCI 中国科学院微电子研究所	集成电路设计	晶体管级网表-自动测试平台文件转换技术
45	Method for generating electronic design automation (EDA) technology file for abstracting parasitic capacitance in integrated circuit (IC) layout, involves generating capacitance table based on effective contact/via width table.	US	2010	中国台湾	TAIWAN SEMICONDUCTOR MFG CO LTD 台积电公司	寄生电容提取	基于有效接触过孔宽度表生成电容表技术
46	Method of optimizing digital circuit operating frequency, involves optimizing critical path searched by clock deviation planning algorithm using optimization scheme integrated universal electronic design automation process.	CN	2012	中国	UNIV SOUTHEAST 东南大学	电子设计自动化	时钟偏差规划算法
47	Method for providing program-based hardware co-simulation of circuit design in electronic design automation system, involves creating and reading value from shared memory instance and outputting results of simulating circuit design.	US	2013	美国	XILINX INC 赛灵思公司	协同仿真	共享内存示例技术

228

续表

序号	专利名称	专利组织	公开年份	所有国家/地区	所有机构	技术细分类	具体技术点
48	Computer implemented method for facilitating creation of design in electronic design automation (EDA) application, involves displaying parameters and net assignments to user of EDA application.	US	2013	美国	SYNOPSYS INC 新思科技公司	电子设计自动化	参数化连接信息技术
49	Method for implementing interactive cross-domain package driven input/output planning and placement optimization of integrated circuit design in electronic design automation system, involves storing placement result of design in disk drive.	US	2012	美国	CADENCE DESIGN SYSTEMS INC 卡得斯设计系统公司（或铿腾电子科技公司）	集成电路设计	交互式跨域技术
50	Method for changing electronic design automation file conversion into automatic test equipment machine format file, involves processing electronic design automation document and value change dump format file.	CN	2013	中国	个人	EDA 文件转换	WGL 语言-STIL 语言转换技术
51	Memory blocks testing system for system on chip design, has secured logic block to generate test access port selection signal, to control selection of user test access port and electronic design automation tool test access port.	US	2011	美国	FREESCALE SEMICONDUCTOR INC 飞思卡尔半导体公司	片上系统设计	内存块测试系统
52	Open integrated circuit collaborative design cloud platform has modules which are clustered to work based on cloud server front-end workstation network server and cloud platform back-end distributed cluster server.	CN	2020	中国	HANGZHOU JIER BLOCKCHAIN TECHNOLOGY CO 杭州基尔区块链科技有限公司	电路设计云平台	包括前后端的集群工作模块
53	Method of controlling electronic design automation (EDA) program for use in designing e. g. integrated circuit, involves providing interface at interactive client/server connected to batch client/server.	US	2009	美国	INT BUSINESS MACHINES CORP IBM 公司	电子设计自动化	客户/服务器交互监控技术

续表

序号	专利名称	专利组织	公开年份	所有国家/地区	所有机构	技术细分类	具体技术点
54	System for processing integrated circuit layout using electronic design automation client system during forming semiconductor device, has computing systems that merge partitioned simulation results to produce merged simulation result.	US	2015	美国	GEAR DESIGN SOLUTIONS 齿轮设计方案公司	集成电路设计	产生合并的模拟结果的计算系统
55	Method of EDA for generating a circuit design meeting FS design criteria, involves accessing, using one or more hardware processors, RTL design data for circuit design stored in memory, the circuit design has a multiple of circuit objects.	US	2020	美国	CADENCE DESIGN SYSTEMS INC 卡得斯设计系统公司（或鉴腾电子科技公司）	电子设计自动化	多对象电路设计

参考文献

[1] Rotolo D, Hicks D, Martin B R. What is an emerging technology? [J]. Research Policy, 2015, 44 (10): 1827-1843.

[2] Bower J L, Christensen C M. Disruptive technologies: catching the wave [M]. Massachusetts: Harvard Business Review Press, 1995.

[3] 荆象新, 锁兴文, 耿义峰. 颠覆性技术发展综述及若干启示 [J]. 国防科技, 2015, 36 (3): 11-13.

[4] 穆荣平, 陈凯华, 等. 科技政策研究之技术预见方法 [M]. 北京: 科学出版社, 2021.

[5] 郭卫东. 技术预见理论方法及关键技术创新模式选择研究 [M]. 北京: 北京大学出版社, 2013.

[6] 刘思峰. 预测方法与技术 [M]. 北京: 高等教育出版社, 2015.

[7] 王达. 日本第11次技术预见方法及经验解析 [J]. 今日科苑, 2020 (01): 10-15.

[8] 李思敏. 科学支撑未来决策: 英国技术预见的经验与启示 [J]. 今日科苑, 2020 (11): 69-77.

[9] 胡月, 袁立科. 韩国技术预测发展动向及对我国的启示 [J]. 全球科技经济瞭望, 2022, 37 (09): 8-13.

[10] Korea Institute of S&T Evaluation and Planning. The 6th science and technology foresight (2021-2045) [R]. 2022.

[11] 曹学伟. 欧洲议会STOA开展技术预见研究分析及启示 [J]. 今日科苑, 2020 (11): 60-68.

[12] 周永春, 李思一. 国家关键技术选择——新一轮技术优势争夺战 [M]. 北京: 科学技术文献出版社, 1995.

[13] Porter A L, Garner J, Carley S F, et al. Emergence scoring to identify frontier R&D topics and key players [J]. Technological Forecasting & Social Change, 2019, 146: 628-643.

[14] 科学技術・学術政策研究所. 兆しを捉えるための新手法——NISTEPのホライズン・スキャニング"KIDSASHI" [R]. 2018.

[15] NATO Science & Technology Organization. Science & technology trends 2023-2043 (volume 2: analysis) [R]. 2023.

[16] Joint Research Centre. Weak signals in science and technologies in 2021 [R]. 2022.

[17] Committee on Forecasting Future Disruptive Technologies. Persistent forecasting of disruptive technologies [R]. 2009.

[18] Committee on Forecasting Future Disruptive Technologies. Persistent forecasting of disruptive technologies——report 2 [R]. 2010.

[19] 赵志耘, 潘云涛, 苏成, 等. 颠覆性技术感知响应系统框架研究 [J]. 情报学报, 2021, 40 (12): 1245-1252.

[20] NATO Science & Technology Organization. Science & Technology Trends 2020-2040 [R]. 2020.

[21] Wang Dan-Li, Zheng Nan, Liu Cheng-Lin. Hall for workshop of metasynthetic engineering: the origin, development status and future [J]. Acta Automatica Sinica, 2021, 47 (8): 1822-1839.

[22] 石东海, 刘书雷, 安波. 国防关键技术选择基本理论与应用方法 [M]. 北京: 国防工业出版社, 2016.

[23] 马天旗. 专利分析 [M]. 北京: 知识产权出版社, 2015.

[24] 尹首一. 人工智能芯片概述 [J]. 微纳电子与智能制造, 2019, 1 (2): 7-11.

[25] 徐国亮, 陈淑珍. 中美人工智能专用芯片龙头企业发展路线对比研究 [J]. 生产力研究, 2020 (05): 73-76.

[26] 北京未来芯片技术高精尖创新中心. 人工智能芯片技术白皮书 [R]. 2018.

[27] Deloitte. Semiconductors-the Next Wave [R]. 2019.

[28] Centre for International Governance Innovation. Competing in artificial intelligence chips: China's challenge amid technology war [R]. 2020.

[29] Congressional Research Service. Artificial intelligence: background, selected issues, and policy considerations [R]. 2021.

[30] Center for Security and Emerging Technology. AI chips: what they are and why they matter [R]. 2020.

[31] Funk R, Owen-Smith J. A dynamic network measure of technological change [J]. Management Science, 2017, 63 (3): 791-817.

[32] Park M, Leahey E, Funk R. Dynamics of disruption in science and technology [J]. arXiv: 2106.11184 (v5), 2022.

[33] Kostoff R N, et al. Disruptive technology roadmaps [J]. Technological Forecasting and Social Change, 2004, 71 (1-2): 141-159.

[34] Wu L F, et al. Large teams develop and small teams disrupt science and technology [J]. Nature, 2019, 566 (7744): 378-382.

[35] Xu H Y, et al. Multidimensional scientometric indicators for the detection of emerging research topics [J]. Technological Forecasting and Social Change, 2021, 163: 120490.

[36] Liu X Y, Porter A L. A 3-dimensional analysis for evaluating technology emergence indicators [J]. Scientometrics, 2020, 124 (1): 27-55.

[37] Small H, et al. Identifying emerging topics in science and technology [J]. Research Policy, 2014, 43 (8): 1450-1467.

[38] Wang Q. A bibliometric model for identifying emerging research topics [J]. Journal of the Association for Information Science and Technology, 2018, 69 (2): 290-304.

[39] Fisher J C, Pry R H. A simple substitution model of technological change [J]. Technological Forecasting and Social Change, 1971, 3: 75-88.

[40] Lezama-Nicolas R, et al. A bibliometric method for assessing technological maturity: the case of additive manufacturing [J]. Scientometrics, 2018, 117 (3): 1425-1452.

[41] Gao L, et al. Technology life cycle analysis method based on patent documents [J]. Technological Forecasting and Social Change, 2013, 80 (3): 398-407.

[42] Haupt R, et al. Patent indicators for the technology life cycle development [J]. Research Policy, 2007, 36 (3): 387-398.

[43] Chen C M, et al. The structure and dynamics of cocitation clusters: a multiple-perspective cocitation analysis [J]. Journal of the American Society for Information Science and Technology, 2010, 61 (7): 1386-1409.

[44] Coccia M. The theory of technological parasitism for the measurement of the evolution of technology and technological forecasting [J]. Technological Forecasting and Social Change, 2019, 141: 289-304.

[45] Dolata U. Technological innovations and sectoral change transformative capacity, adaptability, patterns of change: an analytical framework [J]. Research Policy, 2009, 38 (6): 1066-1076.

[46] Newman M E J. The structure of scientific collaboration networks [J]. Proceedings of the National Academy of Sciences of the United States of America, 2001, 98 (2): 404-409.

[47] Kayal A. Measuring the pace of technological progress: implications for technological forecasting [J]. Technological Forecasting and Social Change, 1999, 60 (3): 237-245.

[48] Morris S A, et al. Time line visualization of research fronts [J]. Journal of the American Society for Information Science and Technology, 2003, 54 (5): 413-422.

[49] Rafols I, Meyer M. Diversity and network coherence as indicators of interdisciplinarity: case studies in bionanoscience [J]. Scientometrics, 2010, 82 (2): 263-287.

[50] Wong C Y, Goh K L. Modeling the behaviour of science and technology: self-propagating growth in the diffusion process [J]. Scientometrics, 2010, 84 (3): 669-686.

[51] 马天旗. 专利挖掘 [M]. 北京: 知识产权出版社, 2016.

[52] Wang W, et al. Investigation on works and military applications of artificial intelligence [J]. IEEE Access, 2020, 8: 131614-131625.

[53] Bistron M, Piotrowski Z. Artificial intelligence applications in military systems and their influence on sense of security of citizens [J]. Electronics, 2021, 10 (7): 871-889.

[54] 李航, 刘代金, 刘禹. 军事智能博弈对抗系统设计框架研究 [J]. 火力与指挥控制, 2020, 45 (09): 116-121.

[55] 曾子林. 美军推进人工智能军事应用的举措、挑战及启示 [J]. 国防科技, 2020, 41 (04): 106-110.

[56] 季自力, 王文华. 世界军事强国的人工智能军事应用发展战略规划 [J]. 军事文摘, 2020 (17): 7-10.

[57] 于成龙, 侯俊杰, 蒲洪波, 等. 新一代人工智能在国防科技领域发展探讨 [J]. 国防科技, 2020, 41 (04): 13-18.

[58] 文力浩, 龙坤. 人工智能给军事安全带来的机遇与挑战 [J]. 信息安全与通信保密, 2021 (5): 18-26.

[59] 韩毅. 智能化战争的哲学反思 [D]. 长沙: 国防科技大学, 2018.

[60] Barngrover C, Althoff A, Deguzman P, et al. A brain-computer interface (BCI) for the detection of mine-like objects in sidescan sonar imagery [J]. IEEE Journal of Oceanic Engineering, 2016, 41 (1): 123-138.

[61] Aricò P, Borghini G, Flumeri G D, et al. Adaptive automation triggered by EEG-based mental workload index: a passive brain-computer interface application in realistic air traffic control environment [J]. Frontiers in Human Neuroscience, 2016, 10: 539.

[62] Diwiny M E, Sayed A H E, Hassanen E S, et al. PTSD monitoring by using brain computer interface for unmanned aerial vehicle operator safety [C] // Digital Avionics Systems Conference. IEEE, 2014: 6D4-1-6D4-6.

[63] Nourmohammadi A, Jafari M, Zander T O. A survey on unmanned aerial vehicle remote control using brain-computer interface [J]. IEEE Transactions on Human-Machine Systems, 2018, 48 (4): 1-12.

[64] Royer A S, Doud A J, Rose M L, et al. EEG control of a virtual helicopter in 3-dimensional space using intelligent control strategies [J]. IEEE Transactions on Neural Systems & Rehabilitation Engineering, 2010, 18 (6): 581-589.

[65] Lafleur K, Cassady K, Doud A, et al. Quadcopter control in three-dimensional space using a noninvasive motor imagery based brain-computer interface [J]. Journal of Neural Engineering, 2013, 10 (4): 046003.

[66] Liu X, Subei B, Zhang M, et al. The PennBMBI: a general purpose wireless brain-machine-brain interface system for unrestrained animals [C] //Circuits and Systems (ISCAS), 2014 IEEE International

Symposium on. IEEE, 2014: 650-653.

[67] Guo G C. Research status and future of quantum information technology (in Chinese) [J]. Sci Sin Inform, 2020, 50: 1395-1406.

[68] FEYNMAN R P. Simulating physics with computers [J]. International Journal of Theoretical Physics, 1982, 21: 467-488.

[69] 田倩飞, 等. 基于文献计量的量子计算研究国际发展态势分析 [J]. 科学观察, 2019, 14 (06): 1-9.

[70] 赛迪智库电子信息研究所. 量子计算发展白皮书 [R]. 2019.

[71] 张海懿, 崔潇, 吴冰冰, 等. 量子计算技术产业发展现状与应用分析 [J]. 信息通信技术与政策, 2020 (7): 20-26.

[72] 张志强, 陈云伟, 陶诚, 等. 基于文献计量的量子信息研究国际竞争态势分析 [J]. 世界科技研究与发展, 2018, 40 (01): 37-49.

[73] 秦致远, 许晓军, 廖为民, 等. 激光武器系统导论 [M]. 北京: 国防工业出版社, 2014.

[74] 甘启俊, 姜本学, 张攀德, 等. 高平均功率固体激光器研究进展 [J]. 激光与光电子学进展, 2017, 54 (01): 29-39.

[75] 楼祺洪, 何兵, 周军. 光纤激光器及其相干组束 [J]. 红外与激光工程, 2007 (02): 155-159.

[76] 任国光. 新型战术高能液体激光器 [J]. 激光技术, 2006 (04): 418-421.

[77] 杨子宁, 王红岩, 陆启生, 等. 半导体抽运碱金属蒸气激光器研究进展 [J]. 激光与光电子学进展, 2010, 47 (05): 10-18.

[78] Li H, Zhao T L, Li J X, et al. State-to-state chemical kinetic mechanism for HF chemical lasers [J]. Combustion Theory and Modelling, 2020, 24 (1): 129-141.

[79] United States Government Accountability Office. High-performance computing: NNSA could improve program management processes for system acquisitions [R]. 2021.

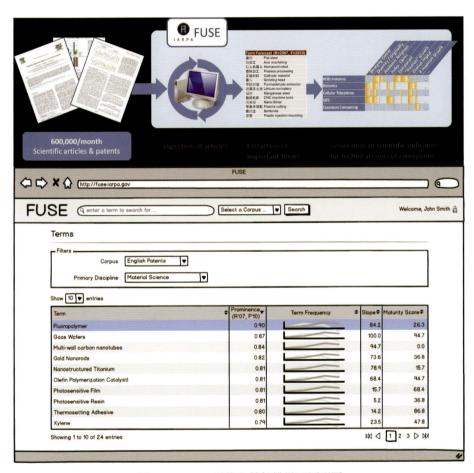

图 2.1 FUSE 系统文献扫描界面原型图

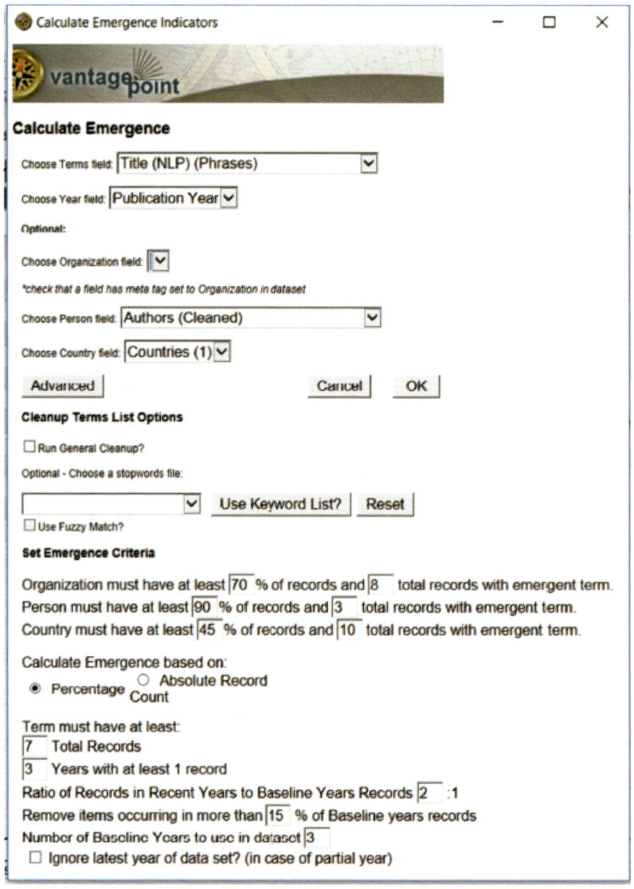

图 2.3　VantagePoint 系统新兴度计算控制面板

图 2.4　科技创新信号扫描监测与知识集成系统界面

图 2.5　国际科技创新与经济动态监测预测系统功能面板

图 2.7 国家技术预测调查系统技术评价界面

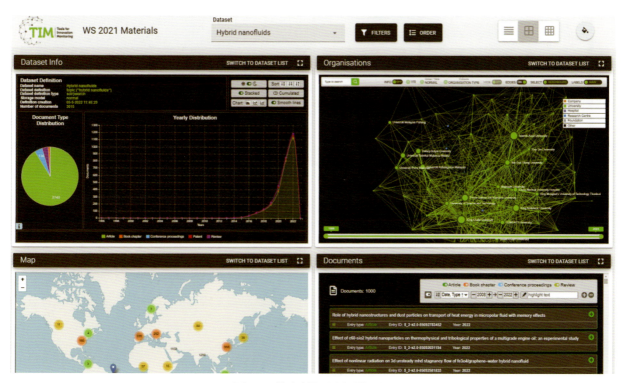

图 2.9 技术创新监测系统界面

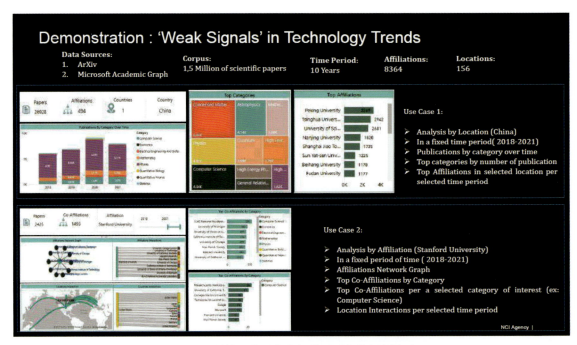

图 2.10　科技生态系统分析模型系统的用例演示

图 2.13　战略咨询智能支持系统应用界面

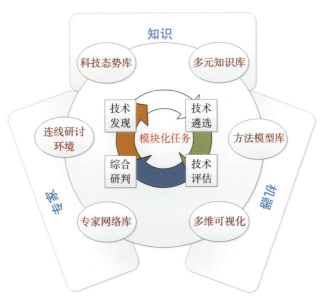

图 2.15 国防领域技术预见生态框架

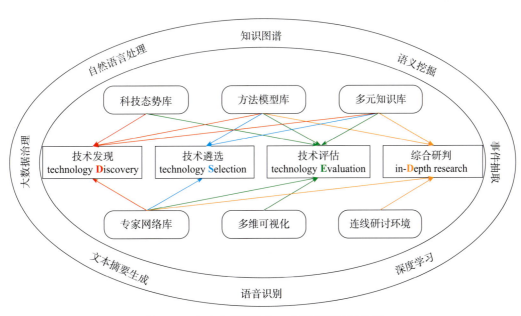

图 2.16 六大支撑模块与 4 个环节的映射关系

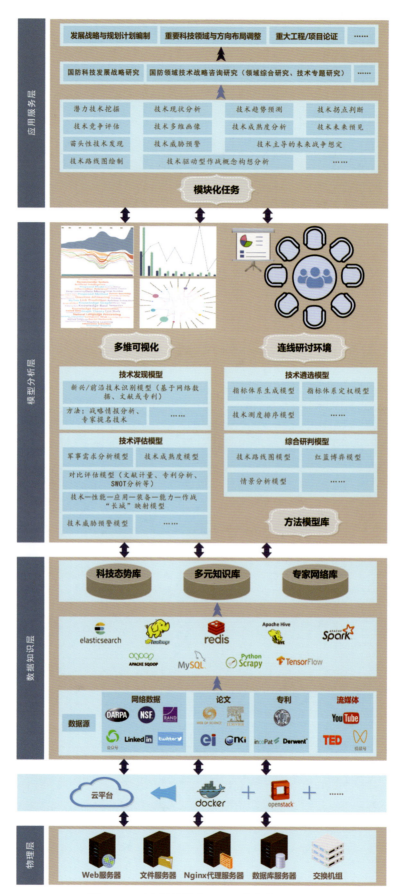

图 2.17 国防领域技术预见系统架构设想图

图 2.18　科技态势库（多源数据扫描）模块检索界面

图 2.19　多元知识库模块界面

彩 9

图 2.20　专家网络库模块界面

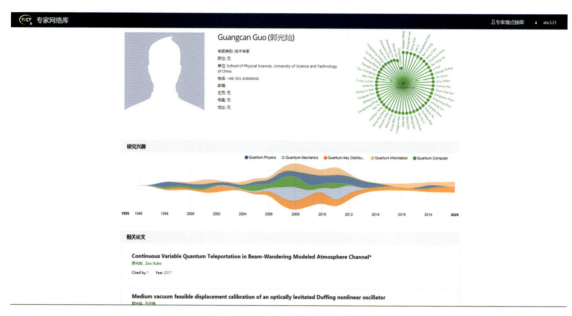

图 2.21　专家信息详情界面

图 2.22　方法模型库模块界面

彩 10

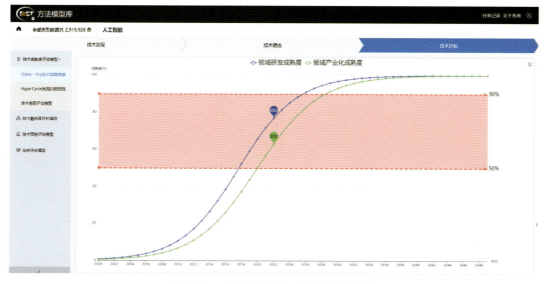

图 2.23　方法模型库技术评估模型界面

图 2.26　多维可视化模块界面

图 2.28　连线研讨环境模块界面

图 2.29　模块化任务研究流程拖拽式创建界面

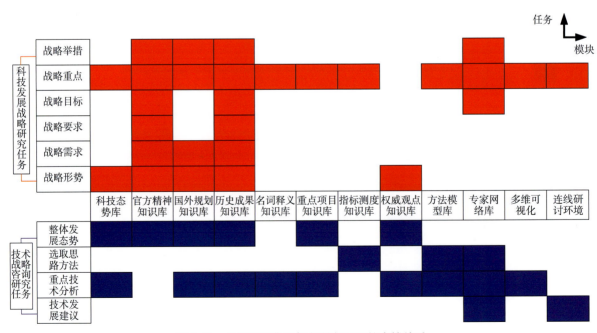

图 2.30　各模块对典型任务研究过程的支撑关系

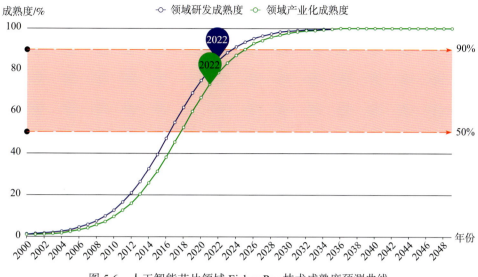

图 5.6 人工智能芯片领域 Fisher-Pry 技术成熟度预测曲线

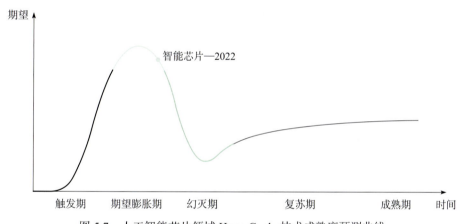

图 5.7 人工智能芯片领域 Hype Cycle 技术成熟度预测曲线

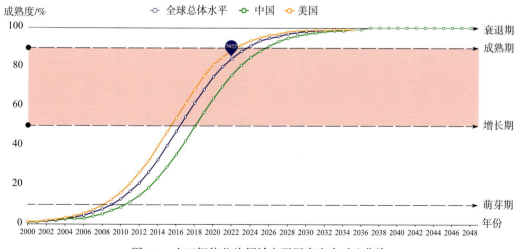

图 5.8 人工智能芯片领域主要国家实力对比曲线

彩 13

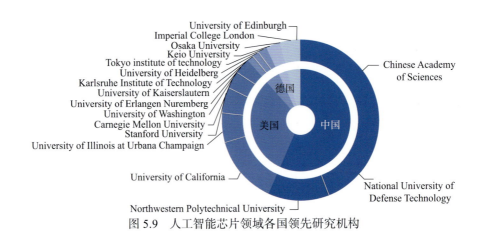

图 5.9　人工智能芯片领域各国领先研究机构

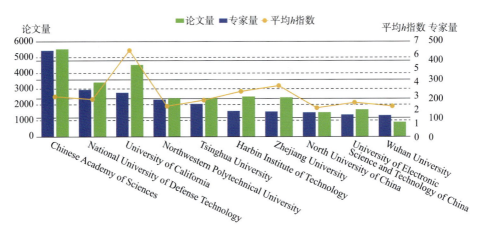

图 5.10　人工智能芯片领域世界领先研究机构对比